# Die Entdeckung des Unvorstellbaren

Josef Honerkamp hat mehr als 30 Jahre als Professor für Theoretische Physik gelehrt, zunächst an der Universität Bonn, dann viele Jahre an der Universität Freiburg. Er ist Autor mehrere Lehrbücher, im Rahmen seiner Forschungstätigkeit hat er auf folgenden Gebieten gearbeitet:
Quantenfeldtheorie, Statistische Mechanik, Nichtlineare Systeme und Stochastische Dynamische Systeme. Er ist Mitglied der Heidelberger Akademie der Wissenschaften.

Josef Honerkamp

# Die Entdeckung des Unvorstellbaren

## Einblicke in die Physik und ihre Methode

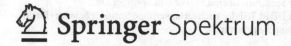

Josef Honerkamp
Universität Freiburg Fakultät für Physik
Freiburg, Deutschland

ISBN 978-3-662-44755-0

Die Deutsche Nationalbibliothek verzeichnet diese Publikation in der Deutschen Nationalbibliografie; detaillierte bibliografische Daten sind im Internet über http://dnb.d-nb.de abrufbar.

Springer Spektrum
© Springer-Verlag Berlin Heidelberg 2010

*Planung und Lektorat:* Dr. Andreas Rüdinger, Sabine Bartels
*Redaktion:* Dr. Sonja Bernhart

Gedruckt auf säurefreiem und chlorfrei gebleichtem Papier

Springer Spektrum ist eine Marke von Springer DE.
Springer DE ist Teil der Fachverlagsgruppe Springer Science+Business Media.
www.springer-spektrum.de

# Inhaltsverzeichnis

# Vorwort

Die Idee zu diesem Buch entstand aus einem Unbehagen heraus. Schon immer hatte ich dieses gespürt, wenn ich mit Freunden, Bekannten oder Kollegen, die den Naturwissenschaften fremd gegenüberstanden, ins Philosophieren geriet und dabei versuchte, einen Einblick in das Weltbild eines Physikers zu geben. Hinterher war ich immer frustriert. Zunächst hatte ich geglaubt, ich hätte so schnell nicht die richtigen Worte gefunden, aber bald hatte ich eingesehen, dass das Problem tiefer liegt. Es sind die Unterschiede im Vorverständnis, in der Ansicht, welche Fragen interessant sind, welche Kenntnisse und Fähigkeiten besonders schätzenswert sind. Das Selbstverständnis eines Faches hat man ja über viele Jahre in einer Art intellektueller Sozialisation verinnerlicht und lässt sich einem Außenstehenden nicht so schnell vermitteln.

Nachdem ich nun als Emeritus nicht mehr Physik selbst betrieb, aber immer häufiger die Gelegenheit erhielt, in allen möglichen Kreisen über Physik zu reden, wurde das Unbehagen noch größer. Und obwohl ich mir nach meinem letzten Lehrbuch geschworen hatte: „Nie wieder ein Buch", habe ich mich nun doch entschlossen, einmal in aller Ruhe darzulegen, wie in der Regel ein Physiker seine Wissenschaft sieht und wie er sie versteht.

Es sollte also in erster Linie ein Buch über die Physik als Wissenschaft werden. Dabei sollte aber das „Metaphysische" nicht einfach nur als Behauptung daherkommen, sondern sollte sich letztlich auch als Schlussfolgerung beim Leser selbst einstellen können, nachdem man die physikalischen Theorien und ihre Geburtswehen, ihre Eigenarten, ihre Folgen und Grenzen kennen gelernt hat.

Natürlich sollte das alles möglichst allgemein verständlich und in einem erzählerischen Ton geschehen, und bei der Überlegung, wie man das auch noch unterhaltsam gestalten könnte, erinnerte ich mich daran, dass der große Mathematiker Leonard Euler im Jahre 1769 ein Buch unter dem Titel *Briefe an eine deutsche Prinzessin über verschiedene Gegenstände aus der Physik und Philosophie* veröffentlicht hatte. Da es nun heute Prinzessinnen in größerer Anzahl nicht gibt, kam mir die Idee, „Briefe an eine Abiturientin über verschiedene Bereiche der Physik, nicht ohne Philosophie und Geschichte" zu schreiben, wobei die „Abiturientin" lediglich das Anspruchsniveau charakterisieren sollte. Diese Form schien mir wie geschaffen für mein Vorhaben: Ein Brief ist meistens so kurz, dass man ihn gerne ohne Pause liest, er kann persönlicher gehalten sein und lebendiger gestaltet werden. Nachdem ich mehrere Kapitel in dieser Art geschrieben hatte, merkte ich aber, dass man diese Form nicht ganz durchhalten kann. Briefe sind nun einmal etwas für menschliche Dinge, und ich wollte doch über die anderen Dinge dieser Welt reden. So ist eine Mischform entstanden, jedem Kapitel geht ein Brief voran, in dem Gedanken über das Thema des Kapitels ausgeführt sind. Für den Namen der „Abiturientin" habe ich übrigens den meiner ältesten Enkelin Caroline gewählt.

Das Buch stellt die Entstehung unseres Wissens über die Natur im Bereich der Physik dar, und zwar auf drei Ebenen:

- auf einer rein physikalischen Ebene: Wichtigste physikalische Phänomene, Begriffe, Voraussetzungen, Prinzipien und Theorien werden erklärt. Man soll also wirklich etwas über Physik lernen.
- auf der wissenschaftstheoretischen Ebene: Die naturwissenschaftliche Methode und die Art ihres Anspruchs auf „Wahrheit" werden transparent gemacht. Man soll also die Macht dieser Methode kennen lernen, aber auch die Grenzen der Theorien.
- auf wissenschaftshistorischer Ebene: Die Diskussionen im Rahmen der beiden oberen Ebenen folgen der geschichtlichen Entwicklung. Die Art des Fortschritts in der Physik wird so transparent.

Dabei liegt der Schwerpunkt auf der „alten" Physik. Über aktuelle Fragen der Physik, z. B. über schwarze Löcher oder über den Urknall gibt es viele gute Bücher, kaum aber darüber, wie die Physik begann, wie man auf die ersten Probleme stieß, wie man sie löste und wie die naturwissenschaftliche Methode immer neue Erfolge zeitigte, die sich auch in der technischen Revolution widerspiegelten. Es soll aber auch gezeigt werden, wie bei der Entstehung dieses Wissens die Wissenschaftler erst noch auf schwankendem Boden standen, wie dieser sich allmählich festigte und wie das geistige Band, der Kanon der Theorien, immer größer, fester und kohärenter wurde.

Mit der Entwicklung der Physik bis zur Quantenmechanik hat man dann den Weg der Physik weit genug verfolgt, um das Weltbild der Physiker, deren Denkweise und deren intellektuellen Wertekanon zu verstehen. Man wird sehen, wie die Begriffe, die zur Erklärung der Welt notwendig werden, immer unanschaulicher werden, wird erkennen, dass diese Begriffe immer so neu und so unvorhersagbar sind, dass sie durch reines Denken allein nicht zu entdecken wären. Die Beschränkung unserer Vorstellungskraft auf die Welt unserer menschlichen Erfahrungen wird deutlich werden, und man wird sich damit abfinden, dass wir die Natur außerhalb unserer menschlichen Erfahrungen nur verstehen und über sie verfügen können, wenn wir Unvorstellbares akzeptieren.

Ich habe drei Zielgruppen für dieses Buch im Auge:

– alle, die einfach einmal wissen wollen, wie die Physik „funktioniert", um was es dort bei den prominenten Theorien geht, warum und in welcher Form es dort gesichertes Wissen gibt.

– Physiker: Diese sollten das Buch unterhaltsam finden und häufig auf etwas stoßen, was sie noch nicht wissen, vergessen haben oder so noch nie gesehen haben, insbesondere Studierende der Physik, die einen groben Überblick über die Themen ihres Studiums erhalten wollen.

– Schülerinnen und Schüler (nicht nur Abiturientinnen), in denen vielleicht die Liebe zur Physik oder einer anderen Naturwissenschaft geweckt werden kann.

Bei der Entstehung dieses Buch haben mich viele durch Wort und Tat unterstützt. Zunächst möchte ich meiner Frau danken, die alle Briefe und Abschnitte als Erste auf ihre Verständlichkeit geprüft hat, ebenso meinen Kindern Stefanie und Carsten, dann meinem Mitarbeiter Andreas Liehr, meinen Kollegen Hartmann Römer, Hans Mohr, Andreas Voßkuhle, Klaus Eichmann, Helmut Hoping sowie Klaus Scharpf, Martin Sunder-Plassmann, Christoph Horst, Christiane Zahn, die vorab alle oder einzelne Teile des Manuskripts kritisch gelesen haben und wertvolle Hinweise gegeben haben. Danken möchte ich auch den Freunden meines Rotary-Clubs und des Stammtisches Oberkirch Freiburg und den vielen weiteren, die mich ermutigt haben und mir zeigten, dass eine solche Darstellung auf großes Interesse stoßen würde.

Der Spektrum-Verlag hat mich, insbesondere durch ihren Programmleiter Dr. Andreas Rüdinger, außerordentlich sorgfältig und kompetent bei der Veröffentlichung des Manuskripts begleitet.

Emmendingen, im November 2009          Josef Honerkamp

# 1
# Prolog

Emmendingen, am 3.7.2007

Liebe Caroline,

Du hast Dich gestern über das Wort „Feldtheorie" amüsiert, als wir gerade an einem großen Weizenfeld vorbei gingen. Das „Feld" in der Physik ist wieder mal so ein Beispiel, indem ein Wort aus der Umgangssprache genommen und dann zu einem Fachbegriff mit einer ganz spezifischen Bedeutung gemacht wird. So, wie das Weizenfeld eine räumliche Ausdehnung hat, so erstreckt sich das Feld auch über den Raum, genauer: Wenn man jedem Ort in einem Raum eine physikalische Größe zuordnet – diese dort messen könnte oder wenn man weiß, dass sie dort existiert – dann spricht man von einem Feld. Ist diese Größe z. B. die Temperatur der Luft, so liegt also ein Temperaturfeld vor. Auf Wetterkarten sieht man oft solch ein Temperaturfeld angedeutet, wenn für verschiedene Orte über Europa die Temperatur angezeigt wird. Dabei ist dort die Temperatur jeweils am Boden des entsprechenden Ortes angegeben. Man könnte auch die Temperatur in verschiedenen Höhen angeben. Wir haben es in der Atmosphäre der Erde also mit einem Temperaturfeld zu tun, das von drei Koordinaten abhängt, zwei davon charakterisieren den Ort am Boden, die dritte ist durch die Höhe über dem Boden bestimmt. Wenn man noch die Änderung der Temperaturen mit der Zeit verfolgen will, ist das Temperaturfeld eine Funktion nicht nur vom Ort sondern auch noch von der Zeit.

Nun kann man an jeder Wetterstation aber auch den Wind messen. Dieser hat eine Stärke und eine Richtung. Die Windgeschwindigkeit ist also eine gerichtete Größe, man nennt so etwas einen Vektor. Wenn man sich also die Windgeschwindigkeit an jedem Ort zu jeder Zeit angegeben denkt, erhält man ein Vektorfeld, das Windgeschwindigkeitsfeld.

Solch ein Feld ist also nichts Tiefsinniges, einfach eine physikalische Größe, die wir uns an jedem Ort und zu jeder Zeit existierend denken. Dabei muss man natürlich noch sagen, welche Orte und Zeiten man meint, ob man die Atmosphäre über Europa bis zu 10 000 m Höhe meint, und das im Zeitraum vom 1. bis 30. Juli 2007, oder ob man den gesamten Weltraum zu allen Zeiten im Sinne hat.

Neben dem Temperaturfeld und dem Windgeschwindigkeitsfeld kennst Du sicher noch andere Felder, nämlich das Magnetfeld und das elektrische Feld. Diese Begriffe sind ja schon in den täglichen Sprachgebrauch übergegangen, aber wenige werden wissen, wann diese Begriffe eigentlich entstanden sind, welche intellektuelle Leistung dahinter steht. Und die wenigsten werden wissen, dass das Feld heute der zentrale Begriff für das Verständnis der physikalischen Welt geworden ist.

Ehe ich Dir davon berichte, sollte ich auf einen anderen, sehr viel näher liegenden Begriff zu sprechen kommen, den des „Teilchens". Wenn wir uns in der Welt umschauen, sehen wir ja keine Felder, sondern Steine, Bäume, Tiere, Menschen, Sterne. Nun betrachtet ein Physiker nicht gerne etwas, was wächst oder lebt – als Physiker, meine ich – das ist ihm zu kompliziert. Beschränken wir uns auf Steine und Sterne, oder z. B. auf Bälle, Äpfel und Birnen.

Was unterscheidet nun ein Teilchen von einem Feld? Zunächst, ganz klar, ein Feld ist ausgedehnt, ein Teilchen dagegen auf eine mehr oder weniger kleine Raumgegend beschränkt. Ein Feld ist eben ein Feld, es herrscht an jedem Ort. Ein Teilchen ist ein ganz lokales Gebilde, es ist nur an einem bestimmten Ort vorhanden. Gut, es kann sich bewegen, von Ort zu Ort, mit einer bestimmten Geschwindigkeit, aber es bleibt ein lokales Gebilde. Ein Feld ist stets überall vorhanden und kann sich an jedem Ort mit der Zeit verändern. „Teilchen" und „Feld" sind also irgendwie komplementäre Begriffe.

Plausibel ist, dass den Menschen in der Geschichte der Wissenschaft der Begriff des Teilchens zuerst in den Sinn kam. Schon um 400 *v.* Chr. vermutete der griechische Philosoph Demokrit, dass die ganze Welt aus sehr kleinen, unsichtbaren Teilchen bestände, die keine innere Struktur besitzen und unteilbar (gr. a-tomos = unteilbar) sind. Aristoteles kritisierte das heftig, er meinte, wenn Teilchen ausgedehnt seien, können sie niemals unteilbar sein. Aber dieser Streit geht uns jetzt nichts an, denn die Teilchen, von denen wir reden, sind ja normale, sichtbare und mehr oder weniger ausgedehnte Objekte.

Die Bewegung solcher Teilchen – wie Bälle, Kanonenkugeln und vor allem Sterne und Planeten – das war das erste Thema der modernen Naturwissenschaft, die für uns mit Galileo Galilei beginnt. „Nichts ist älter in der Natur als Bewegung, und über dieselbe gibt es weder wenig noch geringe Schriften der Philosophen. Dennoch habe ich deren Eigentümlichkeiten in großer Menge und darunter sehr wissenswerte in Erfahrung gebracht", schreibt Galilei in seinem bedeutendsten Werk „Discorsi", das er im Jahre 1638 verfasst hat. Das waren damals Themen, die viel diskutiert wurden, auch im Kreis von Gebildeten an den Höfen.

Du kennst, wie die meisten, Galilei von seiner Auseinandersetzung mit der Inquisition der katholischen Kirche her. Du weißt, dass er der Meinung abschwören musste, dass die Erde nicht der Mittelpunkt der Welt ist. Dieser Streit um das Kopernikanische Weltbild ist aber nur der Anlass und Aufhänger für eine viel tiefer liegende Auseinandersetzung. Darüber ein andermal mehr. Hier ist zu bemerken, dass Galilei als Begründer der modernen naturwissenschaftlichen Methode gilt. Er führte zwei konstituierende Elemente in die Betrachtung der Phänomene dieser Welt ein: das Experiment und die Mathematik.

Der englische Physiker Isaac Newton, geboren im Jahre 1642, in dem Galilei starb, brachte diese Methode zum ersten Höhepunkt. Er verstand, die Planetenbahnen genau zu berechnen. Seine Methode, Bewegungen von Objekten mit Hilfe von mathematischen Gleichungen zu berechnen, war so erfolgreich, dass sie im 18. und beginnenden 19. Jahrhundert zum Inbegriff von Wissenschaft überhaupt führte. Diese Methode ist natürlich noch heute gültig und aktuell und gehört zum unverzichtbaren Lehrstoff in Physik an den Universitäten. Man nennt diesen Zweig der Physik die „Klassische Mechanik", in ihr geht es also darum, die Bewegung von Teilchen zu berechnen.

Aber man kannte noch andere Phänomene wie die Bewegung von isolierten Objekten. Da gab es die merkwürdigen Versuche und Entdeckungen in der Elektrizität, mit denen auch „junge Elektrisierer" die Herrschaften bei Hofe und Geselligkeiten unterhielten. Es dauerte einige Zeit, bis man diese Phänomene verstand und reproduzierbare Experimente machen konnte. Auch das ist eine abenteuerliche Geschichte. Was ich aber hier sagen will, ist, dass hierbei der Begriff des Feldes und der Feldtheorie ins Spiel kam. Man führte ein elektrisches und ein magnetisches Feld ein. Beides sind Vektorfelder wie ein Windgeschwindigkeitsfeld, haben also eine Stärke und eine Richtung. Alle Erfahrungen, die man mit elektrischen und magnetischen Phänomenen im Laufe der Jahrhunderte gewonnen hatte, konnte man mithilfe der Vorstellung von solchen Feldern sehr ökonomisch beschreiben und in mathematische Beziehungen zwischen diesen Feldern fassen. Diese Beziehungen erwiesen sich als universell, immer wieder und unter allen Umständen als gleich, und der schottische Physiker

James Clerk Maxwell stellte im Jahre 1868 ein Gleichungssystem für das elektrische und magnetische Feld auf, das alle diese Beziehungen vollständig und widerspruchsfrei formuliert. Das war die Elektrodynamik, die erste Feldtheorie, ein großer Erfolg wie die Newtonsche Mechanik und ebenso wie diese ein Grundpfeiler auch der heutigen Physik und Technik. Mithilfe der Maxwellschen Theorie lassen sich alle elektrischen und magnetischen Effekte quantitativ bestimmen.

Als man mit Beginn des 20. Jahrhunderts lernte, dass es Atome wirklich gibt und wie diese aufgebaut sind, als man also wiederum einen neuen Phänomenbereich kennen lernte und studierte, musste man diese beiden großen Theorien erweitern, zur Quantenmechanik und zur Quantenelektrodynamik. Die Namen dieser Theorien weisen darauf hin, dass es in ihnen wohl auch um die Erklärung mechanischer bzw. elektrodynamischer Phänomene geht, dass aber auf der atomaren Ebene ein ganz neuer Begriff wichtig wird, der eines Quants. Dieser löst gewissermaßen das Konzept eines Teilchens ab. Quanten können zwar auch noch als lokalisierte Objekte angesehen werden, haben aber Eigenschaften, die sich mit unseren Vorstellungen über Teilchen nicht immer vertragen. Dennoch spricht man von ihnen auch oft als Teilchen – aus lauter Gewohnheit. Andererseits hat man es in der Quantenelektrodynamik statt mit Feldern nun mit entsprechenden Quantenfeldern zu tun; die Quantenelektrodynamik ist also eine Quantenfeldtheorie.

Nun kann ich hier nicht erklären, was eine Quantenfeldtheorie ist. Schade, denn das Quantenfeld ist zum zentralen Begriff der Physik der fundamentalen Wechselwirkungen geworden. Ich will wenigstens versuchen zu erklären, warum das so ist:

Erstens: Man kann in solchen Quantenfeldtheorien auch Quanten definieren. Das bedeutet, dass sich statt des Gegensatzes von Teilchen und Feldern nun ein anderes Verhältnis zwischen Quanten und Quantenfeldern ergibt: Das Quantenfeld ist die zentralere Größe. Ja, lokalisierbare Objekte wie Quanten kann man als energetische Verdichtungen des Feldes verstehen, gewissermaßen als „Energieknubbel". Diese Energieknubbel können sich unter gewissen Umständen neu bilden, sich auflösen, d. h. man kann auch Teilchenerzeugung und Teilchenvernichtung in solchen Theorien gut beschreiben, und die alte Frage, ob es denn ein kleinstes Teilchen gibt, und wieso das dann unteilbar ist, erübrigt sich. Es kann eben nur bestimmte solche Energieknubbel geben – mit verschiedenen Massen. Masse und Energie sind ja über die Einsteinsche Formel $E = mc^2$ äquivalent, besser gesagt: Masse ist eine Form von Energie. Und diese Massen oder Energieknubbel können sich unter bestimmten Umständen ineinander umwandeln. „Da unten" sind alle irgendwie gleich.

Zweitens: Es kamen im Verlauf des letzten Jahrhunderts noch zwei weitere Quantenfeldtheorien dazu. Man entdeckte nämlich im Bereich der Atome und Atomkerne noch andere Phänomene, nämlich die Radioaktivität und die Kernkräfte. Man nannte die Wechselwirkung vermittelt durch die Kernkräfte, die für den Zusammenhalt der Atomkerne sorgen, „starke Wechselwirkung", jene, die die Radioaktivität beschreibt, „schwache Wechselwirkung", wobei Du Dich jetzt an den Namen „stark" und „schwach" nicht stören solltest. Die schwachen und die starken Kräfte führen nur zu Wechselwirkungen auf atomarer Distanz, sie sind sozusagen nur kurzreichweitig. Gravitative und elektromagnetische Kräfte sind dagegen langreichweitig. Diese spüren und messen wir über Distanzen des täglichen Lebens, deshalb kennen die Menschen diese seit alters her und haben sie zuerst erforscht.

Vier fundamentale Kräfte oder Wechselwirkungen kannte man also in der Mitte des letzten Jahrhunderts. Warum gerade vier? Das fragte sich natürlich jeder, der damit zu tun hatte. Dabei hatte man auch stets eine alte Idee im Hinterkopf, die Idee der Vereinheitlichung von Theorien. Einstein hat in seinen letzten Jahren intensiv versucht, die Maxwellsche Elektrodynamik mit der Gravitationstheorie, wie sie von ihm in der Allgemeinen Relativitätstheorie formuliert wurde, zu verschmelzen. Eine solche vereinheitlichte Theorie der elektromagnetischen und gravitativen Kräfte wäre ja noch fundamentaler, würde ja alle gravitativen und elektrischen und magnetischen Phänomene – ausgehend von einem einzigen Gleichungssystem – berechnen können. Das wäre doch fantastisch. Aber Einstein hatte keinen Erfolg, es ging einfach nicht.

Inzwischen hat man aber auf der Ebene der Quantenfeldtheorien eine Vereinheitlichung gefunden, die so genannte elektroschwache Theorie, eine Vereinheitlichung der schwachen und elektromagnetischen Quantenfeldtheorien. Diese hat bisher alle experimentellen Tests gut bestanden. Man arbeitet an einer „Großen Vereinheitlichen Theorie" der schwachen, elektrodynamischen und starken Wechselwirkung und an einer „Theorie für Alles", in der auch noch die Einsteinsche Gravitationstheorie enthalten ist.

Die heutigen Theorien für die fundamentalsten Dinge, aus denen die Welt gestrickt ist, sind also Feldtheorien, und zwar Quantenfeldtheorien. Man könnte also sagen „Alles ist Feld", Materie ist nur eine Verdichtung des Feldes. Man hofft, das fundamentale Feld finden zu können und eine Theorie für dieses Feld, aus der man alle Gesetze der Physik ableiten kann, wenigstens im Prinzip.

Ich finde die ganze Geschichte ungeheuer interessant und irgendwie schön, und ich weiß, viele empfinden es genau so. Du wirst vielleicht denken: „Wenn es nur nicht so kompliziert wäre und immer so viel mit Mathematik einherginge. Wenn nur nicht immer so viele neue Begriffe auftauchten." Vielleicht müsste ich einmal versuchen, Dir einiges etwas genauer zu erklären, auch wenn es jeweils immer „ein weites Feld" ist. Aber immerhin weißt Du jetzt, welche Rolle der Begriff des Feldes in der Physik spielt und verstehst, warum die Physiker großen Respekt vor einer Feldtheorie haben. Ich bin gespannt auf Deine Reaktion auf diesen Brief …

Emmendingen, am 17.7.2007

Liebe Caroline,

nun, da habe ich ja mit meinem Brief über den Feldbegriff in der Physik eine große Lawine von Fragen losgetreten. So muss ich wohl umgehend antworten und wenigstens die drängendsten Fragen versuchen zu beantworten. Du hast Recht, ich gebrauche häufig das Wort „Theorie" und Du hast das Gefühl, dass ich damit mehr meine als man umgangssprachlich darunter versteht. Denn: „Das ist nur so eine Theorie" oder „das ist ein fürchterlicher Theoretiker" sind doch typische Sprüche, in denen die Theorie nicht gut wegkommt und eher im Gegensatz zur Praxis oder Erfahrung gesehen wird. „Grau, teurer Freund, ist alle Theorie, und grün des Lebens goldner Baum", heißt es im „Faust". Du wirst sehen, eine physikalische Theorie ist weder grau, noch steht sie im Gegensatz zur Erfahrung.

Du kennst sicherlich die Evolutionstheorie, weißt vielleicht auch etwas über Wissenschaftstheorien. Das sind respektable wissenschaftliche Theorien, die beschreibende und erklärende Aussagen in Übereinstimmung mit der Erfahrung enthalten. Physikalische Theorien zeichnen sich aber durch eine ganz wesentliche zusätzliche Eigenschaft aus: Sie sind mathematisch formuliert. Alle Theorien, von denen ich im letzten Brief gesprochen habe, die Newtonsche Mechanik, die Maxwellsche Elektrodynamik und ihre Erweiterungen für den atomaren Bereich, die Quantenmechanik und die Quantenelektrodynamik, diese vier Theorien – aber auch andere, von denen ich noch gar nicht gesprochen habe, werden definiert durch einen mathematischen Ausdruck, also z. B. durch einen Satz von Gleichungen wie bei der Elektrodynamik.

Man nennt diese mathematischen Gleichungen auch die Grundgleichungen oder das Grundgesetz der Theorie. Zur Lösung dieser Gleichungen gibt es allgemein anerkannte, in der Mathematik auch sonst bekannte Methoden. Man kann also logisch einwandfrei die Folgerungen aus den Grundgleichungen bezüglich messbarer Größen ziehen und so Vorhersagen machen, und zwar quantitativ – man kann also wirklich behaupten, wie groß dieser oder jener Effekt ist, welchen Wert diese oder jene Größe genau haben muss, wenn ich sie so oder so messen würde. Die mathematische Formulierung der Grundgesetze und die weiteren mathematischen Folgerungen ermöglichen diese quantitativen Schlüsse. Den Unterschied zwischen quantitativen und nur qualitativen Schlüssen sollte man nicht unterschätzen. Klar, es macht doch einen Unterschied, ob ein Effekt sehr groß ist oder ob er, zwar vorhanden, eigentlich immer vernachlässigbar ist. Aber noch wichtiger: Die quantitativen Aussagen ermöglichen ein sehr scharfes Urteil darüber, ob die Theorie etwas taugt, indem man diese Aussagen mit Experimenten konfrontiert und – Spitz auf Knopf – prüft, ob nun Theorie und Experiment übereinstimmen. Wenn eine Theorie in mathematischer Form antritt, will sie auch exakt gültig sein, experimentelle Ergebnisse und Berechnungen auf der Basis der Theorie müssen bei Berücksichtigung der Messfehler übereinstimmen.

Was heißt das konkret für unsere Maxwellschen Gleichungen? Solch ein Typ von Gleichungen nennt der Mathematiker partielle Differenzialgleichungen, solche kommen in den verschiedensten Gebieten vor und es gibt allgemeine und gut studierte Methoden, sie für alle möglichen Situationen zu lösen. Mit der Anwendung solcher Methoden auf die Maxwellschen Gleichungen lassen sich alle elektrischen und magnetischen Effekte und Phänomene erklären und genau berechnen und man kann die gesamten Gesetze der Elektrotechnik auf diese Maxwellschen Gleichungen zurückführen. Natürlich gibt es Situationen, in denen das Ausrechnen an praktische Grenzen stößt. Mitunter muss man z. B. zusätzlich Gesetze oder Beziehungen aus anderen Bereichen der Physik bemühen, um eine praktische Aufgabe zu lösen. Aber immer, wenn es um das elektrische und das magnetische Feld geht, dann gelten die Maxwellschen Gleichungen.

An diese Macht von Theorien haben sich die Physiker inzwischen so gewöhnt, dass sie darüber kaum noch staunen. Erst wenn man eine Größe besonders präzise messen kann und dadurch die Theorie einer besonders strengen Prüfung unterziehen kann, horchen sie noch auf. So wird z. B. heute für den so genannten Landé-Faktor des Elektrons ein Wert von 2,0023193043622 gemessen, mit einer Ungenauigkeit in den letzten beiden Ziffern. Für eine solche exakte Messung muss man einen großen Aufwand treiben. Mit Hilfe der Quantenelektrodynamik berechnet man, auch mit großem Aufwand, für diese Größe einen Wert von 2,0023193048 mit einer Ungenauigkeit von 8 in der letzten Ziffer aufgrund der Ungenauigkeit von physikalischen Konstanten, die in die Rechnung eingehen. Diese Übereinstimmung gilt wohl als die genaueste in der gesamten Naturwissenschaft.

Eine Theorie sollte aber nicht nur allen Prüfungen bei der Konfrontation mit experimentellen Fakten standhalten, sie sollte auch Aussagen gestatten, die in dem historischen Zeitpunkt, in dem die Theorie aufgestellt wird, neu sind. In der Tat, Maxwell hat z. B. bald gesehen, dass seine Gleichungen auch Lösungen haben, die elektromagnetischen Wellen entsprechen. Wieder ein neuer Begriff? Eigentlich nicht, Du kennst ja Wasserwellen, dort ist es die Höhe des Wasserspiegels, die sich auf und ab bewegt. Bei Schallwellen ist es die Dichte der Luft, die, an einem festen Ort betrachtet, abwechselnd mal größer, mal kleiner wird. Nun, bei elektromagnetischen Wellen werden die Felder, an einem festen Ort betrachtet, abwechselnd mal größer, mal kleiner in ihrer Stärke. Sie können aber auch noch in der Richtung periodische Bewegung machen. Das ist ein wenig komplizierter, aber mathematisch beschrieben, wird das sehr durchsichtig.

Heinrich Hertz hat solche Wellen dann auch tatsächlich am 13. November 1886 erzeugen können – und sie wieder auffangen können. Er hat damit der Maxwellschen Theorie zur endgültigen allgemeinen Akzeptanz bei den Physikern verholfen.

Diese standen der Maxwellschen Theorie ja zunächst sehr reserviert gegenüber, die Mathematik war ihnen zu schwer (ist das nicht tröstlich?). Welche Folgen diese Entdeckung der elektromagnetischen Wellen hatte, weißt Du, benutzt Du doch schließlich jeden Tag das Fernsehen, Radio, Handy, Du surfst über ein Funknetz mit Deinem Notebook im Internet und schließt über Funk Dein Auto auf und zu. Ich kann es nicht lassen, Dir die Maxwellschen Gleichungen auch einmal zu zeigen. Wenn man etwas sehr schönes hat oder kennt, muss man es einfach zeigen. Erschrecke aber bitte nicht, Du musst sie ja nicht verstehen. Hier sind sie:

$$\nabla \times E(r,t) + \frac{\partial B(r,t)}{\partial t} = 0,$$

$$\nabla \cdot E(r,t) = \frac{1}{\varepsilon_0} \varrho(r,t),$$

$$\nabla \cdot B(r,t) = 0,$$

$$\nabla \times B(r,t) - \frac{1}{c^2} \frac{\partial E(r,t)}{\partial t} = \mu_0 J(r,t).$$

Gar nicht so schlimm, nicht wahr. Was Du auf jeden Fall siehst: Es kommen die Felder $E(r,t)$ und $B(r,t)$ vor, das elektrische bzw. das magnetische Feld. Die stehen auf der linken Seite mit einigen Ausdrücken, die offensichtlich mathematischen Operationen entsprechen, darunter befinden sich ja auch das Plus- und das Minuszeichen. Auf der rechten Seite stehen die Quellen, d. h. die Verursacher der Felder: elektrische Ladungen und der elektrische Strom. Das ist alles. Und das ist eine physikalische Theorie – und eine der schönsten und nützlichsten.

Wie kam Maxwell dazu, solche Gleichungen aufzuschreiben? Nun, das ist eine lange Geschichte, die Geschichte der Elektrodynamik. Die will ich Dir ein anderes Mal erzählen. Aber wie kam man überhaupt dazu, eine große Fülle von Erfahrungen zu nur wenigen mathematischen Gleichungen zu verdichten und das Experiment zum Richter über eine Theorie zu machen? Diese Art, Physik zu betreiben, war zu Zeiten Maxwells schon 250 Jahre alt und hatte zu den großen Erfolgen der klassischen Mechanik geführt. Entdeckt hatte sie Galilei.

Ich hatte schon erwähnt, dass Galilei als der Begründer der naturwissenschaftlichen Methode gilt, weil er das Experiment und die Mathematik in das Nachdenken über die Welt einführte. Das war damals eine Revolution. Diese Art zu denken und zu forschen hat in der Tat die heutige säkularisierte und technisierte Welt, die so genannte westliche Welt hervor gebracht. Galilei wusste übrigens, dass das so unerhört neu war und ahnte sicherlich, wie weittragend das sein wird. Am 7. Mai 1610 schrieb er nämlich an einen toskanischen Staatssekretär, nachdem er dargelegt hatte, dass er auf diese Weise einige höchst bemerkenswerte Gesetze entdeckt hatte: „Daher erlaube ich mir, das eine neue Wissenschaft zu nennen, die von ihren Grundlagen angefangen von mir entdeckt worden ist." Mag sein, dass er deshalb auch später gegenüber den Vertretern der Inquisition so arrogant wirkte. Das Neue, das er in die Welt brachte, war wirklich ein großer Schritt für die Menschheit gewesen. Die Kirche spürte intuitiv, dass da jemand war, der ihr die Deutungshoheit über diese Welt wegnahm. Statt Autorität nun Mathematik und Experiment! Und sie kaut noch heute an dem Problem.

Aber lass mich mehr bei diesem Neuen bleiben, das die Zukunft mehr beeinflusst hat als diese Auseinandersetzung zwischen der Inquisition und Galilei. Lass mich zunächst ein wenig mehr von ihm erzählen.

Galileo Galilei wurde im Jahre 1564 in Pisa geboren, im Jahre 1581 schrieb er sich an der dortigen Universität für das Fach Medizin ein. Zunächst musste er wie alle Studenten die so genannte Artistenfakultät durchlaufen, an der auch Naturphilosophie gelehrt wurde. Diese bestand in der Interpretation antiker Autoritäten, vor allem der Schriften Aristoteles. Die Beschreibung der Welt sowie der Bewegung der materiellen Körper in der Welt gehörte damals noch zur Philosophie und Aristoteles galt als uneingeschränkte Autorität, zu jeder Erfahrung hatte er eine plausible Erklärung geliefert.

Die Erde ruht danach im Mittelpunkt der Welt; irdische Materie strebt dem Weltmittelpunkt als ihrem „natürlichen Ort" zu. Das erklärt die Kugelgestalt der Erde und die Fallbewegung, für die nach Aristoteles auch gilt, dass schwere Körper schneller fallen als leichte.

Die Erde ist der Bereich des Entstehens und Vergehens, streng getrennt von ihr sind die himmlischen Sphären. Denn Gestirne, vom Mond an aufwärts, waren von ganz anderer Materie, ätherisch, ewig, unzerstörbar. Planeten vollführen verschlungene Wege auf ihren Kristallsphären, die ganze Welt wird schließlich von der Sphäre der Fixsterne abgeschlossen, die von dem ersten Beweger, Gott, oder den Engeln in Bewegung gehalten wird.

Galilei hat dieses alles vermutlich treu studiert und in sich aufgenommen, es muss aber wohl keinen großen Eindruck auf ihn gemacht haben. Erlebnisse, die für sein späteres wissenschaftliches Arbeiten prägend waren, kamen nicht von diesem etablierten konservativen Lehrbetrieb, sondern von außerhalb. Galilei lernt 1583 von Ostilio Ricci, einem Ingenieur und Geometriker, der am Hofe die Pagen in Geometrie zu unterweisen hatte, die klassische Geometrie des Euklid kennen. Er wird davon so beeindruckt, dass er bald nach einigen Kämpfen mit seinem Vater den Plan eines Medizinstudiums zu Gunsten der Mathematik aufgibt.

Galilei war nicht der Einzige, auf den Euklid so einen bedeutenden Einfluss hatte. Euklids wichtigstes Werk, die „Elemente", von denen leider nur 13 Bücher erhalten sind, ist nach der Bibel das Werk, das in der westlichen Welt am meisten übersetzt, veröffentlicht und studiert wurde. Einstein tröstete sich

mit diesen Schriften über öde Schuljahre hinweg. Der Philosoph
Bertrand Russel schreibt in seiner Autobiografie „Mein Leben":
„Im Alter von elf Jahren begann ich Euklid zu lesen. Dies war
eines der größten Ereignisse meines Lebens, atemberaubend
wie die erste Liebe."

Der Reiz der Geometrie von Euklid beruhte nicht auf dem
ästhetischen Genuss, der einem durch die Betrachtung der geo-
metrischen Figuren und Körper bereitet werden konnte. Was
wichtiger war: Von Euklid kann man lernen, wie die Struktur
einer Theorie sein soll, ja wie überhaupt Ordnung und Zusammenhang in einem Wissensgebiet formuliert werden kann:
Er entwickelte das axiomatische deduktive Verfahren und er
benutzte die Mathematik für seine Deduktionen. Da es auch
noch um mathematische Objekte ging, um geometrische Figuren, konnte er die reinste Form einer Theorie entdecken.

Eine Theorie ist danach eine Menge von Aussagen mit
einer hierarchischen Struktur: Es gibt eine Untermenge, die
die Axiome (Basisaussagen, Grundannahmen, Grundregeln,
Grundgleichungen) bilden. Alle anderen Aussagen sind daraus
ableitbar, und zwar mit logischen oder mathematischen Schlüssen. Die Menge der Axiome sollte in sich widerspruchsfrei sein.
Man sollte aus einem oder einigen Axiomen nicht eine Aussage
ableiten können, die einem anderen Axiom widerspricht.

Aus abgeleiteten Aussagen können weitere Aussagen abgeleitet werden. Es entsteht so eine Hierarchie von Aussagen.
Abgeleitete Aussagen können somit durch Aussagen, die in
dieser Hierarchie den Axiomen näher stehen, oder gar durch
die Axiome selbst erklärt werden.

Eine Theorie einer solchen Struktur ist also zum ersten Male
mit der Geometrie von Euklid aufgestellt worden. Die Geometrie gilt seitdem als Muster einer jeden exakten Wissenschaft,
und das Verfahren, wie in der Geometrie („more geometrico")
Aussagen aus Axiomen ableiten zu können, ist das Ideal einer
jeden anderen Wissenschaft geworden. Spinoza hat selbst eine

Ethik „more geometrico" angestrebt. Immanuel Kant hielt den kategorischen Imperativ – „handle so, dass die Maxime deines Willens jederzeit als Prinzip einer allgemeinen Gesetzgebung gelten könne" – für das Grundaxiom einer jeden Ethik. Historisch wird eine Wissenschaft natürlich nie so entstehen, dass man zuerst die Axiome (Grundaussagen) findet und dann wirklich alle anderen Aussagen ableitet. Die Aussagen, auf die man alle anderen reduzieren kann, werden sich erst im Verlauf der Entwicklung herausschälen. Eine Wissenschaft braucht eine gewisse Reife, um dem Ideal „more geometrico" nahe zu kommen.

Die Physik ist in diesem Sinne schon früh eine sehr reife Wissenschaft geworden. Das aber nicht etwa, weil die Physiker schlauer sind. Nein, es gibt offensichtlich bei der Bewegung von Planeten und Kugeln wie für elektromagnetische und andere physikalische Phänomene Gesetzmäßigkeiten, die sich besonders gut experimentell isolieren und auch mathematisch erfassen lassen. Galilei hat als Erster diese Natur der Natur erkannt, als er die Bewegung studierte, und als Maxwell etwa 250 Jahre später mit seinen Gleichungen die Axiome der Elektrodynamik formulierte, war diese Art, Wissenschaft zu betreiben, bei Physikern und Mathematikern schon zum Inbegriff von Wissenschaft überhaupt geworden.

In der Physik, in der es um so fundamentale Aspekte der Natur geht wie um die Bewegung von Himmelskörpern oder den Aufbau der Materie, kann man dem Ideal einer Theorie Euklidscher Prägung natürlich besonders nahe kommen. In Chemie, Biologie oder gar in der Medizin studiert man wesentlich speziellere und komplexere Prozesse, an denen jeweils sehr viele und auch komplexere Teilchen beteiligt sind. Zwar sind diese Teilchen und Prozesse grundsätzlich auch physikalischer Natur, aber eben nur grundsätzlich. Man muss, um halbwegs ökonomisch argumentieren zu können, in diesen Bereichen der Naturwissenschaft jeweils neue Begriffe einführen, und mit der Betrachtung, wie z. B. ein Protein aus einzelnen Atomen zusammengesetzt ist, kann man oft nicht viel gewinnen. Die Funktionen und Verhaltensweisen einer Zelle z. B. möchte man doch durch die Eigenschaften der Proteine, also durch die unmittelbaren Bausteine der Zelle erklären und nicht erst durch die Eigenschaften der Atome, die ja die Bausteine der Bausteine wären.

Dabei kann man bisher oft nur qualitative Schlüsse aus den Beobachtungen und Experimenten ziehen und mathematische Beschreibungen finden hier wegen der Komplexität nur langsam Eingang. An eine hierarchische Struktur mathematischer Beziehungen ist selten zu denken. In der Reihenfolge: Chemie, Biologie, Medizin, sind wohl diese Wissenschaften geeignet, sich dem Ideal „more geometrico" irgendwie zu nähern. Dabei spielt die Formalisierung durch die Mathematik eine entscheidende Rolle. Erst dadurch werden Schlussfolgerungen unanfechtbar und von ihrer Gültigkeit kann eindeutig auf die Gültigkeit der Annahmen zurückgeschlossen werden. Ob eine Mathematisierung einer Wissenschaft aber auch immer zur Entdeckung fundamentaler Mechanismen und Gesetze führt und damit zu einer Hierarchisierung der Aussagen „more geometrico", wage ich nicht zu behaupten. Die Sprache der Mathematik ist dazu wohl notwendig, aber vielleicht nicht hinreichend.

In der Physik gibt es allerdings auch das Gebiet „Komplexe Systeme". Ein Teilgebiet davon ist die Thermodynamik, auch Wärmelehre genannt. Da geht es z. B. um den Zusammenhang von Druck und Temperatur bei Gasen und Flüssigkeiten, also bei Systemen, die viele Teilchen enthalten. Auch hier gibt es Begriffe, die neu sind, d. h. nur auf der Beschreibungsebene des Gases auftreten, z. B. „Druck" und „Temperatur": Einzelne Teilchen besitzen keine Temperatur und keinen Druck. Dennoch lassen sich die Thermodynamik und auch die verwandte Statistische Mechanik sehr gut „more geometrico" gestalten.

Dieses Beispiel ist vielleicht ein Fingerzeig, dass das Euklidsche Ideal nicht ganz auf die Physik beschränkt sein muss.

Die Geschichte, wie diese Methode, der Welt zu begegnen, ihren Weg genommen hat, ist unerhört spannend und tiefsinnig. Ich denke, wenn man sich in diese Geschichte hinein versenkt, wird man besser verstehen, die Kraft der Wissenschaft und ihre Früchte richtig einzuschätzen und – auch zu genießen.

Ja, ich will versuchen, wirklich mit Dir diesen Weg zu gehen. Dabei muss ich gar nicht auf die neuesten Entwicklungen zu sprechen kommen. Das würde den Rahmen sprengen und ist für unser Vorhaben auch nicht so wichtig. Es gibt übrigens auch genügend gute Bücher darüber. Einen Einblick darin, wie eine Naturwissenschaft und insbesondere die Physik „funktioniert" und was man von deren Erkenntnissen zu halten hat, das lernt man am besten, wenn man die Entstehung dieser Denkweise bis zu ihren markantesten Höhepunkten verfolgt. Der vorerst letzte große Höhepunkt war die Formulierung der Quantenmechanik. Und diese stellt einen Höhepunkt nicht nur hinsichtlich der Erweiterung unseres Weltbildes dar, sondern sie zeigt auch besonders deutlich, wie diese Art, Wissenschaft zu betreiben, zu ihren Ergebnissen kommt.

Genug der Vorrede. Fangen wir an …

# 2

## Die Bewegung

## Das erste physikalische Gesetz in mathematischer Form und die geradlinig-gleichförmige Bewegung

Galilei hatte nicht nur Euklid gelesen und sich nicht nur darauf beschränkt, die Prinzipien seiner neuen Wissenschaft lediglich zu verkünden. Er war ein leidenschaftlicher Forscher, der auch schon zu konkreten grundlegenden Erkenntnissen in seiner neuen Wissenschaft kam. Am bekanntesten sind seine astronomischen Studien. Er hatte von der Erfindung eines Fernrohrs gehört und konnte nach seinen Informationen schnell selbst ein solches herstellen. Er entdeckte mit diesem u. a. die vier größten Monde des Jupiters und sah in der Konstellation von Jupiter und seinen Monden ein System, das dem von Sonne und Planeten ähnlich war. Das war für ihn ein wichtiges Argument für die Akzeptanz des Kopernikanischen Weltbildes. Er beschäftigte sich auch mit der Schwimmfähigkeit und mit der Elastizität von festen Körpern, vor allem aber mit der Bewegung von Körpern.

In vielen Büchern (z. B. Fölsing 1989) wird Leben und Werk von Galilei ausführlich gewürdigt. Hier soll auf zwei Dinge eingegangen werden, die nicht so bekannt sind, aber für das

Verständnis davon, was Wissenschaft überhaupt ist, höchst relevant sind.

Neben dem Fernrohr war die schiefe Ebene das wichtigste Handwerkszeug von Galilei. Diese war ein langes Holzbrett, in das eine Rinne eingegraben war, und er hatte in diese noch, um sie ganz glatt zu machen, ein Pergament eingeklebt. Er stellte dieses Holzbrett nun so auf, dass sich das linke Ende des Brettes höher als das rechte befand, und er ließ eine völlig runde und glatt polierte Kugel vom linken höheren Ende in der Rinne nach unten rollen. Er hatte herausgefunden, dass diese Bewegung der Kugel einer Fallbewegung gleichkommt, nur mit einer, je nach Neigung des Brettes, anderen konstanten Beschleunigung.

Galilei hat sorgfältig die Strecken ausgemessen, die in gleichen Zeiten durchlaufen werden. So stellte er fest, dass die Wege, die in aufeinander folgenden Zeitabschnitten durchlaufen werden, stets um zwei Wegeinheiten anwachsen, der insgesamt durchlaufende Weg damit proportional zum Quadrat der benötigten Zeit ist. (Denn: $1 + 3 = 4 = 2^2$, $1 + 3 + 5 = 9 = 3^2$, $1 + 3 + 5 + 7 = 16 = 4^2$ usw.). Das war das erste physikalische Gesetz in mathematischer Form, abgeschaut der Natur durch ein Experiment. Später wird Newton es aus einem Axiom ableiten können.

Interessant ist die Frage, wie Galilei die von ihm geschilderte Genauigkeit in der Übereinstimmung des Gesetzes mit den Beobachtungen erreicht hat. Nun, er war ein vorzüglicher Lautenspieler, sein Vater war Komponist und Musiktheoretiker gewesen. Er spielte vermutlich zum Experiment ein Lied auf seiner Laute und jeder gute Musiker weiß, dass man eine Verlängerung oder Verkürzung eines Taktes selbst um z. B. eine 32tel Note, also 10tel Sekunde hört. Man mutmaßt, dass er an den Enden der Streckenabschnitte jeweils kleine Saiten anbrachte, die einen Ton erzeugten, wenn die Kugel vorbei rollte. Und diese Enden richtete er durch Hin- und Herschieben so ein, dass diese Töne genau im Rhythmus eines Lautenstückes erklangen. Durch die Kugel erzeugte Töne mussten also genau mit Taktanfängen zusammenfallen.

Konzeptionell besonders wichtig sind aber die Schlussfolgerungen Galileis aus seinen Experimenten. Er stellt sich vor, dass am Ende des Brettes mit der Rinne ein weiteres Brett angebracht wird, ebenfalls mit einer Rinne, in der die Kugel weiter rollen kann. Nun sei aber die Neigung dieses weiteren Brettes gleich Null, so dass die Kugel nicht mehr beschleunigt wird. Man wird dann feststellen, dass die Kugel irgendwann zur Ruhe kommt.

Wir wissen heute, dass das nur durch die Reibung geschieht, dass ohne die Reibung die Kugel immer weiter laufen müsste. Man könnte das demonstrieren, wenn man den Grad der Reibung systematisch variieren würde. Bei immer geringer werdender Reibung wird die durchlaufene Strecke immer größer werden, und der Zusammenhang zwischen der durchlaufenen Strecke und dem Grad der Reibung zeigt, dass bei verschwindender Reibung die durchlaufene Strecke unendlich lang werden müsste.

Für uns ist heute diese Art zu argumentieren selbstverständlich. Wir haben gelernt, dass für einen Effekt mehrere Faktoren verantwortlich sein können. Die Kunst ist es, diejenigen Faktoren zu identifizieren, die von den Umständen des Experimentes abhängen, um schließlich das Verhalten zu entdecken, das von grundsätzlicher Art ist und einem allgemeinen Gesetz entspricht.

Für Galilei war dieses Absehen von der Reibung, das Erkennen des fundamentalen Gesetzes hinter einem Effekt, der dieses augenscheinlich aber gar nicht zeigt, eine große kreative

Leistung. Hatte er nicht bei Aristoteles gelernt, dass es bei irdischen Bewegungen drei verschiedene Kategorien gibt, die „Bewegung von Lebewesen", dann die „Bewegung zur Herstellung der gestörten Ordnung", wozu die Fallbewegung, das Streben zum Mittelpunkt der Welt gehört, und schließlich, diese Art der Bewegung, die er untersuchte, die „erzwungene Bewegung", der nach Aristoteles stets eine Kraft zu Grunde liegen musste, da sie sonst zum Stillstand käme.

Von der Autorität und einer 2 000 Jahre alten Tradition musste er sich lösen. Das klingt heute einfacher als es damals war. Aber das Experiment, das man zum Richter machen wollte, führte alleine auch nicht zu einem Verständnis. Erst eine Deutung der experimentellen Ergebnisse mithilfe einer Annahme, die darin bestand, dass durch Abstraktion von der Reibung die wahre Natur der Bewegung zum Vorschein kommt, führte zu einem Ergebnis. Danach ist die Bewegung ein Zustand, der ohne äußeren Einfluss bleibt, wie er ist. Nach Aristoteles ist dagegen Bewegung ein Prozess, für ihn ist stets ein Einfluss nötig, um die Bewegung aufrecht zu erhalten.

Aristoteles hat offensichtlich die Beobachtung direkt zur Aussage gemacht, Galilei hat „ein geistiges Band" eingewoben, hat den Beobachtungen etwas „Geistiges" hinzugefügt. Ohne diese gedankliche Arbeit wäre das Wissen über die Natur nicht von der Stelle gekommen. So waren die Lehren des Aristoteles über die Natur ja auch 2 000 Jahre lang vorherrschend und es kam fast nichts hinzu. Mit Galilei beginnt aber nun die Fahrt, und wir erleben heute, wie diese Fahrt immer schneller wird. Das geistige Band ist in den vergangenen Jahrhunderten immer größer, fester und feiner geworden. An den Rändern hatte es stets – und auch heute – manche lose Fäden, die aber stets bald abgeschnitten oder vernäht werden konnten. Manche Muster der neueren Teile des Bandes lassen die älteren etwas anders aussehen, deren Funktion und Festigkeit ist aber nach wie vor bewundernswert.

Galilei verstand so auch die Fallgesetze besser. Nach Aristoteles fallen schwere Körper schneller zu Boden als leichtere. Genau, wie man es direkt beobachtet – ein Stein fällt eben schneller als eine Feder. Die Ursache dafür ist aber wieder die Reibung. Ohne diese, z. B. im Vakuum, fällt ein Stein so schnell wie die Feder. Die Beobachtung bei einer Fallbewegung in der Luft erklärt sich also auch als Folge zweier Effekte, wobei einer einem allgemeinem Gesetz entspricht, der andere von den speziellen experimentellen Gegebenheiten abhängt.

Galilei hat also hinter der augenscheinlichen Beobachtung von Naturphänomenen grundsätzliche Formen der Bewegung entdeckt. Als eine ganz besondere Form erkannte er die Bewegung, die hinter der Bewegung der rollenden Kugel in der Ebene, d. h. in der Rinne des Brettes mit verschwindender Neigung steckt. Diese nennt man „geradlinig-gleichförmige Bewegung". „Geradlinig" heißt dabei: auf einer geraden Linie, d. h. die Geschwindigkeit hat immer die gleiche Richtung; „gleichförmig" bedeutet, dass die Geschwindigkeit immer gleich groß ist. Da Richtung und Geschwindigkeit der Bewegung beliebig sein können, gibt es eine ganze Klasse von solchen Bewegungen.

Ein Element dieser Klasse ist offensichtlich auch die Ruhe, d. h. die Bewegung mit Geschwindigkeit Null. Nun stutzt man vielleicht. Was ist schon Ruhe? Die kann es doch wohl nur in Bezug zu einem bestimmten Beobachter geben. Für den, der in einem Zug am Bahnsteig eines Bahnhofs vorbeifährt, kann die Kaffeetasse, die der Ober ihm gerade hingestellt hat, in Ruhe auf dem Tablett stehen. In Bezug auf einen Wartenden am Bahnsteig, ist diese aber in Bewegung. Wenn man also von einem Objekt in Ruhe spricht, dann kann das nur in Bezug auf einen speziellen Beobachter richtig sein.

Um die folgenden Überlegungen übersichtlicher zu halten, müssen wir also den Begriff des Bezugssystems einführen. Dazu gehört ein Bezugspunkt, ein Punkt im Raume, hier in meinem Arbeitszimmer oder sonst wo, den ich auswähle und in Bezug auf den man eben die Bewegung misst. Und wenn man einen solchen Bezugspunkt ausgewählt hat, kann man diesen Punkt mit allen seinen Raumpunkten um ihn herum ein Bezugssystem nennen. In diesem kann man dann spezifizieren, was Ruhe ist – nämlich Ruhe relativ zum Bezugspunkt. Und Bewegung ist auch immer eine Bewegung relativ zu einem Bezugspunkt.

Wenn man dann noch ein Koordinatensystem einführt, also eine x-Achse, eine y-Achse und auch noch eine z-Achse, und schließlich noch definiert, in welchen Einheiten man die Abstände von Strecken messen will, dann kann man auch noch jede Bewegung quantitativ beschreiben: Jeden Punkt im Raume charakterisiert man zunächst durch drei Koordinaten, so dass man die Lage von Objekten relativ zum Bezugspunkt mithilfe dieser Koordinaten spezifizieren kann. Besonders einfach wird das, wenn nur die Masse, nicht aber andere Eigenschaften wie Ausdehnung oder Form des Objektes für die physikalische Fragestellung eine Rolle spielen. Dann kann man das Objekt als Massenpunkt oder Punktteilchen ansehen und drei Koordinaten genügen zur Angabe des Ortes. Die Bewegung beschreibt man dann durch die Änderung des Ortes in dem Bezugssystem.

Es ist plausibel, dass die Menschen erst die Bewegung verstehen mussten, ehe sie mehr Verlässliches über die Natur lernen konnten. Galilei hat nicht nur eine neue Sicht der Bewegungen der Himmelskörper propagiert, er hat an einer speziellen Bewegung, der Fallbewegung, gezeigt, dass man sie mathematisch exakt beschreiben kann, und er hat eine besondere Klasse der Bewegungen, die geradlinig-gleichförmige Bewegung entdeckt. Dies ist offensichtlich die einfachste Form der Bewegung und an dieser konnte er seine neue Wissenschaft ausprobieren.

## Das Trägheitsgesetz und ideale Bezugssysteme

Die Bewegung war damals das vorherrschende Forschungsthema. Berühmtester Zeitgenosse von Galilei (1564–1642) war Johannes Kepler (1571–1630). Nikolaus Kopernikus (1473–1543) lebte etwa 100 Jahr früher. Kopernikus und Kepler suchten die Bewegungen am Himmel zu verstehen. Viele Geschichten ranken sich um die Personen Kopernikus und Kepler und um ihre Forschungen. Auf diese soll hier nicht eingegangen werden, es geht ja hier nicht um eine Übersicht über die Geschichten und die Geschichte der Physik, sondern eher darum, von der „Natur" der Natur zu berichten und davon, wie die Menschen diese Natur immer besser kennen lernten.

Allerdings müssen die Keplerschen Gesetze hier doch erwähnt werden. Das erste dieser drei Gesetze stellt fest, dass die Bahnen der Planeten um die Sonne Ellipsen sind. Die Keplerschen Gesetze würden wir heute als „phänomenologische Gesetze" bezeichnen. Sie sind sozusagen dem Phänomen direkt abgeschaut, beschreiben dieses zwar quantitativ gut, erklären es aber noch in keiner Weise. Die Grundgleichungen einer Theorie, aus der diese Gesetze folgen, mussten erst noch gefunden werden, und Galilei begann gerade, die Grundlagen dafür zu legen. Er hat die Schriften Keplers wohl gekannt. Für seine Überlegungen war aber der Unterschied zwischen der Kreisbahn und der Bahn einer Ellipse ohne Belang. Ihm ging es, um es auf gut Deutsch zu sagen, um das Wesen der Bewegung. Und da hatte er, wie im letzten Abschnitt berichtet, eine im wahrsten Sinne des Wortes wesentliche Entdeckung gemacht: Eine geradlinig-gleichförmige Bewegung dauert an, wenn sie nicht von außen beeinflusst wird. Man nennt diese Einsicht auch das Trägheitsgesetz. Jeder kennt ja die eigene Trägheit: Man verändert nicht gerne ohne Grund seinen Zustand, besonders wenn man sich in Ruhe befindet. So ist auch jeder materielle Körper träge, sein Zustand einer geradlinig-gleichförmigen Bewegung, die auch die Ruhe sein kann, bleibt ohne einen äußeren Einfluss erhalten.

Auch vor Galilei hatten schon einige Denker ähnliche Gedanken geäußert, wie z. B. der arabische Philosoph Avicenna um etwa 1 000 n. Chr. Er behauptete, dass ein Pfeil nur durch das Medium in seinem Flug behindert wird, dass er aber ohne das Medium nie zum Stillstand käme. Irgendwelche Vorläufer gibt es bei fast allen Erkenntnissen, entscheidend ist, in welchem Kontext die Idee erscheint und welche Bedeutung sie damit gewinnt.

Natürlich gibt es bei jeder Formulierung eines Gesetzes immer mehr oder weniger konkret ausgesprochene Annahmen. So wurde bisher so getan, als wäre es selbstverständlich zu wissen, was eine Gerade ist, was eine konstante Geschwindigkeit ist oder wie man Zeit- und Raumabstände misst. Das soll hier auch nicht zum Problem gemacht werden und Galilei hat darin sicherlich auch kein Problem gesehen. Aber darüber, in welch einem Bezugssystem das Trägheitsgesetz gelten soll, darüber muss man sich Rechenschaft ablegen. Offensichtlich hat Galilei das Gesetz aufgestellt, als er ein Bezugssystem benutzte, bei dem der Bezugspunkt ein Punkt in seinem Labor war. In diesem Bezugssystem befand sich sein Labor in Ruhe und in diesem beobachtete er die Bewegung der Kugel auf der schiefen Ebene.

Nun gibt es viele andere Bezugssysteme, die man alle dadurch charakterisieren kann, wie sich der Bezugspunkt des neuen Bezugssystems relativ zum alten Bezugspunkt bewegt. Man darf diese Bewegung eines Bezugspunktes relativ zum anderen aber nicht mit der Bewegung verwechseln, die man in dem Bezugssystem gerade studieren will, also z. B. mit der Bewegung der Kugel.

Betrachten wir also jetzt verschiedene Bezugssysteme, d. h. Bezugspunkte, und alle relativ zum Labor von Galilei. Zunächst ist klar, es wird keinen Unterschied machen, wenn der neue Bezugspunkt sich nur irgendwo anders, aber relativ in Ruhe zum alten befindet. Jeder Punkt auf der Erde ist also als Bezugspunkt so gut wie der im Labor von Galilei. Sodann denken wir daran, dass sich der neue Bezugspunkt relativ zum alten bewegt. Wir können, da wir nun schon die Klasse der geradlinig-gleichförmigen Bewegung kennen, die Bewegung der neuen Bezugspunkte in zwei Kategorien einteilen: Diese können sich geradlinig-gleichförmig relativ zum alten bewegen oder nicht. Dieser Unterschied ist ganz bedeutsam, denn in den Bezugssystemen, die sich nicht in dieser Weise geradlinig-gleichförmig bewegen, treten irgendwelche Beschleunigungen auf, die für die Bewegung zu ganz neuen Effekten führen.

Um etwas konkreter zu werden, machen wir in Gedanken ein kleines Experiment: Man stelle sich vor, dass man in einem Zug sitzt, der auf gerader Strecke mit konstanter Geschwindigkeit fährt. Der neue Bezugspunkt sei nun irgendein Punkt im Zuge, so dass sich also das neue Bezugssystem geradlinig-gleichförmig relativ zum ursprünglichen Bezugssystem bewegt. Nun hole man eine schöne runde Kugel aus der Tasche und lege sie auf den kleinen Tisch, der sich zwischen den beiden Sitzreihen befindet. Die Umstände seien ideal: Der Tisch sei ganz plan und eben, es gebe kein Vibrieren durch das Rollen der Räder, die Kugel sei ganz glatt, jede Reibung sei vernachlässigbar. Die Kugel bleibt liegen, sie verharrt in ihrem Bewegungszustand, da es keinen äußeren Einfluss gibt. Das Trägheitsgesetz gilt.

Nun bremst der Zug plötzlich. Was passiert? Die Kugel rollt nach vorne. Wie ist das zu interpretieren? Nun, das Bezugssystem des Zuges beschleunigt sich – man kann das so nennen, denn ein Bremsen kann man ja als negative Beschleunigung auffassen. In einem solchen ändert sich offensichtlich der Bewegungszustand der Kugel, obwohl kein Einfluss auf die Kugel erkennbar ist. Das Trägheitsgesetz, das besagt, dass ein Körper in seinem Zustand verharrt, wenn kein Einfluss auf ihn ausgeübt wird, gilt in dem Bezugssystem des Zuges also offensichtlich nicht.

Ein beschleunigtes Bezugssystem ist also etwas Besonderes gegenüber einem in geradlinig-gleichförmiger Bewegung. Beschleunigungen kann man messen, man spürt sie auch. Man wird z. B. auf einem Karussell durch die Zentrifugalkraft nach außen, beim Start eines Fliegers in den Sitz gedrückt. Eine geradlinig-gleichförmige Bewegung, so, wie sie im Zug vor dem Bremsvorgang stattfand, oder wie man sie bei einem ruhigen Flug erlebt, spürt man nicht. Und die Erfahrung zeigt, dass das Trägheitsgesetz gilt.

Könnte man von außen, in einem Bezugssystem eines Bahnhofs z. B. die Bewegung der Kugel im Zuge verfolgen, würde man feststellen, dass die Kugel in diesem Bezugssystem in ihrem Zustand verharrt, während der Zug bremst. Gleiches würde gelten, wenn man dieses Experiment von einem Auto aus beobachtete, dass mit konstanter Geschwindigkeit neben dem Zug herfahren kann. In diesen Bezugssystemen gilt also das Trägheitsgesetz, in dem beschleunigten aber nicht.

Aber warum sind denn nun gerade diese und alle solche, die sich dazu in Ruhe oder in geradlinig-gleichförmiger Bewegung befinden, so ausgezeichnet? Ist jeder Punkt auf der Erdoberfläche wirklich so ausgezeichnet? Gibt es denn überhaupt ein ausgezeichnetes Bezugssystem und damit einen ausgezeichneten Bezugspunkt, den man dann wirklich den Nabel der Welt nennen könnte? Gibt so etwas wie den absoluten Raum? Muss man auf der Erde nicht auch Beschleunigungen spüren, schließlich dreht sie sich täglich einmal um die eigene Achse und dann noch in einem Jahr um die Sonne?

Diese Fragen haben viele Wissenschaftler lange beschäftigt und sehr viel wäre dazu zu sagen.

Ja, auch Galilei würde feststellen, dass seine Kugel auf die Dauer nicht ganz geradlinig läuft, wenn er ganz genau messen würde. Es gibt tatsächlich Beschleunigungen auf der Erde aufgrund ihrer täglichen Rotation. An der Küste von großen Seen oder Ozeanen gibt es das Phänomen von Ebbe und Flut. Schon im Altertum hat man Erklärungen dafür gesucht, Galilei hat dieses als Argument für die täglichen Drehung der Erde um ihre eigene Achse genutzt, allerdings in falscher Weise. Isaac Newton hat dann die richtige Erklärung gegeben, bei der die tägliche Drehung und die Gravitationskräfte von Sonne und vor allem vom Mond eine Rolle spielen. Es gibt weitere Folgen der täglichen Drehung in Form von Beschleunigungen, z. B. die Richtung der Winde in der Umgebung von meteorologischen Hochdruck- oder Tiefdruckgebieten oder die Richtung der Passatwinde. Alle diese Effekte sind jedoch zu gering, um bei dem Galileischen Experiment eine Rolle zu spielen.

Aber trotzdem, jetzt scheint man in einem Dilemma zu sein. Es sieht so aus, als hätte Galilei ein Gesetz formuliert unter einer Annahme, die niemals zutreffend ist. Hier zeigt sich wieder, dass Wissenschaft nicht reiner Empirismus ist, dass sie erst zu fruchtbaren Hypothesen kommt, wenn man dem „geistigen Band", von dem im ersten Abschnitt dieses Kapitels die Rede war, einen neuen Faden zufügt. Die Lösung: Man stellt sich einfach Bezugssysteme vor, in denen das Trägheitsgesetz gilt, führt sozusagen ein ideales Bezugssystem ein. Man kennt zwar ein solches nicht in der Realität, aber solche, die mehr oder weniger dem Ideal entsprechen. Ein mit der Erdoberfläche verbundenes Bezugssystem ist schon ein ganz gutes, ein mit einem anfahrenden Zug verbundenes z. B. ein sehr schlechtes.

Aber wie soll das denn eine exakte Wissenschaft sein, wenn man immer nur so mehr oder weniger genau sein will? Nun, es zeigte sich, dass diese Vorstellung von einem idealen Bezugssystem eben den Weg öffnet zu einer fundamentalen Theorie. In dem idealen Bezugssystem sind keine Einflüsse vorhanden, die durch Beschleunigungen des Bezugssystems hervorgerufen werden. Ein Lebensalter später konnte Newton sich so auf die Einflüsse konzentrieren, die „wirklich" den Bewegungszustand ändern, und von dieser Warte aus konnte man auch all die Effekte in realen Bezugsystemen verstehen und berechnen.

## Das Galileische Relativitätsprinzip

Es wäre zwar noch vieles zu dem Verhältnis verschiedener Bezugssysteme zu einander zu sagen und vieles über verschiedene Bewegungstypen. Aber die Vorstellung von einem idealen

Bezugssystem genügt zunächst, um die Meilensteine der weiteren Entwicklung zu verstehen.

Der erste große Höhepunkt ist untrennbar mit dem Namen Isaac Newton verbunden. Viele werden gleich: „Kraft ist gleich Masse mal Beschleunigung" memorieren, das hat man doch in der Schule gelernt. Aber was heißt das eigentlich? Was kann man damit anfangen? Wie kommt man eigentlich zu dieser Gleichung, wie ist sie zu verstehen?

Im letzten Abschnitt war die Vorstellung von idealen Bezugssystemen entwickelt worden, in denen sich eine Kugel oder irgendein anderer Körper – ohne Einwirkung von außen – geradlinig-gleichförmig bewegt. Wir hatten auch akzeptiert, dass das Labor von Galilei „gut" als ein solches Bezugssystem angesehen werden kann; Galileis Experimente haben das gezeigt und waren schließlich Anlass für dieses Konzept gewesen. Dabei ließen wir noch im vagen, was wir unter „gut" verstehen. Weiterhin wissen wir aus Erfahrung, dass wir in einer Eisenbahn, wenn diese auf gerader Strecke mit einer konstanten Geschwindigkeit fährt, die gleichen Beobachtungen bezüglich der Bewegung einer Kugel machen wie in dem Labor von Galilei. Es sieht also so aus, dass jedes Bezugssystem, das sich geradlinig-gleichförmig relativ zu einem idealen bewegt, auch als ein ideales gelten kann. Ein ideales Bezugssystem wird auch Inertialsystem genannt, nach dem lateinischen Wort *inertia* für Trägheit. Wir haben es also nicht mit einem einzelnen Inertialsystem, sondern mit einer ganzen Klasse von Inertialsystemen zu tun, alle Elemente dieser Klasse sind gleichberechtigt.

Da es „so aussieht" und so evident erscheint, haben wir einfach einmal behauptet, dass es so ist. Das heißt aber nicht, dass man von einem empirischen Beweis redet. Richtig beweisen wie in der Mathematik kann man nichts in der Physik, abgesehen natürlich davon, wo es wirklich um logische und mathematische Schlussfolgerungen geht. Nein, wenn etwas als evident erscheint, so ist die Behauptung, dass es immer so ist, eine vernünftige Hypothese.

Ein schönes Beispiel hat der Philosoph Karl Popper für diese Argumentation gefunden: Man kann nicht beweisen, dass morgen früh die Sonne wieder aufgeht. Und dennoch ist man felsenfest davon überzeugt. Man hat das bisher immer so erlebt, nie etwas anderes: Es ist somit eine vernünftige Hypothese. Umgangssprachlich redet man natürlich oft schon von einem Beweis, wenn eine große Wahrscheinlichkeit oder Evidenz vorliegt. Wir werden hier, wenn überhaupt, nur von Beweisen im strikten Sinne reden.

Alle Inertialsysteme sind also physikalisch äquivalent in dem Sinne, dass alle Naturvorgänge in gleicher Weise in ihnen ablaufen. Für uns wäre heute das Aufstellen dieser Hypothese keine große gedankliche Leistung mehr. Wir machen ja fast täglich diese Erfahrung. In den Zeiten von Galilei und Newton kannte man aber weder Flugzeuge noch Eisenbahn, höchstens Schiffe. Bewegungen mit größerer Geschwindigkeit konnte man noch nicht erfahren. Dass Galilei die Rotation der Erde um die eigene Achse propagierte und dadurch Sonnenaufgang und -untergang erklärte, war ja ein wichtiger Streitpunkt in seinem Konflikt mit der Kirche. Das Gegenargument war zunächst einmal, dass es eine Stelle in der Bibel gibt, aus der man herauslas, dass Sonne und Mond um die Erde kreisen müssen. In *Josua, Kap. 10, Verse 12, 13* heißt es nämlich: „Sonne, stehe still zu Gibeon, und Mond im Tale Avalon, da stand die Sonne still und der Mond blieb stehen, bis das Volk Rache genommen hatte an seinen Feinden." Aber man hatte noch ein anderes, scheinbar vernünftiges Argument: Wenn sich die Erde wirklich drehte, würde z. B. die

Erdoberfläche unter allem, was auf ihr nicht niet- und nagelfest wäre, mit rasender Geschwindigkeit hinweg gezogen. Galilei verwies dagegen auf die Bewegung eines Schiffes, in dessen Innern doch alles genau so abläuft wie auf dem Lande. Als im 19. Jahrhundert die Eisenbahnen aufkamen, wähnten die Gegner dieser Entwicklung, dass Menschen solche großen Geschwindigkeiten gar nicht aushalten könnten. Heute wissen wir, dass es nicht auf die Größe der Geschwindigkeit relativ zu irgendetwas ankommt, sondern auf die Art der Bewegung. Was wir nicht so gut aushalten können, sind sehr große Änderungen der Geschwindigkeiten, also Beschleunigungen. Auf einer Achterbahn oder beim Start einer Rakete für die Raumfahrt wird das erfahrbar.

Man hat diese Hypothese, dass in allen Inertialsystemen alle Naturvorgänge in gleicher Weise ablaufen, zum Prinzip erhoben und Galileisches Relativitätsprinzip genannt. Ein Prinzip ist nach Aristoteles das, was durch etwas anderes nicht bewiesen werden muss. Nun, wie gesagt, man kann in der Physik ja auch nichts beweisen. Aber indem man diese Hypothese zum Prinzip macht, gibt man ihr eine noch grundsätzlichere Bedeutung, das heißt, man erwartet, dass ihre Gültigkeit noch über den Bereich der Bewegungen hinausgeht. In der Tat, bei der Diskussion um die Geschwindigkeit des Lichtes am Anfang des 20. Jahrhunderts, infolge derer Einstein die Spezielle Relativitätstheorie entwickelte, spielte dieses Galileische Relativitätsprinzip eine große Rolle. Man ahnt natürlich jetzt auch schon, woher der Name „Relativitätstheorie" kommt.

In jedem Bezugssystem hat man ja nun Koordinaten eingeführt, um den Ort von Objekten relativ zum Bezugspunkt angeben zu können. Offensichtlich wird die Lage eines Objekts, das sich irgendwo im Raume befindet, in jedem Bezugssystem durch andere Koordinaten beschrieben. Man kann sich aber überlegen, wie man die Koordinaten eines Bezugssystems durch die Koordinaten eines anderen Bezugssystems berechnen kann. Solche mathematischen Beziehungen zwischen Koordinaten verschiedener Bezugssysteme nennt man Koordinaten-Transformationen. Wenn es sich um zwei Inertialsysteme handelt, nennt man diese Beziehungen heute Galilei-Transformationen.

Galilei selbst hat das alles vermutlich noch nicht so scharf gesehen und auch Newton hatte etwa 60 Jahre später große Probleme mit der Wahl des Bezugssystems. Obwohl er das Relativitätsprinzip kannte, konnte er von der Vorstellung von einem absoluten Raum, also von einem ganz speziellen Bezugssystem mit einem Bezugspunkt als „Nabel der Welt" nicht lassen. Er formulierte in seinen Werk *Philosophia natur alis Principia Mathematica*: „Der absolute Raum bleibt vermöge seiner Natur und ohne Beziehung auf einen Gegenstand stets gleich und unbeweglich". Der Raum war für ihn ein Behälter für die gesamte Welt, ja ein *effectus emanativus* (ein ausströmender Effekt) Gottes. Wie damals alle Wissenschaftler und Philosophen vermengte auch Newton seine Erkenntnisse mit theologischen Spekulationen, natürlich immer mit einer gewissen Vorsicht, um nicht der Häresie oder Ketzerei verdächtigt zu werden. Ebenso gab es für Newton eine absolute Zeit: „Die absolute, wahre und mathematische Zeit verfließt an sich und vermöge der Natur gleichförmig und ohne Beziehung auf irgendeinen Gegenstand."

Heute weiß man, dass diese absoluten Vorstellungen von Raum und Zeit durch die Einsteinsche Relativitätstheorie überholt worden sind. Aber wenn man ehrlich ist, findet man diese Vorstellung Newtons vom Raum als Behälter ganz natürlich. Das entspricht eben unserer Anschauung. Andere Erfahrungen haben wir noch nicht gemacht.

Raum und Zeit waren auch stets ein großes Thema für Philosophen, aber eben immer nur auf der Basis unserer Erfahrungswelt. Durch Galileis neue Art der Wissenschaft mithilfe von Mathematik und Experimenten ist die Menschheit aber im Laufe der Jahrhunderte zu Vorstellungen geführt worden, die mit keiner unserer Erfahrungen in Beziehung gesetzt werden kann. Am Anfang dieser Entwicklung war es aber unmöglich, diese so natürlichen Vorstellungen von Raum und Zeit in Frage zu stellen. Es war schon eine bedeutende Leistung, diese Vorstellungen überhaupt bewusst zu machen und zu präzisieren. Und in der Tat reichte dieses aus, um Galileis neue Art der Wissenschaft zu einem ersten Höhepunkt zu führen.

Man stelle sich nun im Folgenden immer vor, dass man in einem der idealen Bezugssysteme lebt und dass man Bewegungen, die man beobachtet, erklären will, d. h. dass man den Grund finden will, warum diese Bewegungen gerade so sind, wie man sie vorfindet. Eine geradlinig-gleichförmige Bewegung muss man dabei nicht erklären. Das Ruhesystem des Objektes, d. h. das Bezugssystem, in dem das sich so bewegende Objekt in Ruhe befindet, ist ja nach dem Galileischen Relativitätsprinzip völlig gleichberechtigt. Beide gehören zu der Klasse der idealen Bezugssysteme.

Erklären muss man also nur die Abweichung von der geradlinig-gleichförmigen Bewegung, und eine Abweichung davon kann also nur durch einen äußeren Einfluss geschehen. Damit ergeben sich drei Fragen: Wie beschreibt man äußere Einflüsse? Wie beschreibt man die Änderung der Bewegung? Für die dritte Frage muss ich etwas ausholen: Die ersten beiden Fragen müssen natürlich so beantwortet werden, dass man mathematische Ausdrücke für die Einflüsse und die Änderung der Bewegung gewinnt. Setzt man beide

Ausdrücke gleich, weil ja der äußere Einfluss die Änderung der Bewegung bewirken soll, so gewinnt man eine mathematische Gleichung. Nun die dritte Frage: Wie findet man die Lösung dieser Gleichung?

Das klingt alles sehr abstrakt und riecht nach hoher Mathematik, ist aber in den Grundzügen einfach zu verstehen. Die Frage nach den Einflüssen wird uns auf den Begriff der Kraft führen, und dafür haben wir ja ein sehr anschauliches Vorverständnis. Die Frage nach der Änderung der Bewegung wird in der Tat etwas Mathematik benötigen, aber auch hier hilft die Anschauung weiter. Bei der dritten Frage reicht es eigentlich nur zu verstehen, wozu die Gleichung gut ist, wonach man denn mit ihr sucht. Das Suchen selbst, das Lösen der Gleichung, überlassen wir großzügig den Physikern und Mathematikern. Die müssen das alles lernen und zwar im zweiten oder dritten Semester auf der Universität. Das fällt den meisten nicht sehr leicht.

Wenn man die Studierenden vor dieser Aufgabe etwas provoziert und ihnen sagt, dass sie nun lernen müssen, was schon über 300 Jahre alt ist, dann denken diese wohl zunächst: Oh Gott, so etwas Veraltetes. Wenn sie dann aber merken, dass das alles immer noch wahr ist und immer wahr bleiben wird, und dass das vor über 300 Jahren ein einziger Mann entdeckt hat, und dass der schon diese mathematischen Berechnungen anstellen konnte, dann bekommen sie doch mächtig Respekt vor dem Mann und vor der Kraft der Methode. Wo findet man sonst ein Wissen, das so alt ist, aber auch noch so frisch und aktuell ist, und das alle Menschen einmütig akzeptieren, und das nicht nur aus Wohlwollen.

Gehen wir im Folgenden diesen drei Fragen nach, versuchen wir zu verstehen, wie diese Fragen von Newton beantwortet wurden und was andere dazu beigetragen haben.

# Kräfte und das Gravitationsgesetz

Im letzten Abschnitt war der Weg vorgezeichnet worden, auf dem man zu einer mathematischen Gleichung für die Bewegung eines materiellen Körpers kommen kann. Dazu waren drei Fragen formuliert worden. Die erste dieser Fragen „Wie beschreibt man äußere Einflüsse?" soll in diesem Abschnitt beantwortet werden.

Wir hatten gesagt, dass man nicht die geradlinig-gleichförmige Bewegung erklären muss, sondern nur die Abweichung von ihr. Nennen wir den Einfluss, der diese Abweichung bewirkt, einfach „Kraft". Das Wort Kraft kennt man ja aus der Umgangssprache, man muss Kraft aufwenden, um etwas zu bewegen. Immer, wenn man Kraft ausübt, verändert sich was. Ich hätte längst statt „äußerer Einfluss" immer Kraft sagen können. Aber ich genierte mich etwas, denn das Wort Kraft ist aus der Umgangssprache mit verschiedensten Bedeutungen beladen, und auch in der Physik hat es lange gedauert, bis man eine klare Vorstellung von dem Kraftbegriff hatte und diesen nicht mehr mit einem Kraftstoß oder mit der Energie verwechselte. So habe ich immer den etwas diffusen Begriff „äußerer Einfluss" benutzt, und jetzt sage ich: Einen äußeren Einfluss, der die Bewegung verändert, nenne ich Kraft.

Newton hatte insbesondere zwei Bewegungen im Auge, die nicht geradlinig-gleichförmig sind und somit der Erklärung bedürfen: Den Fall eines Apfels, und die Bahn des Mondes um die Erde. Die Geschichte wird ja oft erzählt: Newton sitzt an einem schönen Sommerabend im Garten unter einem Apfelbaum. Am Himmel sieht er die bleiche Silhouette des Mondes. Als ein Apfel knapp an ihm vorbei zu Boden fällt, blitzt in seinem Kopf der Gedanke auf: Die Kraft, die den Apfel zu

Boden fallen lässt, muss die gleiche sein, die den Mond auf seiner Bahn hält. Die Geschichte klingt wie eine Legende, ist aber im Kern wohl wahr. William Stukeley, ein Freund Newtons, erinnert sich in seinem Werk *Memoirs of Sir Isaac Newton's life* (Stuckeley 1752), dass er im Jahre 1726 mit Newton im Schatten zweier Apfelbäume Tee getrunken habe, wobei ihm dieser erzählt habe, er sei in derselben Situation gewesen, als er die erste Idee zu dem Gravitationsgesetz bekam, und dass diese Idee ausgelöst sei von dem Fall eines Apfels. Und von Henry Pemberton, einem weiteren Freund Newtons, wissen wir (siehe Simony 1990), dass Newton der Gedanke, dass die Gravitationskraft wohl bis zum Mond reichen könnte, schon im Jahre 1666 kam, als er allein in einem Garten saß. Newton war damals 24 Jahre alt und Student an der Universität Cambridge.

Newton folgerte dann, wenn der Mond auf solche Weise auf seiner Bahn gehalten wird, dann wohl auch die Planeten bei ihrer Bahn um die Sonne. Aus dem Vergleich der Umlaufzeiten und mithilfe des dritten Keplerschen Gesetzes fand er, dass eine Kraft, die in „zweifacher Proportion" mit der Entfernung abnimmt, mit den Beobachtungsdaten bei den Planeten übereinstimmt. „Abnahme mit der Entfernung in zweifacher Proportion" würden wir heute so formulieren: Die Kraft ist umgekehrt proportional dem Quadrat der Entfernung. Verdoppelt sich also z. B. die Entfernung, so nimmt die Kraft um das Vierfache ab.

Der Gedanke, dass sich alle Körper gegenseitig anziehen und dass diese Anziehung für das Gewicht der Körper auf der Erde und für die Bewegung der Himmelskörper verantwortlich ist, war damals schon bekannt, auch war die Abnahme der Anziehungskraft „in zweifacher Proportion mit der Entfernung" schon gelegentlich vermutet worden. Newton tat aber den entscheidenden Schritt. Er machte aus der Vermutung eine handfeste Hypothese, indem er zeigte, dass dieses Gesetz quantitativ in Übereinstimmung mit den Beobachtungen ist. Als er aber mithilfe dieses Gesetzes prüfte, ob so der Mond auch auf seiner Bahn gehalten werden konnte, benötigte er den Wert für den Erdradius. Da ihm aber nur ein falscher Wert zur Verfügung stand, kam er zu der Meinung, beim Mond müsse neben der Gravitationsanziehung noch eine weitere Kraft im Spiel sein. So legte er die Berechnungen für den Mond zunächst beiseite. Als er dann im Jahre 1686 in seiner *Principia* das Gravitationsgesetz einführte, kannte er schon einen genaueren Wert für den Erdradius, und eine weitere Kraft wurde unnötig.

Ist es nicht interessant, wie selbstverständlich und unumgänglich es für Newton schon damals war, quantitativ und mithilfe mathematischer Berechnungen zu argumentieren? So nimmt er die Ungereimtheiten, die sich bei seinen Berechnungen bezüglich des Mondes zunächst ergeben, zwar sehr ernst, diese veranlassen ihn aber nicht, die ganze Hypothese über die mathematische Form der Gravitationsanziehung fallen zu lassen. Denn dafür stimmte diese bei den Planeten zu gut.

War das Problem mit dem Mond nur ein vorübergehendes, so hatte Newton selbst, wie viele Zeitgenossen auch, zeitlebens ein anderes Problem mit dem Gravitationsgesetz. Das Gesetz war ein „Fernwirkungsgesetz". D. h. es postulierte, dass eine Wirkung von einem Körper auf einen anderen ausgeübt wird, auch wenn diese noch so weit von einander entfernt sind. Das ist doch schon eine magische Vorstellung. Eigentlich konnte und wollte dieses kein Wissenschaftler akzeptieren. Newton selbst schrieb 1693 in einem Brief an Richard Bentley sinngemäß: „Dass ein Körper auf einen anderen über eine Entfernung durch Vakuum hindurch und ohne die Vermittlung von etwas Sonstigem wirken soll, ist für mich eine so große Absurdität, dass ich glaube, kein Mensch, der eine in philosophischen Dingen geschulte Denkfähigkeit hat, kann sich dem jemals anschließen."

In diesem Zusammenhang muss man Descartes (1596–1650) erwähnen, der vielen aus der Philosophie mit seinem Ausspruch „Ich denke, also bin ich" bekannt ist. Descartes war ein Zeitgenosse Galileis, auch er hatte die Bedeutung der Mathematik für die Naturwissenschaft erkannt, sah aber die nicht so deutlich wie Galilei das Experiment als Prüfungsinstanz für Hypothesen, ja, er behauptete in seinem Werk *Principia Philosophiae* gar, dass „wenn die Erfahrung das Gegenteil zu beweisen schiene, wir eher unserer Vernunft als unseren Sinnen Glauben schenken müssten". Zudem waren seine mathematischen Fähigkeiten begrenzt. Descartes hatte die Vorstellung entwickelt, dass ein um die Sonne herumwirbelnder Stoff die Erde mit sich nimmt und auf ähnliche Weise der Mond um die Erde geführt wird. Mit dieser Wirbeltheorie versuchte er auch den Fall eines Körpers zur Erde zu erklären. Damit vermied er die Annahme einer Fernwirkung, die auch für ihn völlig unakzeptabel war. Aber er blieb von einer quantitativen Formulierung seiner Vorstellungen weit entfernt.

Man konnte es aber drehen und wenden, wie man es wollte: Das Gravitationsgesetz wurde bei weiteren Untersuchungen immer wieder bestätigt. Newton entwickelte auch mithilfe dieses Gesetzes eine Methode zur Bestimmung von Kometenbahnen, so dass man die Zeiten der Wiederkehr der Kometen berechnen konnte. Der Astronom Edmund Halley wandte diese Methode auf den Kometen von 1682 an, berechnete aus dessen Beobachtungsdaten die Bahnparameter und erhielt für die Umlaufzeit 76 Jahre. Der Komet musste also insbesondere in den Jahren 1607 und 1531 gesehen worden sein und

1758 wiederkehren. Berichte von einem Kometen in zurück-
liegenden Jahren gab es in der Tat, u. a. von Johannes Kepler,
und in dem besagten Jahre 1758, 17 Jahre nach Halleys Tod,
erschien tatsächlich der Komet, wie vorhergesagt, am Himmel. Dies war eine Bestätigung der Newtonschen Theorie,
die auch über den Kreis der Wissenschaftler hinaus großen
Eindruck machte. Man konnte nun wirklich die Bewegungen
von Himmelskörpern verstehen und entsprechende Him-
melserscheinungen vorhersagen. Übrigens: Der Komet, bald
Halleyscher Komet genannt, wurde das letzte Mal im Jahre
1986 gesehen, sein nächstes Erscheinen im Jahre 2062 werden
manche unserer Zeitgenossen noch erleben.

Das stärkste Argument für die Gültigkeit des Gravitationsgesetzes war aber Tatsache, um die es in diesem Abschnitt
und den beiden nachfolgenden geht und die den ersten Höhepunkt der Physik ausmacht. Mit dem Newtonschen Gravitationsgesetz als Ausdruck für die Kraft, die die Abweichung
von der geradlinig-gleichförmigen Bewegung bewirkt, erhält
man durch mathematische Schlussfolgerungen Aussagen über
die Planetenbahnen, die Kepler aus Beobachtungen mühsam
abgeleitet und in drei Gesetzen formuliert hatte. Die berühmteste dieser Aussagen ist, dass die Planetenbahnen Ellipsen
sein müssen. Man erhält also mit einer einzigen Hypothese,
auf einen Schlag sozusagen, eine Vielzahl von Aussagen, die
man sonst nur als unabhängige Gesetze formulieren kann. Somit sieht man, dass alle diese Aussagen eine einzige Ursache
haben, nämlich das Gravitationsgesetz.

Das alles waren überzeugende Argumente dafür, das Gravitationsgesetz als eine vernünftige Hypothese für den mathematischen Ausdruck der Anziehungskraft zu akzeptieren.
Die Tatsache, dass man damit eine Fernwirkung annahm, gab
zunächst noch viel Anlass zur Diskussion, man suchte immer

eine Erklärung für die Wechselwirkung durch eine Folge von sicht- oder spürbaren Kontakten, so, wie es Descartes gefordert hatte. Aber Newton weigerte sich, öffentlich darüber nachzudenken. *Hypotheses non fingo* formulierte er dazu in einem Essay, was soviel heißt wie „dazu mache ich keine weiteren Hypothesen". Tatsächlich gewöhnten sich die Wissenschaftler an diese Ungereimtheit einer Fernwirkung, ja man gewöhnte sich sogar so stark daran, dass 200 Jahre später manche Physiker bei der Entwicklung der Elektrodynamik zeitweise einer Fernwirkungstheorie den Vorzug gaben, einfach weil die Newtonsche Mechanik mit dieser Fernwirkungskraft solchen Erfolg hatte.

Offensichtlich kann eine Wissenschaft, und dazu eine exakte, Jahrhunderte lang große Erfolge feiern, obwohl man, vielleicht vorläufig, auf ziemlich absurden Vorstellungen aufbauen muss. Ja, eigentlich ist das der Normalfall. Hypothesen sind dann vernünftig, wenn sie eine große Erklärungskraft haben, wenn also viele Folgerungen aus dieser Hypothese mit dem Experiment oder der Beobachtung übereinstimmen. Dabei können die Hypothesen vom philosophischen Standpunkt aus unvernünftig erscheinen. Das kann daran liegen, dass man von vorne herein einfach gar nicht wissen kann, was in diesem Sinne wirklich vernünftig ist. Aber meistens liegt es erst einmal daran, dass man tiefer liegende Hypothesen, aus denen man die in Rede stehende Hypothese wie z. B. das Gravitationsgesetz ableiten kann, erst viel später finden kann, wenn die Theoriebildung weiter fortgeschritten ist.

Diese Überlegungen weisen auf zwei grundsätzlich unterschiedliche Geisteshaltungen hin, die man jeweils in Newton bzw. in Descartes verkörpert sehen kann. Der Unterschied besteht in der Reihenfolge des Vorgehens. Um es einmal ganz plakativ zu formulieren: Erst Physik und dann Philosophie wie bei Newton – oder umgekehrt, wie bei Descartes. Konkret: Erst eine durch Beobachtung motivierte und quantifizierbare Hypothese über die Welt, dann der Versuch, diese einzuordnen in die Welt der bekannten Begriffe und Vorstellungen, und das stets bei weiterer Prüfung der Hypothese. Oder umgekehrt erst die Entwicklung von Vorstellungen und Begriffen, dann damit eine Interpretation der Welt, wobei man eher der „Vernunft als den Sinnen Glauben schenkt", wie Descartes es formulierte.

Die Lehre, die man aus der ganzen Geschichte der Physik ziehen muss, ist die, dass die Natur für ihr Verständnis ungeahnte und tief liegende Begriffe verlangt, auf die ein Mensch mit seinen Vorstellungen und Anschauungen seiner Zeit nie durch reines Denken und Spekulieren kommen kann. Nur die Natur selbst kann der Führer auf dem Weg zu ihrem Verständnis sein.

Das Gravitationsgesetz ist nun aber noch gar nicht vollständig beschrieben worden, bisher ist ja nur die Abhängigkeit der Anziehungskraft vom Abstand der beiden Körper erwähnt worden. Man weiß aber, dass Körper auf der Erde verschieden schwer sind. Ein Auto ist schwerer als ein Fahrrad, wird also von der Erde stärker angezogen. Man beschreibt das dadurch, dass man jedem Körper eine von der Zeit und allen äußeren Umständen unabhängige Eigenschaft zuordnet, die man Masse nennt. Ein schwererer Körper erfährt eine größere Anziehung, damit ordnet man ihm auch eine entsprechend größere Masse zu.

Man sollte hier schon genauer „schwere Masse" sagen, denn im nächsten Abschnitt wird im Kontext eines anderen Naturphänomens jedem Körper eine weitere Eigenschaft zuordnet, die man auch Masse getauft hat, die man zur Unterscheidung dann aber „träge Masse" nennen wird. Man wundert sich vielleicht jetzt, da man doch immer nur das Wort „Masse" im Alltag hört und eine solche Unterscheidung zwischen „träger" und „schwerer" Masse nie eine Rolle spielt. Nun, das liegt daran, dass die träge Masse und die schwere Masse eines Körpers stets den gleichen Wert haben. Das ist eine tief liegende Eigenschaft der Natur, die bei der Entwicklung der Allgemeinen Relativitätstheorie eine große Rolle spielt.

Dieser feine begriffliche Unterschied soll aber jetzt nicht vertieft werden. Wichtig ist hier erst einmal, dass man jedem Körper eine Masse zuordnen kann, und das nicht nur gedanklich, sondern auch konkret durch eine Messung nach einer Messvorschrift. Man kauft am Markt ja so und so viel Kilo Äpfel. Mit Kilo ist natürlich Kilogramm gemeint, also eine Masseneinheit, und der Verkäufer am Markt weiß genau, wie man die Masse der Äpfel bestimmt.

Über Messvorschriften und die Schwierigkeit, Maßeinheiten zu definieren, könnte man ein ganzes Buch schreiben, aber auch darauf soll jetzt nicht eingegangen werden.

Nun zurück zur schweren Masse, die im Folgenden einfach Masse genannt sei. Dann kann man sich fragen, wie die Anziehung der Erde auf den Körper von der Masse dieses Körpers abhängen soll. Da die Masse ja ein Maß für die Anziehung der Erde sein soll, ist es nahe liegend, anzunehmen, dass die Anziehung linear mit der Masse wächst. Und da die Anziehung gegenseitig ist, muss auch die Masse der Erde in dem Gravitationsgesetz auftauchen. Allgemein gesprochen müssen die Massen der beiden Körper, deren gegenseitige Anziehung beschrieben werden soll, in gleicher Weise in dem mathematischen Ausdruck für diese Kraft erscheinen. Das Gravitationsgesetz sagt schließlich: Befinden sich zwei Körper der Masse $M$ bzw. $m$ im Abstand $R$ voneinander, so übt der eine Körper auf den anderen die Kraft $K$ der Größe

$K = G\, m\, M/R^2$ aus. Die Größe $G$ bezeichnet dabei eine Konstante, die so genannte Gravitationskonstante; diese muss natürlich auch in irgendeiner Weise durch eine Messung bestimmt werden.

Mit diesem mathematischen Ausdruck hatte Newton also eine präzise Hypothese über die Anziehungskraft zweier Körper formuliert. Und dieser Ausdruck wird in die Gleichung eingehen, mit der man die Bewegung der Körper unter dem Einfluss dieser Anziehungskraft genau berechnen kann. Dabei muss man allerdings auch noch berücksichtigen, dass jede Kraft ja eine Richtung hat, die Kraft $K$ also noch mathematisch als gerichtete Größe, als Vektor, geschrieben werden muss. Aber das soll uns hier nicht aufhalten. Wir kennen nun auf jeden Fall den Ausdruck für eine Kraft, die für die Abweichung von der geradlinig-gleichförmigen Bewegung verantwortlich gemacht werden soll und die im Falle, dass die beiden Körper Erde und Mond sind, den Mond auf seiner Bahn halten soll.

## Bewegungsänderungen und ihre Ursache

Mit der Beschreibung des Gravitationsgesetzes wurde die erste der drei Fragen beantwortet, die im Abschnitt zuvor aufgeworfen wurde, nämlich: Wie beschreibt man äußere Einflüsse? In diesem Abschnitt soll nun die zweite Frage beantwortet werden: Wie beschreibt man die Änderung der Bewegung, d. h. die Abweichung von der geradlinig-gleichförmigen Bewegung? Wie fasst man sie in mathematische Worte?

Hat man das beantwortet, kann man doch dann so argumentieren: Da die Kraft die Änderung der Bewegung bewirkt, setzt man einfach beide gleich, die Gleichung heißt so: Die Änderung der Bewegung ist gleich der Kraft. Das heißt: Gibt man die Kraft vor, so kann man die Änderung berechnen. Und wenn man im nächsten Abschnitt die dritte Frage: „Wie findet man die Lösung dieser Gleichung?" beantwortet, wird man nachvollziehen können, wie damals Newton und auch heute noch alle Physiker mit dieser Gleichung z. B. die Bahn der Erde um die Sonne berechnen und es wird klar werden, wie mächtig diese Methode auch für die Berechnungen anderer Bewegungen ist.

Nun also zur Abweichung eines Körpers von der geradlinig-gleichförmigen Bewegung: Man kann sie durch die Änderung des Impulses beschreiben. Da taucht der Begriff Impuls auf, den man auch in der Umgangssprache kennt. Man kann „aus einem Impuls heraus" handeln, jemanden einen Impuls, d. h. einen Anstoß geben, etwas zu tun. Neuerdings gibt es sogar Impulsseminare für Manager und Gemeindereferenten.

In der Physik muss der Begriff zunächst etwas mit der Geschwindigkeit zu tun haben, denn, gibt man einer Kugel einen Anstoß, so ändert diese ihre Geschwindigkeit. Weiterhin war es schon immer offensichtlich, dass sich ein großer Stein schwerer bewegen lässt als ein kleiner. So kommt schon früh eine Größe in den Gesichtskreis der Menschen, die dem Produkt aus der Geschwindigkeit und einer Art Masse entspricht. Der Philosoph Buridan, Rektor der Pariser Universität im Jahre 1327, hat mit *impetus* solch eine Größe verbunden und Descartes hat eine solche bei seinem Studium der Stöße benutzt.

Newton nennt die Masse, die sich bei einem äußeren Anstoß als eine Eigenschaft der Körper bemerkbar macht und die zunächst nichts mit der schweren Masse, die das Maß der Anziehung mitbestimmt, zu tun haben muss, „träge" Masse, und er definiert den Impetus bzw. den Impuls als Geschwindigkeit multipliziert mit der trägen Masse. Dass die träge Masse zahlenmäßig immer gleich der schweren Masse ist, musste man zunächst einfach hinnehmen. Wie schon erwähnt, konnte erst etwa 250 Jahre später Albert Einstein diese Tatsache im Rahmen seiner Allgemeinen Relativitätstheorie erklären.

Ist also nun der Impuls gleich der Masse multipliziert mit der Geschwindigkeit, so ist die Impulsänderung gleich der Masse multipliziert mit der Geschwindigkeitsänderung. Aber wie kann man eine Geschwindigkeitsänderung in mathematische Worte fassen?

Betrachten wir zunächst statt der Geschwindigkeitsänderung eine Änderung des Ortes. Der Ort des Körpers, ausgedrückt durch die Koordinaten seines Schwerpunktes, ist ja die Grundgröße, die uns letztlich interessiert – und das in Abhängigkeit von der Zeit. Nun weiß jedes Kind, dass eine Ortsänderung mit verschiedener Geschwindigkeit erreicht werden kann: Wenn man seinen Ort verändert, in dem man in einer Stunde einen Weg von fünf Kilometern zurücklegt, dann hat man auf diesem Weg die mittlere Geschwindigkeit von fünf Kilometern pro Stunde. Die Distanz, die man zurücklegt, in Beziehung gesetzt zur Zeit, in der dieses geschieht, ist eben die Geschwindigkeit. Diese hat deshalb auch die Einheit „Meter pro Sekunde" oder „Kilometer pro Stunde". Manche sagen auch Stundenkilometer, aber es gibt keine speziellen Kilometer, die das Präfix „Stunden" verdienten.

Nun möchte man aber oft nicht irgendeine mittlere Geschwindigkeit benutzen sondern die momentane. Man kann einen immer besseren Wert für die momentane Geschwindigkeit finden, indem man die zurückgelegte Distanz in einer immer kleineren Zeitspanne misst, und das Verhältnis dieser betrachtet. Der Nenner in diesem Quotienten wird also immer kleiner, in Folge dessen auch der Zähler, während der Quotient selbst einem bestimmten Wert zustrebt. Das führt genau auf die Definition des Differenzialquotienten, der sich schließlich als Grenzwert ergibt, wenn man in dem Verhältnis von zurückgelegter Distanz zur dazu benötigten Zeit das „immer kleiner machen" bis zum Ende treibt.

Wie man so etwas mathematisch einwandfrei formuliert und explizit berechnet, muss uns hier nicht beschäftigen. Man muss auch nicht vertiefen, dass der Ort ja durch einen Vektor beschrieben wird, man also bei allen drei Koordinaten den Differenzialquotienten bilden muss. Wichtig ist hier nur, dass man die momentane Geschwindigkeit als Differenzialquotient des Ortsvektors erkennt und dass man akzeptiert, dass die Berechnung eines Differenzialquotienten eines Vektors eine wohl definierte mathematische Operation ist. Man redet auch oft vom „Ableiten", wenn man die Bildung des Differenzialquotienten meint. Der Geschwindigkeitsvektor ist somit die Ableitung des Ortsvektors.

In gleicher Weise kann man nun die momentane Geschwindigkeitsänderung als Ableitung der Geschwindigkeit betrachten und berechnen. Offensichtlich erhält man damit etwas, was man auch als Beschleunigung bezeichnet. In mathematischer Form erhält man also den Beschleunigungsvektor, indem man zweimal die Operation „bilde den Differenzialquotienten" auf den Ortsvektor ausübt.

Eine Änderung des Impulses pro Zeit ist damit, wenn die träge Masse konstant bleibt, gleich dem Produkt aus der Masse und der Beschleunigung, bzw. gleich dem Produkt aus der Masse und der zweifachen Ableitung des Ortsvektors. Wenn wir die Änderung einer Größe pro Zeit also dadurch kennzeichnen, dass wir über das Symbol für diese Größe einen Punkt zeichnen, so ist, wenn wir mit $r(t)$ den Ort in Abhängigkeit von der Zeit $t$ bezeichnen, $\dot{r}(t)$ die Geschwindigkeit und $\ddot{r}(t)$ die Beschleunigung. Dann lässt sich $\dot{p}(t)$, die Änderung des Impulses pro Zeiteinheit, als $m\,\ddot{r}(t)$ schreiben und somit kann man die Fundamentalgleichung nun so formulieren: $m\,\ddot{r}(t) = K(r(t))$.

Ich habe extra die Formel nicht in eine separate Zeile geschrieben, damit sie nicht so auffällt. Außerdem habe ich in dem Ausdruck für die Kraft deutlich gemacht, wovon diese Kraft abhängt, nämlich von dem Ort $r(t)$, der seinerseits natürlich wieder von der Zeit abhängt.

Ich habe hier ziemlich mutig einen mathematischen Begriff, den Differenzialquotienten, eingeführt und benutzt. Dieser ist für viele nicht neu, sie kennen ihn aus dem Mathematikunterricht. Ob man später auch noch weiß, was er bedeutet und wie man damit umgeht, wage ich zu bezweifeln, es sei denn man hat nach dem Abitur ein naturwissenschaftliches Fach studiert. Der normale Bildungsbürger benötigt im Alltag nur die vier Grundrechenarten und zählt mathematische Kenntnisse und Einsichten heutzutage noch nicht zur Bildung. Dabei ist die heutige Welt mit der Entwicklung der Naturwissenschaften und Technik ohne Mathematik gar nicht denkbar und der Differenzialquotient ist hier einer der zentralen Begriffe.

Es wundert einen somit auch nicht, dass dieser Begriff auch am Anfang der Naturwissenschaften entstand, ja, diesen Anfang erst ermöglichte. Zwei Namen sind in erster Linie damit verbunden – Isaac Newton und Gottfried Wilhelm Leibniz – sowie ein erbitterter Prioritätsstreit zwischen diesen beiden und ihren Anhängern, der erst mit dem Tod von Leibniz im Jahre 1716 endet. Heute ist man zu der Meinung gelangt, dass beide unabhängig diesen Begriff entwickelt haben wie auch die Methoden, Tangenten von Kurven und Flächeninhalte unter Kurven zu bestimmen.

Leibniz ist vielen nicht so bekannt wie Newton. Aber es gibt den Leibniz-Preis oder die Leibniz-Gemeinschaft der Forschungsinstitute in Deutschland. Durch die Namensgebung wird ein Mann geehrt, der als einer der letzten wirklich universal gebildeten Menschen angesehen wird. Geboren 1646 in Leipzig, wurde er später Mathematiker, Physiker, Philosoph, Historiker, Kirchenrechtler und schließlich auch noch Diplomat.* Es lohnt, sich mit ihm länger zu beschäftigen. Einmal gestand er: „Schon beim Erwachen hatte ich so viele Einfälle, dass der Tag nicht ausreichte, um sie niederzuschreiben." Um nur einige solcher Einfälle zu nennen: Er erfand das Dualsystem, konstruierte im Jahre 1672 eine Rechenmaschine, die schon multiplizieren, dividieren und die Quadratwurzel ziehen konnte, er erkannte auch die Bedeutung einer regelmäßigen Fiebermessung und gründete eine Witwen- und Waisenkasse. Sein Briefwechsel wurde neben der Gutenberg-Bibel, Beethovens Neunter Symphonie und dem literarischen Nachlass Goethes von der Unesco zu einem Bestandteil des Weltgedächtnisses erklärt.

Leibniz entwickelte während eines Parisaufenthaltes in den Jahren 1672–1676 die Grundlagen der Differenzial- und Integralrechnung und veröffentlichte seine Ergebnisse 1684. Von ihm stammt auch die Notation, die wir heute noch benutzen, z. B. $dr/dt$ für den Differenzialquotienten und das Integralzeichen. Newton hatte bereits in seinen Wunderjahren 1665 und 1666, in denen er auch das Gravitationsgesetz und die Aufspaltung des Sonnenlichtes in Strahlen verschiedener Brechbarkeit fand, die Tangentenmethode und deren „umgekehrte Methode", also die Integralrechnung, gefunden, diese aber erst 1687 veröffentlicht. Es gab natürlich durch Briefe vor den offiziellen Veröffentlichungen Gelegenheit, von den Arbeiten und Gedanken der anderen Wissenschaftler Kenntnis zu erhalten. Der Streit begann mit Unterlassungen beim Erwähnen der Ansätze der anderen und ging bald über zu Verdächtigungen und Beschuldigungen, Ideen gestohlen zu haben. Ein Lager von Freunden und Sympathisanten formierte sich um die Kontrahenten, wodurch der Kampf noch verschärft wurde. Der Streit ist später in vielen Büchern und Artikeln akribisch dokumentiert worden, jedem Kontrahenten waren offensichtlich manche Mittel recht, um in der Geschichte festzuschreiben, dass er der Begründer der Differenzial- und Integralrechnung ist. Es ging ja auch nicht um etwas Vergängliches. Jeder, der diese Methoden kennen gelernt hatte, wusste um deren Bedeutung. Nach dem Tod Leibniz ebbte der Kampf etwas ab, die Lager stellten sich nach einiger Zeit mathematische Aufgaben, um zu zeigen, dass jeweils ihre eigene Version dieser Methoden besser geeignet ist.

Auch Geistesgrößen ist offensichtlich allzu Menschliches nicht fremd, wie sollte es auch anders sein. Das Ergebnis der geistigen Leistung wird dadurch nicht berührt, dieses ist unabhängig von den Menschen, ja, unabhängig von dem, der es entdeckt oder gemacht hat, und unabhängig von dem, der es benutzt.

Kommen wir zurück auf die fundamentale Beziehung $m\,\ddot{r}(t) = K(r(t))$, mit der man die Bewegung eines Körpers unter dem Einfluss einer Kraft berechnen kann. Unscheinbar sieht sie eigentlich aus, und noch wissen wir nicht, wie man damit umgeht und welche Schlüsse man daraus ziehen kann. Darüber wird im nächsten Abschnitt zu berichten sein.

Emmendingen, am 4.9.2007

Liebe Caroline,

wie Du Dein Gefühl nach der Lektüre der ersten Abschnitte dieses Kapitels über die Bewegung beschrieben hast – das hat mir sehr gefallen. Ja, es ist, als wenn man gerade einen großen

Berg erklommen hat. Nachdem wir uns im Basislager mit den Begriffen „Bezugssysteme", „geradlinig-gleichförmige Bewegung" für den Aufstieg vorbereitet hatten, im Zwischenlager mit der Diskussion von „Inertialsystemen" und des Galileischen Relativitätsprinzips die eigentliche Bergwand erreicht hatten, konnten wir mit der Einführung des Gravitationsgesetzes und der Impulsänderung zum Gipfel vordringen. So mussten wir nur noch den letzen Schritt tun und die Gleichung aufstellen, den Gipfel betreten. Nun müssen wir uns erst einmal umschauen, die nähere Umgebung studieren und dann die Aussicht genießen.

Wir hatten einen Ausdruck für die Kraft formuliert sowie einen für die Impulsänderung, und hatten diese gleichgesetzt. So ergab sich: $m\ddot{r}(t) = K(r(t))$. Ich weiß nicht, ob alle das überhaupt als Gleichung erkennen. Aus einer Gleichung will man ja etwas herausbekommen. Man kennt üblicherweise quadratische Gleichungen, Gleichungen mit einem Dreisatz usw., immer sucht man dabei nach einer Zahl, die, in die Gleichung eingesetzt, diese erfüllt. Aus dieser Bewegungsgleichung will man auch etwas ausrechnen, und sie ist auch so geschrieben, dass man gleich sieht, was hier gesucht wird: $r(t)$. Nun ist $r(t)$ nicht eine Zahl, sondern ein Vektor, und dann noch von der Zeit abhängig. Nun, der Vektorcharakter ist hier nicht so wesentlich, aber die Abhängigkeit von der Zeit. Man sucht also eine Funktion $r(t)$, nicht nur eine Zahl oder einen Vektor, sondern eine Vorschrift, wie man der Zeit $t$ eine Zahl oder einen Vektor zuordnet. Setzt man die „richtige" Funktion in die Gleichung ein, so soll diese „stimmen", die rechte Seite in der Tat gleich der linken sein.

In der Gleichung kommt nicht nur $r(t)$ selbst vor, sondern auch die zweite Ableitung von $r(t)$. Solche Gleichungen, in denen eine Funktion vorkommt wie auch einige ihrer Ableitungen, nennt man Differenzialgleichungen. Diese sind auch für Dich neu, auf der Schule werden sie nicht behandelt. Sie sind auch in der Regel schwer zu lösen, es gibt viele verschiedene Typen solcher Gleichungen und keine allgemein gültigen Lösungsstrategien. Aber sehr viele Gesetzmäßigkeiten, die man heutzutage in Naturwissenschaft und Technik studiert und nutzt, kann man gut durch Differenzialgleichungen beschreiben, und auch die Maxwellschen Gleichungen, die Grundgleichungen für alle elektromagnetischen Phänomene, die schon im Brief vom 17.7.2007 vorgestellt worden sind, sind Differenzialgleichungen ebenso die Grundgleichungen anderer großer Theorien, z. B. die der Quantenmechanik und der Allgemeinen Relativitätstheorie. Im Forschungsgebiet vieler Mathematiker spielten und spielen Differenzialgleichungen eine große Rolle. Heute sind natürlich auch Verfahren interessant, solche Gleichungen mit Hilfe eines Rechners zu lösen, und die Entwicklung von Lösungsverfahren und ihre Anwendung auf immer komplexere Probleme sind eine Motivation, immer größere und schnellere Computer zu entwickeln. Wenn man also versteht, was eine Differenzialgleichung ist, und wenn man an einem Beispiel sieht, was man damit machen kann, bekommt man auch eine Ahnung davon, was Heerscharen von Ingenieuren, Physikern und Mathematikern in ihren Studierstuben treiben.

Nach diesem Hohelied auf die Differenzialgleichungen muss ich aber eine vielleicht enttäuschende Nachricht loswerden. Newton hat seine Bewegungsgleichung gar nicht in dieser Form, also gar nicht als Differenzialgleichung, in seinem Werk „Principia" aufgeschrieben, obwohl ihm ja die mathematischen Mittel dazu bereit standen, denn er hatte sie ja selbst entwickelt. Während er in konkreten Berechnungen durchaus die Differenzialrechnung benutzt, formuliert er in den „Principia" das Gesetz nur als Beziehung zwischen einer mittleren Impulsänderung und einer Größe, die wir heute Kraftstoß nennen. Man vermutet, er habe dem Leser neben den vielen schwierigen Argumentationen nicht auch noch die neue Mathematik der „Fluxionen", wie er es nannte, zumuten wollen. Der große

Mathematiker Leonard Euler, 1707 in Basel geboren, hat später als erster die Bewegungsgleichung in der heute gebräuchlichen Form aufgeschrieben und Bewegungsgleichungen auch für andere Kraftgesetze studiert und gelöst. Du kennst den Namen Euler von der so genannten Eulerschen Zahl und der Exponentialfunktion $y = e^t$. Diese Funktion ist übrigens Lösung der denkbar einfachsten Differenzialgleichung: $dy/dt = y(t)$, der momentane Zuwachs soll gleich dem Wert der Funktion zur Zeit $t$ sein.

Nach diesen etwas allgemeinen Gedanken zu dem Konzept von Differenzialgleichungen will ich Dir nun weitere Ausführungen schicken, in denen verschiedenste Aspekte der Newtonsche Bewegungsgleichung beleuchtet werden und geschildert wird, welche weiteren Erkenntnisse für die Beschreibung der Bewegung daraus erwachsen sind. Wir wollen ja den Gipfel des Berges erkunden und die Aussicht genießen…

## Die Newtonsche Bewegungsgleichung

Wie immer, wenn man etwas Neues hat, dann muss man es erst einmal hin und her wenden und von allen Seiten betrachten. Nur dann wird man etwas damit vertraut. So wird es uns auch bei der Newtonschen Bewegungsgleichung gehen.

Einen Aspekt der Gleichung muss ich als Erstes diskutieren, weil er immer wieder Anlass zu Diskussionen gibt: Man kann die Gleichung auf zwei Weisen lesen. Wir hatten uns bisher auf den Standpunkt gestellt, dass wir die Kraft kennen – wir hatten hier immer das Graviationsgesetz im Auge – und dass die Gleichung die Bewegungsänderung bestimmt, aus der wir dann die Bewegung selbst berechnen können. Die rechte Seite der Gleichung, die Kraft, bestimmt also die linke Seite, die Impulsänderung. Man könnte die Gleichung aber auch so auffassen: Die linke Seite bestimmt die rechte, d.h. man beobachtet eine Bewegung und damit Impulsänderungen und möchte dann mithilfe der Gleichung auf das Kraftgesetz schließen. Das ist in der Tat auch ein vernünftiges Vorgehen, Newton selbst hat es ja so getan, als er aus dem dritten Keplerschen Gesetz schloss, dass die Anziehungskraft quadratisch mit dem Abstand abfallen muss. Nur ist das kein wirklich zwingender Schluss. Aus einer speziellen Bewegung kann man ja nur ablesen, wie die Kraft während dieser Bewegung aussieht. Ein allgemeines Gesetz kann man nie aus einzelnen Beobachtungen strikt ableiten. Man kommt um die Formulierung einer Hypothese nicht herum. Dieses „Schließen" von einer Bewegung auf eine Kraft kann also nur zu einem Hinweis auf das richtige Kraftgesetz führen. So können wir hier bei Newton schon das Muster naturwissenschaftlichen Vorgehens gut erkennen: Aus speziellen Beobachtungen oder Experimenten bezieht man Ideen für Hypothesen. Diese stellen allgemeine Aussagen über das Verhalten der Natur dar und müssen sich in Experimenten oder Beobachtungen bewähren.

Nun habe ich die Bewegungsgleichung so aufgeschrieben, als wenn auf den Körper, dessen Bewegung wir berechnen wollen, eine Kraft wirkt, die von seinem Ort $r(t)$ abhängt. Das würde bedeuten, dass die Stärke der Kraft vom Abstand des Körpers von dem von uns gewählten Bezugspunkt abhängt. Das ist sicher nicht richtig, wir wissen doch, dass Massen sich gegenseitig anziehen und die Kraft auf eine Masse daher von einer anderen herrühren muss, diese Kraft also auch vom Abstand zur anderen Masse abhängen muss. Das heißt, wir müssen eigentlich ein so genanntes Zwei-Körper-Problem definieren, also für jede der beiden Massen eine Bewegungsgleichung formulieren nach dem Muster „Impulsänderung des Körpers ist gleich der Kraft, die auf den Körper wirkt". Das verlangt nun doch schon einige Vertrautheit im Umgang mit Vektoren und soll hier gar nicht durchexerziert werden. Wichtig ist nur, dass man versteht, dass es immer das gleiche Muster ist, nach dem man die Gleichung aufstellt, dass man dazu die Kräfte kennen muss und dass die so erstellten Gleichungen Differenzialgleichungen sind.

Eine wichtige andere Bewegung wollen wir noch diskutieren und in dem Zusammenhang noch etwas kennen lernen, das man braucht, um eindeutige Lösungen solcher Gleichungen zu erhalten: den Fall eines Steins zur Erde. Diesen können wir doch nun so verstehen: Zunächst wissen wir: Stein und Erde ziehen sich gegenseitig an. Da aber der Stein so viel weniger Masse besitzt als die Erde, dürfen wir den Einfluss, den der Stein auf die Erde ausübt, vernachlässigen. Wir haben also nur die Kraft der Erde auf den Stein, die Erdanziehung, zu berücksichtigen. Diese Kraft kann man nach einer kleinen mathematischen Umformung aus der Gravitationskraft ablesen, es ergibt sich ein Produkt aus der Masse m des Steins und einer Größe, die wir eben Erdbeschleunigung $g$ nennen. Ihr Betrag hängt nicht vom Orte ab und zeigt immer in Richtung zum Erdmittelpunkt. Dann setzt man wieder die Impulsänderung des Steins gleich dieser Kraft und erhält damit $m\,\ddot{r}(t) = m\,g$.

Drei Dinge kann man an dieser Gleichung erkennen. Erstens sieht man sofort, dass die Masse des Steins auf beiden Seiten der Gleichung auftaucht, man kann sie also „kürzen", man erhält so $\ddot{r}(t) = g$, und damit kann man sofort folgern, dass alle Körper in gleicher Weise, also auch gleich schnell fallen müssen, denn die einzige Größe in der Gleichung, die sich auf spezielle Eigenschaften des Körpers bezieht, war ja die Masse. Galilei hatte schon diesen freien Fall genau studiert und schon verstanden, dass, wenn man von der Reibung absieht, alle Körper gleich schnell fallen müssen.

Die zweite Bemerkung zu dieser Gleichung für den freien Fall hat mit den Lösungen von Differenzialgleichungen zu tun. Man kann einen Stein ja auf verschiedene Weise zu Boden fallen lassen. Erst einmal kann man sich aussuchen, von wo man ihn fallen lässt, von welchem Ort aus also. Dann aber kann man ihm auch verschiedene Anfangsgeschwindigkeiten mitgeben: Man kann ihn einfach fallen lassen, man kann ihn aber auch mehr oder weniger kräftig nach oben oder in eine andere Richtung werfen. Aber danach, so ist unserer Erfahrung, ist die Wurfbahn bestimmt und immer gleich, so lange natürlich die äußeren Umstände gleich sind. Offensichtlich darf die Differenzialgleichung nur die Wurfbahn festlegen und muss offen sein für die Anfangsbedingungen, die man in jedem Falle anders wählen kann. Ja, erst nach Vorgabe der Anfangswerte für Ort und Geschwindigkeit des Steins sollte man eine eindeutige Lösung berechnen können, und diese müsste die Wurfbahn sein, die sich gerade mit den gewählten Anfangswerten für Ort und Geschwindigkeit im Experiment ergibt.

Das ist in der Tat so, und das ist ein wichtiger Aspekt von Differenzialgleichungen. Mit ihnen lässt sich eine Fortpflanzung, eine Bewegung, beschreiben. Diese muss aber irgendwo ihren Anfang haben, und so müssen im Allgemeinen für jede Differenzialgleichung Anfangswerte für bestimmte Größen vorgegeben werden, um zu einer eindeutigen Lösung zu kommen. Bei manchen Differenzialgleichungen ist es gar nicht einfach, den Satz von Größen zu finden, der das leistet. Bei unseren Fallbeispiel ist das einfach: Ort und Geschwindigkeit müssen vorgegeben werden. Das entspricht unserer Erfahrung, und wenn unsere Bewegungsgleichung nicht so wäre, dass sie das auch forderte, wäre sie falsch.

Die dritte Bemerkung zu dieser einfachsten aller Bewegungsgleichungen führt uns wieder auf den Begriff der Inertialsysteme. Wir haben diese als Bezugssysteme eingeführt, in denen es nur Kräfte geben soll, die für uns das Zeug dazu haben, auf der rechten Seite einer Bewegungsgleichung zu erscheinen, und wir hatten gesehen, dass es nicht ein Inertialsystem, sondern unendlich viele gibt. Jedes Bezugssystem, das sich geradlinig-gleichförmig zu einem Inertialsystem bewegt, ist auch ein Inertialsystem und Naturvorgänge sehen in jedem Inertialsystem gleich aus. Das muss man den Gleichungen auch ansehen, d. h. formuliert man die Gleichung so um, dass statt der Koordinaten eines Inertialsystem nun die eines anderen auftreten, so muss diese Gleichung den gleichen physikalischen Sachverhalt ausdrücken, also in der Regel genau so aussehen. Sieht man das dieser Bewegungsgleichung an? Das kann man in der Tat leicht zeigen, und nicht nur bei dieser sondern auch bei anderen. Man nennt das auch die „Galilei-Kovarianz" der Bewegungsgleichungen. Bei diesem Aspekt sieht man, wie sinnvoll es ist, die Differenzialgleichung selbst und die Anfangsbedingungen auseinander zu halten. Die Gleichung muss in jedem Inertialsystem gleich aussehen, sie beschreibt ja ein Naturgesetz. Die Anfangsbedingungen dagegen hängen von der Wahl des Inertialsystems ab: Lässt der Bahnhofsvorsteher seine Kelle fallen, so ist für ihn deren Anfangsgeschwindigkeit gleich Null. Fahre ich gerade mit dem Zug daran vorbei, ist für mich in meinem anderen Bezugssystem die Anfangsgeschwindigkeit der Kelle durch die Geschwindigkeit des Zuges bestimmt.

Wir wissen, was Differenzialgleichungen sind, haben die beiden Lesarten der Bewegungsgleichung diskutiert, ahnen, wie man Bewegungsgleichungen für mehrere Körper aufstellen muss und kennen die Bedeutung von Anfangswerten. Bei der Gleichung für den freien Fall haben wir auch noch gesehen, dass man manchmal aus der Form der Gleichung schon physikalische Schlüsse ziehen kann (alle Körper fallen gleich schnell, wenn man von der Reibung absieht) und wir haben verstanden, dass die Gleichung so formuliert sein muss, dass sie keines der Inertialsysteme bevorzugt. Damit weiß man schon ziemlich viel über eine der größten Leistungen in der Kulturgeschichte der Menschheit.

Nun müssen wir uns in den nächsten Abschnitten die weitere Umgebung unseres Gipfels anschauen, die Aussicht genießen und sehen, was aus den Erkenntnissen im Laufe der nächsten Jahre und Jahrhunderte geworden ist.

## Nachfolger Newtons, Bewegungen starrer Körper

Newtons Leistung hatte schon auf seine Zeitgenossen größten Eindruck gemacht. Man erkannte, dass die Menschheit nun in die Lage war, Vorgänge am Himmel und auf der Erde verlässlich zu berechnen. Das Prinzip, Kraftgesetze zu formulieren und die Kraft gleich der Impulsänderung zu setzen, war so überzeugend, die Fähigkeit, aus dieser Gleichsetzung die Bewegung in mathematisch exakter Weise zu berechnen, war so beeindruckend und die Anwendung auf viele weitere Probleme so erfolgreich, dass man bald glaubte, alle Naturvorgänge in diesem Sinne verstehen und berechnen zu können. Und man hatte dabei nicht etwa den Eindruck, dass man erst am Anfang einer höchst bedeutsamen Entwicklung stand und nur einen ersten Höhepunkt erlebte, nein, man glaubte, den Höhepunkt überhaupt erreicht zu haben, und dass man alles Wissbare in der leblosen Welt auf diese Weise verstehen lernen würde. Die ganze Welt bestand nun aus Körpern und deren Wirkung auf einander durch Kräfte. Diese Einstellung zur Wissenschaft über die materielle Welt wurde später als Mechanisierung des Weltbildes oder als mechanizistische Weltanschauung bezeichnet (Dijksterhuis 1956).

Diese Einstellung beeinflusste und stärkte in hohem Maße auch den Materialismus, eine philosophische Richtung, die schon in der griechischen Naturphilosophie durch Thales, Demokrit und andere entstanden war. Sie hatte einen Höhepunkt in der Aufklärung, z.B. in der Vorstellung von Laplace (1749–1827), der behauptete, dass man aus der Kenntnis des gegenwärtigen Zustandes eines jeden Teilchens in der Welt im Prinzip dessen zukünftigen Zustand vorhersagen kann, so, wie man eben aufgrund der Newtonschen Bewegungsgleichung aus den Anfangsbedingungen die zukünftige Bahn eines Teilchens berechnen kann. Der historische und dialektische Materialismus im 19. Jahrhundert befasste sich mehr mit Entwicklungen in der menschlichen Gesellschaft, während heutzutage der wissenschaftliche Materialismus (z.B. Bunge 2004) auch wieder auf Erkenntnissen zeitgenössischer Physik aufbaut.

Ich will aber hier nicht weiter auf die Geschichte philosophischer Ideen eingehen, sondern mich lieber auf das Unvergängliche konzentrieren, also hier auf die Erkenntnisse, die nach Newton gewonnen worden sind und die auch heute noch gültig sind und immer gültig bleiben werden.

Da muss man zunächst den großen Mathematiker Leonard Euler nennen. Ich erwähnte ihn schon kurz im letzten Brief. Er wurde 1707 in Basel geboren, also noch zu Lebzeiten Newtons. (Dieser starb ja im Jahre 1727.) Leonard Euler ist der erste Mathematiker, der die Ideen Newtons mathematisch ausarbeitete und weiter entwickelte. Er war aber auch in

der reinen Mathematik höchst produktiv, außerdem wandte
er mathematische Methoden zur Berechnung von Renten an
und ein Großteil der mathematischen Symbole wie $e$ für die
Basis der Exponentialfunktion, $i$ für die imaginäre Einheit,
$\pi$ für die Kreiszahl oder $\Sigma$ für ein Summenzeichen geht auf
ihn zurück. Er beschäftigte sich intensiv mit Differenzialgleichungen und so war es folgerichtig, dass er die Newtonschen
Bewegungsgleichungen aufgriff, sie wirklich als Differenzialgleichungen formulierte und mit seinen Mitteln studierte (siehe auch Fellmann 2007).

Physikstudenten hören den Namen Euler insbesondere
dann, wenn sie lernen, wie man Bewegungen eines so genannten starren Körpers unter Einwirkung von Kräften berechnet.
Dazu muss man folgendes sagen: Mit Newtons Ansatz kann
man eigentlich nur Bewegungsgleichungen für Punktteilchen
aufstellen. Zwar gelten diese dann auch für ausgedehnte Körper wie Planeten oder Steine, wenn man sich deren Masse im
ihrem Schwerpunkt bzw. Massenmittelpunkt vereint vorstellt.
Nun kann sich ein ausgedehnter Körper nicht nur als Ganzes
bewegen, er kann sich ja auch drehen, torkeln, präzedieren,
kurz, er kann alle möglichen Änderungen seiner Orientierung
im Laufe der Zeit erfahren. Mag ja sein, dass man sich für diese Änderungen der Orientierung gar nicht interessiert, für die
Bahn der Erde um die Sonne z. B. spielt die Drehung der Erde
um ihre eigene Achse keine Rolle. Wenn solche Bewegungen
aber für einen zu klärenden Effekt wichtig sein können, so
muss man eben auch die Änderung der Orientierung eines
Körpers mathematisch beschreiben können, ja, erst einmal sagen, wie man die Orientierung definiert. Dieses Problem hat
Euler erkannt und gelöst.

Zunächst hat er wieder eine Idealisierung eingeführt. Jeder ausgedehnte Körper ist mehr oder weniger deformierbar.

Man macht es sich aber einfacher, wenn man jede Möglichkeit der Deformation des Körpers vernachlässigt und den
Körper als ein absolut starres Gebilde auffasst. Wenn man
also im Körper irgendwo einen körpereigenen Bezugspunkt
und davon ausgehend ein Koordinatensystem einführt, so hat
in diesem Bezugssystem jedes Massenelement, jeder Baustein
des Körpers seinen unverrückbaren Platz. Das kann man sich
leicht vorstellen, denn bei den meisten Gegenständen in unserem Besitz würde eine Verrückung von Massenelementen,
nämlich eine Beule, uns schmerzen. Mit einem Ball allerdings
kann man nur dann gut spielen, wenn er sich kurzfristig ver-
formen lässt, aber auch elastisch ist und vom Boden wieder
hoch springt.

Man hat also nun zwei Bezugssysteme vor Augen: Ein so
genanntes Laborsystem, in dem man die Bewegung des starren Körpers betrachtet, und ein körperfestes Bezugssystem.
Die Orientierung des Körpers kann man nun einfach dadurch
beschreiben, dass man sagt, wie man das körperfeste Koordinatensystem drehen muss, um es mit dem Koordinatensystem des Laborsystems zur Deckung zu bringen. Euler hat
ein Standardverfahren für diesen Prozess entwickelt, in dem
genau drei Drehwinkel vorkommen, so dass man durch drei
Winkel die Orientierung eines ausgedehnten Körpers charakterisieren kann. Den Ort und die Geschwindigkeit des Körpers als ganzem kann man ebenso leicht angeben, nämlich
durch Ort und Geschwindigkeit des körpereigenen Bezugspunktes im Laborsystem.

Für diesen Ort und diese Geschwindigkeit sowie für die
drei von Euler eingeführten Winkel muss man nun eine Bewegungsgleichung finden, um deren Verhalten im Verlauf der
Zeit, ausgehend von vorgegebenen Anfangswerten, berechnen
zu können. Nur so kann man dann die vollständige Bewegung

eines fliegenden oder fahrenden Objektes verstehen, ein Flugzeug steuern oder ein Manöver einer Rakete vorhersehen. Euler hat genau solche Bewegungsgleichungen aufgestellt. Dabei hat er natürlich das Prinzip von Newton „Kräfte bewirken Impulsänderungen" benutzt, er musste aber viele weitere Begriffe einführen oder präzisieren. Dazu gehört z. B. der Begriff des Trägheitsmoments und der Trägheitsachse. Jeder starre Körper besitzt drei Trägheitsachsen und drei Trägheitsmomente. Die Lage der Achsen und die Werte der Momente sind durch die Massenverteilung des Körpers bestimmt, ein Speer hat andere Trägheitsmomente und -achsen als ein Diskus. Es ist doch plausibel, dass nicht nur die Gesamtmasse, sondern irgendwie auch die Form der Masse eine Rolle bei einer Drehbewegung spielt. Eine sehr häufig vorkommende Bewegung ist z. B. die Rotation eines Körpers um eine feste Achse, um eine Nabe, wie bei einem Rad eines Autos oder Fahrrads. Nun weiß jeder, dass ein Rad „schlackern" oder „unrund laufen" kann. Dann bringt man es zum „Auswuchten" in die Werkstatt. Das „Schlackern" kann z. B. daher rühren, dass die Achse, um die das Rad rotiert, also die Radnabe, nicht mit einer der Trägheitsachsen übereinstimmt. Um das Problem zu lösen, muss man also die Trägheitsachsen verändern, d. h., die Massenverteilung. Und das genau tun dann die Leute in der Werkstatt, sie bohren Löcher oder bringen kleine Massen irgendwo an.

Weitere wichtige neue Begriffe in diesem Zusammenhang sind Winkelgeschwindigkeit, also die Geschwindigkeit, mit der sich der Winkel mit der Zeit ändert, und schließlich der Drehimpuls. Dieser lässt sich allgemein mithilfe des Impulses definieren, er ist ein Vektor wie ein Impuls oder eine Geschwindigkeit, hat also wie diese sowohl eine Richtung wie einen Betrag. Alles was sich dreht, hat also einen Drehimpuls – ändern kann man diesen durch äußere Kräfte, so, wie man einen Impuls durch eine Kraft ändert.

Bei einer Drehung eines Objektes um eine Achse ist der Drehimpuls einfach gleich dem Produkt aus einem bestimmten Trägheitsmoment und der Winkelgeschwindigkeit. Wirkt nun keine Kraft auf das Objekt ein, bleibt der Drehimpuls konstant. Wenn man auf irgendeine Weise einen Faktor des Produktes, das Trägheitsmoment, verkleinern kann, muss sich, damit das Produkt gleich bleibt, der andere Faktor, die Winkelgeschwindigkeit vergrößern, das Objekt muss sich also schneller drehen. Das ist ein Effekt, den man z. B. bei Eiskunstläuferinnen gut beobachten kann. Mit einer langsameren Drehung anfangend ziehen diese die Hände immer mehr an sich oder hoch über den Kopf, verkleinern dadurch ihr Trägheitsmoment und ihre Pirouette wird so immer schneller. Auf Kinderspielplätzen findet man manchmal ein kleines Karussell, ein kleines drehbares Gestänge. Man kann darauf steigen, sich mit den Füßen vom Boden abstoßend mit dem Karussell in Drehung versetzen. Wenn man sich dann nach innen, zur Drehachse hin, lehnt, verkleinert man auch das Trägheitsmoment und die Drehung wird schneller. Ein schöner Effekt, den ich früher oft mit meinen Kindern erlebt habe.

Bei einem ausgedehnten Körper muss man also die Drehbewegung von der Bewegung des Schwerpunktes unterscheiden. Die Drehbewegung kann sehr kompliziert sein, aber man kann zeigen, dass sie momentan immer als eine Bewegung um eine Achse verstanden werden kann. Eine Drehung um eine feste Achse ist noch sehr übersichtlich, aber wenn sich die Richtung der Achse mit der Zeit ständig ändert, und dabei auch noch die Geschwindigkeit der Drehung um diese Achse, verliert man leicht den Überblick.

Eine sehr interessante Drehbewegung, bei der man mit einiger Mühe noch den Überblick bewahren kann, ist die eines Kreisels. Für Physikstudierende ist es immer eine besonders schöne Aufgabe, die Bewegungsgleichungen für einen Kreisel aufzustellen, diese auch zu lösen, und in den Lösungen alle möglichen Drehbewegungen zu erkennen. Zunächst müssen die Studierenden verstehen, dass man stets drei verschiedene Achsen zu unterscheiden hat: Die Figurenachse, d. h. die Achse des Kreisels selbst, die momentane Drehachse und die durch die Richtung des Drehimpulses gegebene Achse. Die Neigung und die Stellung dieser Achsen zu einander verändern sich in charakteristischer Weise. Beobachten kann natürlich höchstens die Figurenachse, und die kann dabei sehr merkwürdige Bewegungen machen, die man aber immer als Überlagerung von zwei Bewegungsformen verstehen kann, diese sind die Nutation und die Präzession. Die Nutation sieht man in Reinform, wenn man den Schwerpunkt des Kreisels in irgendeiner Weise so unterstützt oder fest hält, dass das Schwerefeld der Erde kompensiert wird und man von einem schwerelosen Kreisel reden kann. Eine solche Bewegung kann man nachahmen, wenn man den Zeigefinger in kreisende Bewegung versetzt, die Hand dabei aber ruhig hält. Die Mittellinie, um die der Zeigefinger kreist, entspricht übrigens dann der Richtung des Drehimpulses, der sich beim schwerelosen Kreisel nicht ändert. Man zeichnet also mit der Spitze des Zeigefingers einen Kreis in die Luft, man kann das auch als eine kreisende Nickbewegung ansehen. Wirkt auf den Kreisel aber auch die Schwerkraft, z. B. wenn er auf der Spitze „tanzt", so wandert diese kreisende Nickbewegung noch um die Vertikale, das ist dann die Präzession. Dazu muss man den Zeigefinger wie bisher kreisen lassen, dabei aber die Hand noch um die Vertikale drehen, also gewissermaßen Girlanden in die Luft zeichnen. So ein Kreisel ist also ein wunderbares Spielzeug, nicht nur für Kinder. Er ist so zu sagen ein Referenzobjekt für nichttriviale Drehbewegungen, also für solche, die über die einfache Drehung um eine feste Achse hinausgehen.

Ich fürchte, man kann sich solche Bewegungen nicht sehr gut vorstellen, es sei denn, man hat sie schon einmal ganz bewusst an einem Kreisel beobachtet. Vielleicht hilft es da weiter, wenn man sich mit einem konkreten Kreisel beschäftigt, nämlich mit unserer Erde. Auch Leonard Euler hat an die Erde gedacht, als er die mathematischen Begriffe für Drehungen starrer Körper entwickelte. Dass die Erde nicht wirklich starr ist, dass alle möglichen Massenverschiebungen auf ihr und in ihr passieren, kann man zunächst getrost vernachlässigen. Bei der Drehung der Erde um ihre Achse „präzediert" und „nutiert" diese Achse auch.

Am bekanntesten ist die Präzession. Der Himmelspol – das ist der Ort am Himmel, zu dem die Erdachse zeigt – liegt in heutiger Zeit ganz in der Nähe eines Sterns im Sternbild „Kleiner Bär", deshalb auch Polarstern genannt. In ferner Zukunft werden aber ganz andere Sterne „Polarsterne" werden, der Himmelspol durchläuft einen großen Kreis am Himmel und wird in etwa 26 000 Jahren wieder in der Nähe des heutigen Polarsterns liegen. Die Nutation der Erde ist schwieriger zu erklären, auch diese wurde schon von Euler berechnet. Sie konnte aber erst etwa 100 Jahre später nachgewiesen und genauer vermessen werden. Es gibt natürlich noch weitere Schwankungen der Erdachse, verursacht dadurch, dass die Erde eben nicht ein starrer Körper ist. Aber auch diese haben die Geophysiker mit den Methoden der Newtonschen Mechanik und deren Weiterentwicklungen studiert und verstehen können.

Euler dehnte nicht nur die Prinzipien der Newtonschen Mechanik auf starre Körper aus, er entwickelte auf dieser Basis auch grundlegende Gleichungen für die Bewegung von Flüssigkeiten und Gasen. Dabei lag der Schwerpunkt seiner Arbeit auf der reinen Mathematik. Er gilt als einer der ganz großen Wissenschaftler aller Zeiten – er hat wirklich, wie er es sich schon als 14-jähriger gewünscht hatte, „die Wonnen der Wissenschaft kosten" können.

Aber es gab noch weitere große Geister, die die Newtonschen Ideen weiterführten, die Theorie der Bewegung immer mehr verfeinerten und auch andere Komplikationen mathematisch beherrschen lernten.

## Eingeschränkte Bewegungen

Im letzten Abschnitt wurde berichtet, wie man das Newtonsche Prinzip für die Aufstellung von Bewegungsgleichungen auf starre Körper ausdehnt. Das Prinzip, dass die Kräfte, die auf ein Objekt wirken, in ihrer Gesamtheit dessen Impulsänderung bestimmen, führte auch hier zum Erfolg. Alle Bewegungen starrer Körper lassen sich auf dieser Basis erklären und berechnen. Euler hat, indem er die nötigen Begriffe wie die Winkel zur Beschreibung der Orientierung und das Trägheitsmoment einführte, die Mechanik tauglicher gemacht für alltägliche Probleme. Auch so komplizierte Bewegungen wie die eines Kreisels konnten schließlich vollständig verstanden und berechnet werden.

Aber die Grundvoraussetzung dieses Prinzips, dass man alle Kräfte kennt, die auf ein Objekt wirken, ist nicht immer gegeben. Oft schränkt man die Bewegung eines Körpers ein, durch allerlei Vorrichtungen wie Unterlagen, Schienen, Stangen,

Seile usw. Dadurch wirkt man auch irgendwie auf den Körper ein, beeinflusst seine Bewegung. Dieses Einwirken kann man zwar als Einwirkung von Kräften auffassen, aber woher soll man diese kennen? Sie ergeben sich ja erst durch die Einschränkung, sind sozusagen von Menschen gemacht, während doch die Gravitationskraft dagegen universell zu sein scheint, ja, bis zu den Sternen reicht.

Ein einfaches Beispiel einer beschränkten Bewegung ist ein Pendel, also z. B. eine kleine Kugel, die an einem dünnen Seil hängt, dessen anderes Ende an einen Haken an der Decke eines Zimmers befestigt ist. Diese Kugel kann nur hin- und herschwingen, nicht zur Erde fallen, was sie ohne Seil zweifellos täte. Ihre Bewegung ist also eingeschränkt. Auf ihr wirkt neben der Erdanziehung auch eine Haltekraft, die man selbst aufwenden müsste und spürte, wenn man das Ende des Seils, das am Haken befestigt ist, in die Hand nähme. Diese Haltekraft, mit der man über das Seil den Pendelkörper auf seiner Bahn hält, kann man nicht von vorne herein bestimmen. Sie ist wohl von komplizierter Art, denn man spürt, dass sie von der Stellung des Pendelkörpers abhängt: Wenn der Pendelkörper unten durch schwingt, muss man mehr Kraft aufwenden, als wenn das Pendel seinen höchsten Punkt erreicht hat und sich gerade anschickt, zurück zu schwingen. Es bestimmen also zwei Kräfte die Bewegung des Pendelkörpers, die Gravitationskraft, die man kennt und angeben kann, und die Haltekraft, die die Bewegung einschränkt, die man aber nicht kennt. Da nützt nun das Newtonsche Prinzip „Impulsänderung gleich Kraft bzw. Summe der Kräfte" wenig.

Andererseits kann man formulieren, wie die Bewegung durch die Vorrichtung „Seil, Haken usw." beschränkt wird, nämlich: Der Pendelkörper, dessen Bewegung man ja beschreiben und berechnen will, muss immer den gleichen Abstand zum Haken haben, denn das Seil soll ja immer die gleiche Länge behalten. Wenn man also auch die Kraft nicht kennt, die nötig ist, um die Einschränkung aufrecht zu erhalten, kann man wenigstens formulieren, was die Einschränkung für die Bewegung bedeutet. Das muss natürlich in mathematischer Form geschehen, als Gleichung für die Koordinaten des Objektes. Statt der Information über die Kraft haben wir also nun eine andere Information, nämlich eine Gleichung, die ausdrückt, welche Positionen der Pendelkörper nur auf Grund der Anbindung durch ein Seil überhaupt annehmen kann.

Man vermutet schon, dass die eine Information so nützlich wie die andere sein kann, und dass es „nur" einer guten Idee bedarf, um aus Gravitationskraft und Bedingung für die Koordinaten die Bewegung zu berechnen und sogar auch noch die Haltekraft.

Das ist in der Tat der Fall, und es ist wirklich beeindruckend zu sehen, wie das geht. Leider kann ich diese Methoden hier nicht näher erläutern, dafür müsste man jetzt richtig Mathematik betreiben und das würde den Rahmen sprengen.

Der Mann, dem wir die Methoden für solche Berechnungen verdanken, ist Joseph Louis Lagrange. Er wurde 1736 in Turin geboren, sein Vater war französischer Abstammung, so dass ihn Italiener wie Franzosen als einen der ihren ansehen. Mit 19 Jahren wurde er schon zum Professor an der Königlichen Artillerieschule Turin ernannt, wenige Jahre später gehörte er zu besten damals lebenden Mathematikern. Im Jahre 1766 wurde er auf Empfehlung von Euler dessen Nachfolger als Direktor der Preußischen Akademie der Wissenschaften in Berlin und wirkte dort 20 Jahre lang. Euler selbst war 25 Jahre an dieser Akademie tätig gewesen, ging nun 1766 wieder zurück nach Petersburg, wo er auch schon vor seiner Berliner Zeit gearbeitet hatte.

.

Die Lagrangesche Methodik, Bewegungsgleichungen aufzustellen, steht heute im Zentrum der Klassischen Mechanik, der Lehre von den Bewegungen. Newton dachte zunächst nur an Punktteilchen, die Ausweitung seiner Ideen auf starre Körper gelang Euler, und in der Lagrangeschen Mechanik können Punktteilchen, starre Körper und beschränkte Bewegungen einheitlich behandelt werden. Mit dem Werk *Méchanique Analytique* von Lagrange aus dem Jahre 1788, fast genau 100 Jahre nach den *Principia* von Newton, ist die Mechanik zu einem geistigen Werkzeug auch für die Lösung vieler technischen Probleme geworden. Es wurde die Basis für alle weiteren Arbeiten beim Studium der Bewegungen.

Selbst wenn sich die äußeren Vorrichtungen, die die Bewegung einschränken, mit der Zeit verändern, kann man gut mit der Lagrange-Methode die Bewegungsgleichungen aufstellen. Man stelle sich z. B. vor, dass die Länge des Seils, an dem der Pendelkörper hängt, sich mit der Zeit ändert. Das ist nicht so abwegig – jeder kennt doch sicher noch das herrliche Gefühl, dass man auf einer Schaukel genießt, und weiß noch, wie man sich „Schwung holt": Man lehnt sich beim Wendepunkt nach hinten, und richtet sich dann wieder auf, wenn man gerade am untersten Punkt durchschwingt. Nun, wenn man sich nach hinten lehnt, vergrößert man den Abstand zwischen seinem Schwerpunkt und den Aufhängepunkt, d. h. man verlängert „das Seil". Wenn man sich wieder aufrichtet, verkürzt man das Seil. Man kann also den Schwung vergrößern, in dem man zur richtigen Zeit die Pendellänge vergrößert bzw. verkleinert. Eigentlich braucht man diese aktive Mitarbeit auch schon, um in Schwung zu bleiben, denn durch die Reibung an der Luft verliert man ja ständig an Schwung. Man kann natürlich auch, indem man den Schwerpunkt auf der Schaukel gerade im „falschen Moment" nach hinten verlagert, Schwung aus der Schaukel nehmen.

Statt von Schwung sollte man hier auch von Energie sprechen, obwohl erst später auf diesen so wichtigen Begriff
richtig eingegangen werden kann. Wie auch immer – offensichtlich kann man durch Bewegungseinschränkungen, wenn
sie im Laufe der Zeit geschickt verändert werden, einem System Energie bzw. Schwung zuführen oder entnehmen. (Das
sollte man einmal in einem Management-Seminar erklären).

Solche Pendel- bzw. Schaukelbewegungen sind Beispiele
für eingeschränkte Bewegungen, die aus dem Alltag besonders
gut bekannt sind. Man könnte noch weitere solche Bewegungen anführen, die man mit der Lagrange-Methode verstehen
und berechnen kann: Ein rollendes Fass auf einem beschleunigten Wagen, eine rollende Münze, ein Einkaufswagen, der
sich ohne Führung auf einer schiefen Ebene bewegt. Aber wir
können uns auch leicht vorstellen, dass die Lagrange-Methode auch zu Berechnungen von Bewegungen im technischen
Bereich, bei allen Entwürfen und Planungen von technischen
Geräten und Bauwerken höchst nützlich und heute unent-
behrlich ist. Die „Technische Mechanik" ist zu einem wichtigen (allerdings bei Studierenden sehr gefürchteten) Fach an
technischen Hochschulen geworden.

## Das Hamiltonsche Prinzip

Nach diesem Ausflug ins Praktische und Technische muss
noch etwas Grundsätzliches gesagt werden: Man kann die Bewegungsgleichungen auch aus einem Prinzip ableiten, das man
heute nach dem irischem Mathematiker und Physiker William
Rowan Hamilton benennt, zu dem aber die wichtigsten Ansätze von Euler und Lagrange stammen. Das Prinzip ist ein
Extremalprinzip.

Um zu erklären, was das ist, muss ich ein wenig ausholen. Ein Extremum ist ein Minimum oder ein Maximum. In der Schule lernt man, wie man ein Extremum einer Funktion findet – das macht man bei der Kurvendiskussion in der Mathematik und ein Schaubild der Funktion zeigt solch ein Maximum oder Minimum deutlich. Nun kann man nicht nur Funktionen betrachten und sich für deren Extrema interessieren, man kann auch „Funktionen von Funktionen" betrachten und versuchen, deren Extrema zu bestimmen. Dabei ist eine Funktion von Funktionen, auch Funktional genannt, einfach Folgendes: Man betrachtet alle irgendwie gearteten Funktionen, und jeder dieser Funktionen wird durch das Funktional ein Zahlenwert zugeordnet. Ein Funktional ist also nichts Tiefsinniges: Die Reisezeit ist z. B. ein Funktional des Reiseweges, im Routenplaner kann man z. B. für einige verschiedene Reisewege, sprich Funktionen, die verschiedenen Werte des Funktionals, die Reisezeiten also, berechnen lassen.

Eine Funktion, die nun ein Extremum eines Funktionals ist, ist sicher unter allen Funktionen, die in Betracht kommen, etwas Besonderes. Und nun ahnt man vielleicht schon etwas: Könnte es ein Funktional von Bewegungen geben, das gerade für die von der Natur ausgeführte Bewegung einen Extremwert annimmt? Könnte man somit die Bewegungen „der Natur" finden, in dem man einfach das Extremum des entsprechenden Funktionals berechnet? Kann man solch ein Funktional leicht finden? Das ist in der Tat der Fall, es gibt solch ein ausgezeichnetes Funktional, und das Prinzip, solch ein Funktional für verschiedene Situationen zu formulieren, ist einfach und übersichtlich. Die Suche nach der Bahn, die ein Extremum des Funktionals ist, führt dabei aber nicht direkt auf die Lösung, sondern zunächst auf eine Differenzialgleichung, die aber gerade die Bewegungsgleichung ist.

Das ist nun überraschend! Das ist doch eigentlich so, als ob wir auf dem Gipfel, den wir mit dem Verständnis des Newtonschen Prinzips und dessen Anwendung erklommen hatten, plötzlich eine noch weitere Erhöhung erspähen und von dieser einen noch besseren Ausblick genießen können. Die Bewegungsgleichungen selbst sind somit gar nicht „das erste Wort" für ein Problem der Bewegung – das erste Wort ist ein Funktional, aus dem man die Bewegungsgleichungen ableiten kann. Man muss also nicht die Kräfte finden, um die Bewegungsgleichung aufstellen zu können, man muss nur das richtige Funktional finden. Das Newtonsche Prinzip kann durch das Extremalprinzip ersetzt werden.

Solche Überlegungen, dass Naturgesetze aus Extremalprinzipien abzuleiten sein sollten, gab es schon zur Zeit Newtons. Der französische Mathematiker und Jurist Pierre de Fermat hatte schon 1662 das Prinzip formuliert, dass in der Natur jeder Vorgang auf möglichst einfache Weise abläuft. Er hatte auf diese Weise das Gesetz für die Brechung von Licht bei einem Übergang von einem Medium in ein anderes richtig hergeleitet. Dazu hatte er alle möglichen Bahnen eines Lichtstrahls von einem Punkt im ersten Medium zur Grenzfläche zwischen den Medien und darüber hinaus zu einem Punkt im zweiten Medium betrachtet und jeweils die Laufzeit unter der Annahme berechnet, dass sich das Licht in einem optisch dichteren Medium langsamer ausbreitet. Die Laufzeit ist hier also ein Funktional aller möglichen Bahnen des betrachteten Lichtstrahls. Dann suchte er die Bahn, für die die Laufzeit am kleinsten ist, für die das Licht also am wenigsten Zeit benötigt. Es ergab sich eine Bahn, für die Eintrittswinkel und Austrittswinkel an der Grenzfläche zwischen den Medien genau in der richtigen Beziehung zueinander stehen, wie man es vom Brechungsgesetz kennt. Zwei Generationen später, 1740, versuchte Pierre

Louis Maupertuis ein solches Extremalprinzip in die Mechanik einzuführen, allerdings ohne großen Erfolg. Man hatte aber immer mehr Erfahrung in der Bestimmung der Extrema von Funktionalen gewonnen, und Euler konnte 1744 eine allgemeine Lösung angeben, d. h. aus einem Funktional bestimmten Aufbaus die Differenzialgleichung herleiten, die man dann zur endgültigen Bestimmung des Extremums zu lösen hat. Solche Differenzialgleichungen heißen deshalb auch Eulersche Gleichungen und die Funktion, die dasjenige Funktional eindeutig bestimmt, von dem aus man durch das Extremalprinzip zu einer richtigen Bewegungsgleichung geführt wird, heißt Lagrange-Funktion. Mit Angabe einer Lagrange-Funktion ist also ein Bewegungsproblem vollständig definiert. Aus ihr kann man die Bewegungsgleichungen ableiten, somit auch manchmal Euler-Lagrange-Gleichungen genannt, und dann daraus die Bewegung selbst.

Galilei und Newton hatten das Gebiet der Klassischen Mechanik abgesteckt, Euler und Lagrange haben es kultiviert. Natürlich ist das jetzt etwas zu pointiert gesagt; es gab noch viele andere Wissenschaftler, die kräftig zur Exploration des Gebietes und dessen Kultivierung beigetragen haben, auch solche, die bisher noch gar nicht erwähnt worden sind wie z. B. d'Alembert oder Huygens.

Aber diese vier Namen: Galilei, Newton, Euler und Lagrange können mit Fug und Recht für die Entwicklung unseres Wissens über die Bewegung stehen, und dieses Wissen wurde in der Zeit von 1638–1788 gewonnen, wenn man das an den Veröffentlichungen *Discorsi* von Galilei und *Mécanique analytique* von Lagrange festmacht.

Als man ein Bewegungsproblem in einem einzigen mathematischen Ausdruck, der Lagrange-Funktion, formulieren konnte, hatte dieses Wissen die letzte Verfeinerung erlangt.

Natürlich muss in diesem Ausdruck auch das Wissen über die Kräfte irgendwie eingehen, insofern ist das Finden der richtigen Lagrange-Funktion nicht unbedingt leichter als das direkte Aufstellen der Bewegungsgleichungen nach dem Newtonschen Prinzip. Da die Lagrange-Funktion aber nur ein einziger mathematischer Ausdruck ist, enthält er die gesamte Information über das Bewegungsproblem in „dichtester Verpackung".

Es zeigte sich in den folgenden Jahrhunderten, dass man nicht nur in der Mechanik, sondern auch in den Feldtheorien der Elektrodynamik und der Allgemeinen Relativitätstheorie so vorgehen kann: Die Grundgleichungen dieser Theorien lassen sich auch aus so etwas wie einer Lagrange-Funktion ableiten, also aus einem einzigen mathematischen Ausdruck. Und die Gestalt dieses Ausdruckes ist noch universeller. Um diesen zu finden, muss man sich nicht Gedanken über Kräfte machen, man braucht nur den mathematisch einfachsten Ausdruck zu finden, der von den entsprechenden Feldern abhängt und in dem bestimmte übergeordnete Gesichtspunkte berücksichtigt sind. Hier zeigt sich besonders deutlich, wie „einfach" die Grundgesetze der Natur eigentlich sind. Aus einem einzigen Ausdruck entwickelt sich eine ganze Theorie, die eine Fülle von Phänomenen in der Natur richtig beschreibt und vorhersagen kann.

Allerdings muss man doch etwas Wasser in den Wein schütten, denn diese Möglichkeit, eine zeitliche Entwicklung eines Feldes oder einer Position eines Objektes aus einer einzigen Funktion zu berechnen, gibt es nur für so genannte abgeschlossene Systeme. Dieser Begriff muss wohl näher erläutert werden: Als System bezeichnet man immer einen Ausschnitt aus der Welt, den man betrachten will, also z. B. das System „Sonne-Erde" oder „rollende Kugel im Schwerefeld der Erde". Abgeschlossen nennt man das System, wenn man davon ausgeht, dass von außen auf das System kein Einfluss ausgeübt wird. Das ist in der Realität natürlich nie der Fall, der Mond und die anderen Planeten sind ja noch da, und die Bewegung der Kugel wird durch die Reibung verlangsamt. Aber zunächst vernachlässigt man dieses alles, man kann ja nicht die ganze Welt auf einmal berechnen wollen, man muss sich mit einem Ausschnitt begnügen. Dieses Vorgehen, ein System als abgeschlossen zu betrachten, führt natürlich nur dann zu einem Verständnis, wenn der Ausschnitt geeignet gewählt ist, der Einfluss von außen wirklich so unbedeutend ist, dass man ihn wirklich zunächst vernachlässigen kann.

Wenn man es aber genauer wissen will, wenn man die anderen Planeten berücksichtigen will oder muss, dann kann man z. B. Folgendes tun: Das System, den Ausschnitt aus der Welt einfach vergrößern, z. B. die anderen Planeten zum System hinzunehmen. Dann wird das Problem zwar umfangreicher, aber man hat wieder ein abgeschlossenes System vorliegen.

Bei der Reibung geht so etwas aber nicht, die Reibung ist im Einzelnen ein sehr komplizierter Prozess, man beschreibt sie am besten zunächst als eine Kraft, die von außen auf das System einwirkt. Man hat es dann also nicht mehr mit einem abgeschlossenen System zu tun, sondern mit einem „offenen". Die mathematische Beschreibung offener Systeme ist ein weites Feld und erst in neuester Zeit beschäftigen sich die Physiker intensiver mit der Beschreibung offener Systeme.

Nach dieser einschränkenden Bemerkung zur Formulierung der Klassischen Mechanik durch Lagrange soll aber auch noch kurz erwähnt werden, was alles aus dieser Entwicklung unseres Wissens über die Bewegung geworden ist. Es gibt heute viele Gebiete in der so genannten Angewandten Physik wie Hydromechanik, Aerodynamik, Meteorologie, Akustik,

Ozeanographie, Rheologie, Elastizitätstheorie, Bruchmechanik. Diese kann man alle unter dem Begriff „Mechanik deformierbarer Medien" zusammenfassen. Statt mit starren Körpern beschäftigt man sich hier mit deformierbaren Körpern, die fest, aber elastisch, sein können oder fluid wie Wasser oder Gas. Galilei, Newton, Euler, Lagrange, alle haben sich auch schon mit den Bewegungsmöglichkeiten und dem Verhalten solcher Körper bzw. Elemente beschäftigt. Mit der Erfahrung, mechanische Probleme zu formulieren und zu lösen, entwickelten sich auch solche Themen zu eigenständigen Disziplinen. Natürlich spielen dort auch noch jeweils andere Gebiete der Physik eine Rolle, die Meteorologie kommt z. B. ohne den Begriff der Temperatur nicht aus. Aber die Mechanik, die Bewegungslehre, ist stets die Grundlage dieser Fächer.

## Bewegungen in Nicht-Inertialsystemen

Schließlich muss noch die Frage beantwortet werden, wie man denn eigentlich Bewegungen in einem Nicht-Inertialsystem aufstellt. Dreht sich denn nicht unserer Erde um ihre eigene Achse? Damit ist doch ein auf der Erde fest installiertes Bezugssystem eigentlich gar kein Inertialsystem. Dann ist auch die Voraussetzung, unter der man die Newtonschen Bewegungsgleichung aufstellen kann, gar nicht gegeben, und alle unseren Gleichungen für Bewegungen auf der Erde wären falsch. Wir müssten eigentlich die Bewegungsgleichungen auf einer rotierenden Erde aufstellen und daraus unsere Folgerungen ziehen.

Der Einwand ist im Prinzip richtig. Um zu sehen, wie stark sich die Drehung der Erde auf die Bewegungen auswirkt, kann man ja die Bewegungsgleichungen wirklich in diesem Nicht-Inertialsystem aufstellen und versuchen, diese zu lösen. Das ist nicht so schwer: Wenn man meint, dass das Bezugssystem, in dem man die Bewegungsgleichungen formulieren will, kein Inertialsystem ist, so hat man dazu ja irgendeinen Grund, nämlich dass sich das Bezugssystem in Bezug auf ein anderes System z. B. dreht oder beschleunigt bewegt. Das heißt, man hat immer ein anderes Bezugssystem im Auge, das eher als Inertialsystem taugt. Dann setzt man einfach voraus, dass dieses andere Bezugssystem ein Inertialsystem ist, stellt in diesem die Bewegungsgleichungen auf und „rechnet sie um" auf das Nicht-Inertialsystem. Dabei muss man die Koordinaten geeignet transformieren. Würde die Koordinaten-Transformation einer Umrechnung auf ein anderes Inertialsystem entsprechen, würde die so entstehende Gleichung sich gar nicht von der ursprünglichen unterscheiden – in Übereinstimmung mit dem Galileischen Relativitätsprinzip. So aber gelangt man zu einer Gleichung, in der neue Terme auftreten, die man als Kräfte interpretieren kann. Da diese aber nur vorhanden sind, weil man in einem Nicht-Inertialsystem ist, nennt man sie Scheinkräfte, um festzuhalten, dass sie von völlig anderem Ursprung sind als z. B. die Gravitationskraft, die ja von physikalischen Dingen, nämlich anderen Massen ausgeübt wird.

Dass man das Bezugssystem mit einem festen Bezugspunkt auf der Erde in der Tat bei genauerem Hinsehen als ein Nicht-Inertalsystem entdecken kann, hat im Jahre 1851 Jean Bernard Leon Foucault demonstriert: Er beobachtete über lange Zeit die Schwingungen eines Pendels, das er in der Kuppel des Panthéon in Paris aufgehängt hatte, und stellte dabei fest, dass sich die Ebene, in der das Pendel schwingt, allmählich dreht. Er interpretierte diese Drehung der Schwingungsebene als eine Folge der Drehung der Erde um ihre Achse.

Um diese Interpretation zu rechtfertigen, muss man wirklich die Bewegungsgleichungen für das Pendel auf der rotierenden Erde aufstellen und daraus die Bewegung des Pendelkörpers berechnen. Man stellt fest, dass die Ergebnisse exakt mit den Beobachtungen übereinstimmen, und zwar in allen Einzelheiten und unter allen Anfangsbedingungen. Auf diese Weise kann man z. B. genau verstehen, wie die Zeit, in der sich die Schwingungsebene um 360 Grad dreht, vom Breitengrad abhängt. Am Nordpol beträgt diese Zeit gerade einen Tag, in Paris ungefähr einen Tag und drei Stunden und sie ist umso größer, je weiter man nach Süden fährt. Am Äquator dreht sich die Schwingungsebene gar nicht mehr.

Dass die Drehung der Schwingungsebene am Nordpol genau einen Tag braucht, kann man leicht einsehen, wenn man die Pendelbewegung von dem Bezugssystem aus beobachtet, das man nun als Inertialsystem betrachtet: Dessen Bezugspunkt liege z. B. zehn Meter direkt oberhalb des Nordpols, von dort sieht man das Pendel immer in der gleichen Ebene schwingen, die Erde dreht sich unter dem Pendel an einem Tag einmal um 360 Grad. Und leicht kann man sich in den Beobachter am Nordpol hineindenken, der eben die Drehung der Schwingungsebene wahrnimmt.

Verschiedene Anfangswerte für den Pendelkörper realisiert man z. B. so: Man stößt den Pendelkörper aus der Ruhelage heraus oder aber man lenkt ihn erst ein Stück heraus und lässt ihn dann los. Die Bewegungsgleichungen bei solchen verschiedenen Anfangsbedingungen liefern kleine Unterschiede in der Bewegung des Pendelkörpers an den Umkehrpunkten, wie man sie auch genau im Experiment entdeckt.

Die Drehung der Schwingungsebene ergibt sich dadurch, dass sich das Pendel nicht ganz genau in einer Ebene bewegt, sondern dass der Pendelkörper stets ein ganz klein wenig nach rechts driftet. Verantwortlich dafür ist eine Scheinkraft, die in Nicht-Inertialsystemen – neben anderen Scheinkräften – in der Bewegungsgleichung zusätzlich zu der Gravitationskraft auftritt. Man nennt sie „Coriolis-Kraft", nach dem französischen Mathematiker und Physiker Gaspard Gustave de Coriolis, der sich in den Jahren 1820–1840 als Tutor für Analysis und Mechanik an der École Polytechnique viel mit Bewegungen auf rotierenden Flächen beschäftigt und dabei entdeckt hat, dass in einem rotierenden Bezugssystem immer eine zusätzliche Kraft auftritt, die natürlich von der Winkelgeschwindigkeit der Rotation aber auch von der Geschwindigkeit des sich bewegenden Objektes abhängt. Jedes Objekt auf der Erde erfährt so auch diese Coriolis-Kraft. Bei einer Geschwindigkeit von z. B. 25 km/h ist diese aber etwa 10 000-mal kleiner als die Anziehungskraft der Erde. So spürt man sie normalerweise nicht, die Drehung der Schwingungsebene beim Foucaultschen Pendel ist auch fast unmerklich, erst bei längerem Hinsehen bemerkt man sie; eine Drehung um 360 Grad dauert ja auch sehr lange. Spürbar wird die Coriolis-Kraft so erst bei großräumigen und lang andauernden Bewegungen. Man sieht das auch auf der Wetterkarte: Der Wind weht z. B. nicht direkt in Richtung eines Tiefdruckgebietes, die Coriolis-Kraft sorgt für eine Abweichung nach rechts, so dass die Winde im Gegenuhrzeigersinn um das Tiefdruckgebiet herum laufen.

Ich sollte nicht vergessen zu sagen, dass alles, was ich über die Richtung der Coriolis-Kraft auf der Erde gesagt habe, nur für die Nordhalbkugel gilt. Auf der Südhalbkugel ist die Richtung genau umgekehrt, d. h. es gibt eine Drift nach links und die Schwingungsebene beim Foucaultschen Pendel dreht sich genau anders herum. Zum Äquator hin, ob von Norden oder von Süden kommend, wird die Drift immer schwächer, bis sie am Äquator selbst verschwindet und die Schwingungsebene sich dort gar nicht mehr dreht.

Eine andere, eigentlich viel bekanntere Scheinkraft ist die Zentrifugalkraft, auch Fliehkraft genannt. Die kennt ein jeder, man spürt sie, wenn man in einem Karussell sitzt oder eine scharfe Kurve fährt. Ein Astronaut, der in einer Rakete um die Erde kreist und in dieser sein Bezugssystem einrichtet, befindet sich auch in einem Nicht-Inertialsystem. Auf ihn wirkt die Zentrifugalkraft aufgrund der nicht geradlinig-gleichförmigen Bewegung um die Erde, er erfährt aber auch die Anziehungskraft der Erde. Beide sind von gleicher Größe, zeigen aber in entgegen gesetzte Richtung, so dass die resultierende Kraft auf den Astronauten verschwindet und er schwerelos schweben kann. Auf der Erde selbst ist allerdings die Zentrifugalkraft sehr viel kleiner als die Anziehungskraft der Erde und führt nur zu einer geringfügigen Korrektur der Erdbeschleunigung in Abhängigkeit vom Breitengrad. So können wir eben nicht schweben.

Man sieht, wie fruchtbar dieser Begriff des Inertialsystems und dieses Prinzip von Newton sind. Selbst für Nicht-Inertialsysteme kann man darauf zurückgreifen. Immer mehr Phänomene konnte man auf diese Weise erklären und berechnen. Die Mechanik war am Ende des 18. Jahrhunderts und bis weit in das 19. Jahrhundert das vorherrschende Beispiel für das, was man heute eine exakte Naturwissenschaft nennt. Aber es gab noch Phänomene, die man offensichtlich nicht durch die Mechanik erklären konnte, nämlich elektrische oder magnetische Erscheinungen. Der Geschichte, wie man zu einer Theorie gelangte, die solche Phänomene erklären konnte und die außerdem noch die Basis für sehr nützliche Anwendungen wurde, wollen wir uns nun zuwenden.

# 3

# Von Blitzen, Feldern
# und Wellen

Emmendingen, am 9.10.2007

Liebe Caroline,

ich habe Dir erzählt, wie die Menschen die Bewegung von allen möglichen Dingen am Himmel und auf der Erde verstehen, berechnen und vorher zu sagen gelernt haben, und Du hast diese Geschichte mit einer aufregenden Bergbesteigung verglichen. Von einer anderen spannenden Entwicklung will ich nun berichten, ja, noch spannender wird sie sein, denn die Wege zu einem Verständnis der Elektrizität und des Magnetismus waren oft unübersichtlich, verschlungen und zudem von dramatischen Entdeckungen begleitet, die das Leben der Menschen unmittelbar beeinflussten und auch heute unseren Lebensstil prägen.

Bist Du schon einmal morgens aufgewacht und hast feststellen müssen, dass der elektrische Strom im ganzen Land ausgefallen ist, und das offensichtlich schon seit etlichen Stunden? Die Wohnung ist kalt, das Duschwasser ebenso, Du kannst keinen Kaffee kochen, die Lebensmittel im Kühlschrank sind lauwarm und am Quark zeigen sich erste Schimmelflecken. Vor der Tür liegt keine Zeitung, Radio und Fernsehen funktionieren nicht, Dein PC sowieso nicht – Du bist von jeder Information abgeschnitten. Gut, dass es ein Handy gibt, aber da hattest Du den Akku zum Aufladen an eine Steckdose angeschlossen – aber wohl zu spät, da musst Du jetzt sehr gut überlegen, wie Du mit dem letzten Rest von Aufladung umgehst. Autofahren könntest Du noch, aber Straßenbahn, S-Bahn, E-Lok usw. stehen still. Die Banken geben kein Geld mehr aus, die Börsen haben geschlossen und die Produktion in allen Firmen liegt lahm. Und das wichtigste habe ich noch vergessen. Wenn Dir das alles im Winter passiert, stehst Du morgens erst einmal im Dunkeln.

Natürlich haben die Leute früher auch gut gelebt und freuten sich auch über kleine Bequemlichkeiten. Und natürlich haben alle diese technischen Errungenschaften, die heute unser Leben durchsetzen, die Menschen nicht besser gemacht. Aber sie haben bewirkt, dass mehr Menschen mehr Möglichkeiten erhielten und viele haben diese auch nutzen können. Aber ich will mich hier nicht an eine Bewertung des technischen Fortschritts wagen, sondern ich will Dir lieber darüber berichten, welche wissenschaftlichen Erkenntnisse diesen erst ermöglicht haben...

## Die Elektrisierer

Die Geschichte der Elektrizität beginnt nicht mit einem Paukenschlag wie die der Mechanik, in der es frühzeitig einen Forscher vom Schlage eines Newtons gab, der sagte, wo es lang gehen kann. Erst am Ende der Entwicklung, kurz vor dem Gipfel also, tritt eine Persönlichkeit auf, die diese auf geniale Weise vollendet und zusammenfasst, wo es lang gegangen ist: James Clerk Maxwell.

Von ihm hatte ich auch schon in einem der ersten Briefe berichtet und ich hatte dort sogar schon die von ihm aufgestellten Gleichungen aufgeschrieben. Diese Maxwellschen Gleichungen für den Elektromagnetismus beschreiben in vier Zeilen die Grundgesetze, aus denen alle elektrischen und magnetischen Phänomene ableitbar oder erklärbar werden. Aber es war ein langer und mühsamer Weg, bis es soweit war. Man kann die Zeit von 1785, dem Jahr, in dem das Coulombsche Gesetz endgültig formuliert wurde, bis 1864, dem Jahr der ersten

Veröffentlichung der Maxwellschen Gleichungen, dafür veranschlagen. Das sind auch wieder etwa 100 Jahre, die sich fast direkt anschließen an die 100 Jahre der Mechanik von Newton bis Lagrange (1686–1788). Das ist natürlich eine sehr grobe Einteilung der Zeit, und man vernachlässigt dabei jeweils die bedeutenden Vorarbeiten, die geleistet werden mussten, bevor man überhaupt zu quantitativen und mathematisch formulierbaren Aussagen kommen konnte. So, wie es z. B. einen Galilei brauchte, auf dessen Schultern Newton sein Prinzip entdecken konnte, musste auch erst in genügender Klarheit eine Vorstellung darüber entwickelt worden sein, wie denn diese elektrischen Erscheinungen, die man zu Beginn des 18. Jahrhunderts in immer größerer Zahl hervorlocken konnte und mit denen man auch gerne vor Publikum seine Späße trieb, zu verstehen seien. Fangen wir also von vorne an und berichten wir erst einmal über die Etappe bis zur Aufstellung des Coulombschen Gesetzes, das ja die erste quantitative, mathematisch formulierte Aussage für elektrische Phänomene darstellt.

Bei den Griechen muss man nun aber nicht anfangen, denn mehr als die Bezeichnungen konnte von ihnen nicht übernommen werden. Man wusste zwar im antiken Griechenland schon, dass man Bernstein, den man „Elektron" nannte, durch Reiben dazu bringen konnte, dass er Staub oder leichte Wollschnitzel anzog. Auch von einem anderen Stein, dem „Magnetis"-Stein, gingen seltsame Kräfte aus, Eisen wurde von ihm angezogen. Es gab allerlei Spekulationen über die Ursache, aber die Phänomene waren wohl zu seltsam, als dass man sich näher damit beschäftigen wollte. Aristoteles und, viel später, Thomas von Aquin oder Albertus Magnus erwähnen diese Phänomene auch mit keinem Wort. Es gab nur einzelne Forscher, deren Ergebnisse aber zu ihrer Zeit keine Anregung zu weiteren Untersuchungen darstellten.

So untersuchte schon im Jahre 1269 ein Petrus Peregrinus in Paris bei einem Magneten, den er zu einer Kugelform geschliffen hatte, in welche Richtung eine kleine Nadel in Abhängigkeit vom Orte auf der Oberfläche der Kugel zeigte. Er entdeckte so das, was wir heute Feldlinien nennen, und er fand, dass sich diese an zwei Stellen, die er schon „Pole" nannte, treffen.

Von weiteren solchen Untersuchungen hören wir erst wieder aus den Jahren um 1600. Der Hofarzt der Königin Elisabeth von England, William Gilbert, fasst seine Erfahrungen über elektrische und magnetische Effekte in einem Buch *De magnete* zusammen. Er hatte herausgefunden, dass es zwischen Magnetpolen Anziehung wie Abstoßung geben kann, hatte erkannt, dass die Erde ein großer Magnet ist und er hatte auch schon die magnetische Inklination, d. h. die Auslenkung der Kompassnadel aus der Waagerechten, entdeckt. Auch auf wesentliche Unterschiede zwischen den magnetischen und elektrischen Kräften konnte er hinweisen: Magnete rufen eine Drehwirkung hervor – eine Kompassnadel dreht sich ja, bis sie eine bestimmte Richtung erreicht hat. Die elektrische Kraft ist für ihn immer eine Anziehungskraft, eine Abstoßung hatte er wohl noch nicht beobachtet.

Schließlich muss aus dieser Zeit vor 1700 noch der Magdeburger Bürgermeister Otto von Guericke erwähnt werden. Dieser ist zwar bekannter geworden durch seine „Versuche über den stoffleeren Raum", die Magdeburger Halbkugeln und seine Erfindung der Luftpumpe. Er hat aber auch in allerlei Experimenten die Kräfte untersucht, die bei Reibung bestimmter Materialien entstehen. Er entwickelte so schon 1663 eine Art Elektrisiermaschine, eine große Schwefelkugel, die er um eine Achse drehen und dabei mit der Hand reiben konnte. Er beobachtet auch schon, dass sich Flaumfedern, wenn sie durch die Anziehung in Berührung mit der Kugel gekommen sind, wieder von dieser abgestoßen werden.

Erst ab etwa 1700 begann man an mehreren Orten in Europa und auch in Nordamerika die elektrischen Erscheinungen genauer zu untersuchen und Erfahrungen darüber auszutauschen. Zwar war das noch kein Thema für die etablierte Wissenschaft, die die Mechanik weiter entwickelte. So gibt es von Newton nur einige Bemerkungen zu diesem Phänomenkreis und für die Mathematiker wie Euler und Lagrange waren diese so unzuverlässigen Effekte auch kein großes Thema. Aber für Experimentierfreudige bot sich ein großes Betätigungsfeld, zudem waren die Effekte, die man erzielen konnte, verblüffend und sehenswert.

Einen guten Überblick über die Experimente, die man damals mit Elektrizität anstellte, findet man in einer Geschichte der Elektrizität von Joseph Priestley aus dem Jahr 1767, die schon 1772 in einer deutschen Übersetzung als *Geschichte und gegenwärtiger Stand der Elektricität nebst eigenthümlichen Versuchen* herausgekommen ist (Priestley 1772, 1983). Das Gemeinsame an allen diesen Experimenten ist Folgendes: Man lernte immer besser und kontrollierter, bestimmte Körper in einen elektrisierten Zustand zu versetzen. Man fand neben Bernstein noch viele andere durch Reibung elektrisierbare Substanzen z. B. Glas, Harz oder Schwefel und lernte wie der Erfolg der Reibung von den Umständen abhängt. Das Reibzeug spielte eine Rolle, ob es z. B. Wolle, Leder oder Katzenfell ist, von Einfluss waren aber auch die Temperatur und besonders die Feuchtigkeit der Luft. Man lernte, dass Elektrizität sich unter Umständen auf Schnüren auch ausbreiten konnte und unterschied bald Leiter von Nichtleitern.

Zwei technische Erfindungen waren es, die die Entwicklung vorantrieben, die Erfindung der Elektrisiermaschine und die der „Leidener Flasche".

Mit der Elektrisiermaschine wurde der Reibvorgang automatisiert, man formte den zu reibenden Stoff zu einer Art

Schleifstein, den man über eine Kurbel zu drehen hatte. Die Leidener Flasche war das, was wir heute einen Kondensator nennen, also eine Art Gefäß, das man mit Elektrizität aufladen und in dem man diese speichern konnte. Solch eine Leidener Flasche hatte zwei Kontakte. Fasste man beide gleichzeitig an, so verspürte man einen mehr oder weniger heftigen Schlag. Brachte man diese Kontakte über eine leitende Verbindung einander genügend nahe, so sprang ein Funken über. In beiden Fällen, durch die direkte Verbindung oder durch den Funkenübersprung, verschwand danach die Elektrisiertheit. Durch die Erfindung der Leidener Flasche konnte man den Grad der Elektrisierung erheblich steigern, das Interesse an elektrischen Experimenten wuchs.

Die Aufladung und Entladung waren also die grundlegenden Phänomene, die man in dieser Zeit zunächst studierte und auf die man sich einen Reim machen musste. Der Strom bei der Entladung war ein sehr kurzzeitiger, andere Ströme konnte man noch nicht erzeugen. Erst nachdem im Jahre 1800 der italienische Physiker Volta das galvanische Element, eine Art Batterie erfunden hatte, konnte man stationäre, also über einen längeren Zeitraum konstante Ströme produzieren und damit experimentieren.

Die Phänomene bei der Entladung, der elektrische Schlag oder der Funkenübersprung, waren so effektvoll und dramatisch, dass man als Experimentator dabei einigen Mut aufbringen musste, andererseits aber auch Aufsehen erregen konnte. So führte man diese Experimente bald auch öffentlich vor, im Salon vornehmer Gesellschaft oder auf dem Jahrmarkt. Beliebt war die Menschenkette, die zunächst mit nur einem Kontakt einer Leidener Flasche verbunden und aufgeladen, danach mit dem anderen Kontakt in Berührung gebracht wurde. Der Abbe Jean Antoine Nollet ließ so vor

Ludwig XV. und seinem Hofstaat 180 Soldaten der königlichen Garde auf diese Weise zum Vergnügen der Zuschauer plötzlich in die Luft springen. Diesen Versuch soll er mit 700 Mönchen, der ganzen Belegschaft eines Kartäuser-Klosters, wiederholt haben.

Mit dem Funkenübersprung konnte man eine vorgewärmte Probe von Alkohol entzünden. Dazu lud man am besten eine junge Dame elektrisch auf. Damit die Elektrizität nicht von ihr entwich, ließ man sie auf einer Schaukel sitzen, die mit nicht leitenden Seidenschnüren aufgehängt war. Die junge Dame hielt einen Löffel mit der Probe Alkohol in der Hand, ein junger Mann, nicht mit der Dame in elektrischer Verbindung, brachte einen spitzen Gegenstand so nahe an die Probe, dass der Funke übersprang und der Alkohol sich entzündete. Man zog der jungen Dame mitunter auch Funken aus der Nase oder trieb anderen Schabernack. Priestley hat in seiner Geschichte der Elektrizität der *„Beschreibung der belustigendsten elektrischen Experimente"* ein ganzes Kapitel gewidmet, nicht ohne „praktische Grundregeln für den jungen Elektrisirer" in einem vorangehenden Kapitel zu erörtern.

Wie immer gab es viele, die gerne diese Effekte öffentlich vor mehr oder weniger vornehmem Publikum zur Schau stellten, ohne aber weiter daran interessiert zu sein, wie es denn zu diesen Phänomenen überhaupt kommen kann. Aber es gab natürlich auch ernsthafte Forscher, die Erklärungen versuchten. Priestley bespricht deren Experimente akribisch, einen Experimentator hebt er dabei besonders hervor, den amerikanischen Physiker, Schriftsteller, Verleger und Politiker Benjamin Franklin (1706–1790), der „den Blitz vom Himmel holte" und den Blitzableiter erfand. Er ist in der Tat eine imposante Figur, als Mensch und als Physiker. Davon soll im nächsten Abschnitt die Rede sein.

# Elektrostatik

Benjamin Franklin war wohl die markanteste Persönlichkeit in der frühen Zeit der Elektrodynamik, überaus aktiv und vielseitig. Er war einer der Unterzeichner der Unabhängigkeitserklärung der ersten 13 vereinigten Staaten Nordamerikas, kümmerte sich stets mit großem Engagement um das Bildungswesen, führte eine freiwillige Feuerwehr ein, war selbstständiger Buchdrucker und Verleger. Und mit ihm trat der erste amerikanische Forscher auf, der Wesentliches zu der bisher rein europäischen Wissenschaft beitrug.

Dass Blitze am Himmel und die Funken bei der Entladung gleichartige Phänomene sein könnten, lag schon vor Franklin nahe. Er aber konnte es demonstrieren: Er ließ einen Drachen aufsteigen, der über eine leitende Verbindung mit einer Leidener Flasche auf der Erde verbunden war und konnte nachweisen, dass die Elektrizität aus den Wolken die Leidener Flasche ebenso aufladen kann wie die Reibungselektrizität. Das war ein besonders gefährliches Experiment: Ein Professor Richmann aus Petersburg errang traurige Berühmtheit, nachdem er bei einem ähnlichen Versuch getötet wurde.

Franklin hat auch den Begriff der Ladung eingeführt, denn das Geräusch bei einer Funkenentladung erinnerte ihn an den Knall beim Feuern eines Gewehrs. Ein Körper enthält nach ihm im unelektrisierten Zustand eine bestimmte Menge einer Flüssigkeit, deren Teilchen sich gegenseitig abstoßen, von der übrigen Materie aber angezogen werden. Durch die Reibung werden solche Teilchen abgestreift oder aufgebracht. Bei einem Überschuss an Elektrizität, an Teilchen dieser Flüssigkeit also, spricht er von einer positiven Ladung, bei einem Mangel von negativer Ladung. Bei einer Leidener Flasche ist der eine Kontakt somit positiv, der andere negativ geladen und eine Entladung entspricht so einem Ausgleich. Jedem Überschuss an Elektrizität steht irgendwo ein entsprechender Mangel gegenüber, man kann so von einer Erhaltung der Ladung sprechen. Einen unelektrischen Zustand kann man so deuten, dass positive und negative Ladungen am selben Ort vorliegen, sich also kompensieren, eine Elektrisierung ist in diesem Sinne also eine Ladungstrennung.

Man konnte sich die zwei Ladungsmöglichkeiten aber auch durch zwei Arten von Flüssigkeiten realisiert denken und annehmen: Teilchen der gleichen Flüssigkeit stoßen sich ab, Teilchen unterschiedlicher Flüssigkeiten ziehen sich an. Eine solche Zweiflüssigkeitstheorie entwickelte der Aufseher der französischen Gärten, Charles Francois de Cisternay du Fay. Er hatte entdeckt, dass nach Reiben eines Stücks Glas und eines Stücks Kolophonium sich die beiden elektrisierten Körper abstoßen. Er führte die Sorte „Glaselektrizität" und die Sorte „Harzelektrizität" ein. Diese Zweiflüssigkeitstheorie stand einige Zeit mit der Einflüssigkeitstheorie von Franklin in scharfer Konkurrenz und man benutzte zur Erklärung der Phänomene lange mal die eine, mal die andere Vorstellung.

In der Tat enthalten beide Vorstellungen im Lichte unseres heutigen Wissens auch ein Stück Wahrheit. Im Jahre 1895, also nach Formulierung der Maxwell-Gleichungen und nach ihrer so eindrucksvollen Bestätigung durch die Entdeckung der elektromagnetischen Wellen durch Heinrich Hertz, hat man das Teilchen entdeckt, aus dem man sich die elektrische Flüssigkeit bestehend denken kann. Man nannte es „Elektron", und die Eigenschaften der elektrischen Flüssigkeit ergaben sich zwangsläufig, wenn man dem Elektron eine bestimmte Einheit der Elektrizität, eine bestimmte „Ladung" zuordnete, die die bekannte Kraft, nämlich die gegenseitige Abstoßung, verursachte. In den weiteren Jahren lernte man, welche Rolle das Elektron im Aufbau eines Atoms spielt, dass ein Atom eine bestimmte Menge von Elektronen besitzen muss, um elektrisch neutral zu sein, und dass ein zu viel oder ein zu wenig an Elektronen ein Atom zu einem „Ion" macht, das somit eine negative bzw. positive Ladung trägt. Somit könnte man in der Tat von mehreren „Flüssigkeiten" sprechen, eine bestehend aus Elektronen und jeweils eine aus positiven bzw. negativen Ionen und es gibt für alle diese Flüssigkeiten Situationen, in denen sie relativ ungehemmt strömen können. Bei einem elektrischen Leiter, einem Metall z.B., ist es die Flüssigkeit bestehend aus Elektronen, denn Leiter zeichnen sich gerade dadurch aus, dass in ihnen Elektronen, aus dem Atomverbund gelöst, frei beweglich sind. In Nichtleitern verbleiben alle Elektronen fest in ihrem Atomverbund, bei „Halbleitern" haben wir es „halb" mit Leitern, „halb" mit einem Nichtleiter zu tun; die Menge der freien Elektronen lässt sich stark variieren.

Aber zurück in die Zeit Franklins. Eine seiner wesentlichen Entdeckungen war die so genannte Spitzenwirkung bei der elektrischen Aufladung. Er zeigte, dass zugespitzte Leiter die Elektrizität „anziehen" oder „versprühen" können. So wurde die Idee eines Blitzableiters geboren, er schrieb: „Man müsste anfangen, auf die höchsten Teile der Gebäude aufrecht stehende eiserne Stangen zu befestigen, ... und am unteren Ende einen Draht bis in die Erde hinunter gehen zu lassen."

Das „Anziehen" und das „Versprühen" von Elektrizität aus Metallspitzen sind Effekte, die man häufig zu beachten hat, aber auch nutzen kann. Bei Gewitter sollte man sich nicht in freier Flur aufhalten, auch nicht, wegen der Überschlagsgefahr, in der Nähe von Spitzen, z.B. Bäumen. Will man andererseits Ladungen loswerden oder auf einen anderen Körper übertragen, muss man den Spender zu einer Spitze formen.

Flugzeuge haben an den Enden ihrer Flügel deshalb auch oft dünne Stangen, so genannte *static discharger*, angebracht. Das Versprühen von Ladungen kann man manchmal bei gewittrigem Wetter bei Schiffsmasten oder Gipfelkreuzen beobachten. Frühere Seeleute haben dieses Phänomen „Elmsfeuer" genannt.

Diese Effekte und viele weitere sind eine Folge der Verteilung der Ladungen auf einem Leiter. Die „Flüssigkeit der Ladungen" sammelt sich bei einem Leiter nur auf der Oberfläche. Eine wichtige Größe spielt dann die Flächenladungsdichte, d. h. die Anzahl der geladenen Teilchen pro Fläche. Bei einer Kugel muss diese wohl überall auf der Oberfläche gleich sein; besitzt der leitende Körper aber irgendwelche Spitzen, so zeigt sich, dass dort die Flächenladungsdichte wesentlich höher ist. Da die Luft auch mehr oder weniger leitend ist, werden Ladungen bei genügend hoher Ladungsdichte in die umgebende Luft versprüht.

Um die Verteilung der Ladungen auf Leitern besser zu verstehen, muss man zwei wichtige Begriffe kennen lernen, die „Erdung" und die „Influenz".

Die „Erdung" hat etwas mit unserer Erde zu tun. Diese kann man nämlich als einen besonderen Leiter betrachten, und zwar als ein praktisch unendliches Reservoir von elektrischer Flüssigkeit, aber auch mit einer entsprechen Menge entgegengesetzter Ladung, so dass die Erde elektrisch neutral ist. Das ändert sich auch nicht, wenn man nun einen Körper mit der Erde in leitenden Kontakt bringt, diesen also „erdet", denn die Menge, die an Ladungen aus dem Körper zu- oder abfließen kann, ist gegen die praktisch unendliche Menge in der Erde vernachlässigbar. Eine leitende Verbindung mit der Erde gleicht also bei einem Körper jeden Überschuss oder Mangel an elektrischer Flüssigkeit aus, sie ist das sicherste Mittel, um eine Entladung herbeizuführen oder eine Aufladung erst gar nicht entstehen zu lassen.

Mit „Influenz" bezeichnet man die Verlagerung der beweglichen Ladungsträger in einem Leiter, bewirkt durch die Anziehungs- oder Abstoßungskräfte, die von anderen elektrisch geladenen Körpern in der Nähe des Leiters ausgehen. Bringt man z. B. einen negativ geladenen Körper in die Nähe einer Metallkugel, so suchen die Elektronen in der Metallkugel auf größtmögliche Distanz zu gehen. Die Folge ist, dass die auf der Metallkugel sonst überall gleich große Flächenladungsdichte verzerrt wird: Auf der dem geladenen Körper abgewandten Seite der Kugel ist nun die Flächenladungsdichte höher als auf der zugewandten Seite. Brächte man einem positiv geladenen Körper in die Nähe, würden sich die Elektronen „mit Vorliebe" auf der diesem Körper zugewandten Seite befinden.

Auch beim Blitzableiter spielt dieser Effekt der Influenz eine große Rolle. Eine positiv geladene Wolke, also eine mit Elektronenmangel, bewirkt, dass Elektronen aus der Erde in den Blitzableiter strömen; der Blitzableiter wird negativ aufgeladen. Kommt eine negativ geladene Wolke in die Nähe eines Blitzableiters, so lädt sich dieser positiv auf, die Elektronen werden in die Erde gedrückt.

Da der Blitzableiter als dünne Metallstange in den Himmel ragt, kommt noch die Spitzenwirkung zum Tragen, das „Anziehen" oder „Versprühen" von Ladungen, der Ausgleich von Ladungsträgern, vollzieht sich in Form eines Blitzes.

Man kann diese Zeit vor 1785, die Zeit vor der Formulierung des Coulombschen Gesetzes, als eine Art Vorstadium vor der eigentlichen Zeit der Elektrodynamik bezeichnen. Man kann sie auch als Zeit der qualitativen Elektrostatik bezeichnen. „Qualitativ" deswegen, weil man eben noch keine quantitativen Gesetze aufstellen konnte und „Elektrostatik", weil man, abgesehen von kurzzeitigen Entladungen, noch keine Ströme, also keine dynamischen Vorgänge, kannte. Es war die Zeit, in der man Effekte sammelte und sortierte und zu unterscheiden lernte. Im Jahre 1785 war aber die Zeit reif für ein erstes Gesetz in mathematischer Form, man fand den Weg in eine „quantitative Elektrostatik" und 15 Jahre später lernte man durch die Erfindung der Batterie Ströme zu erzeugen, es eröffnete sich eine „Elektrodynamik". Aber zunächst zum Coulombschen Gesetz.

Durch das große Vorbild des Newtonschen Gravitationsgesetzes lag es nahe, auch für die elektrischen Kräfte zwischen Ladungen eine mathematische Formel zu suchen – man musste nicht einmal viel Fantasie entwickeln. Zwar gab es neben der Anziehung von ungleichnamigen Ladungen auch noch die Abstoßung gleichnamiger Ladungen, während es bei der Gravitation nur positive Massen und nur anziehende Kräfte gab. Aber Anziehung wie Abstoßung schienen mit wachsendem Abstand der Ladungen in einem Maße kleiner zu werden wie man es von der Gravitationskraft auch kannte. So ist es kein Wunder, dass gleich vier Forscher das Gesetz vorgeschlagen haben, das man später Coulombsches Gesetz nannte: Cavendish, Priestley, Robison und Coulomb. Cavendish und Priestley schlossen dieses aus der experimentellen Tatsache, dass im Innern einer geladenen Metallkugel keine elektrische Kraft herrscht, denn aus der Newtonschen Mechanik wusste man, dass so etwas nur der Fall sein kann, wenn die wirkende Kraft invers proportional zum Quadrat ihres Abstandes ist. Robison und Coulomb haben dieses Verhalten der Kraft in Abhängigkeit vom Abstand mit einer raffinierten Methode direkt experimentell zeigen können, Coulomb aber war genauer und schneller in der Publikation.

Mit der Aufstellung des Coulombschen Gesetzes war der erste Schritt in eine quantitative Elektrostatik getan. Die Ähnlichkeit des Gesetzes mit dem Newtonschen Gravitationsgesetz ließ hoffen, dass man die in der Mechanik ausgearbeiteten mathematischen Begriffe und Techniken auch in der Elektrostatik anwenden konnte. Dabei machten sich zunächst zwei französische Mathematiker sehr verdient. Pierre Simon Laplace (1749–1827), Zeitgenosse von Lagrange, und eine Generation später, Simeon Denis Poisson (1781–1840).

Laplace ist berühmt geworden durch seine „Himmelsmechanik", die Berechnung von Planetenbahnen und die Diskussion ihrer Stabilität im Rahmen der Newtonschen Theorie. Er hatte für ein System von Massenpunkten schon eine Größe eingeführt, mit deren Hilfe man die Rechnungen übersichtlicher gestalten konnte. Aus dieser Größe konnte man nämlich durch eine einzige mathematische Operation die Kraft ausrechnen, die eine beliebige Punktmasse in dem System durch die Anziehung der anderen Massen erfährt. Diese Größe hing natürlich vom Ort ab, war also mathematisch gesehen ein Feld. Es war aber kein Vektorfeld, es war nur eine Zahl, die vom Ort abhing, deshalb war sie so praktisch. Später sah man, dass diese Größe eine physikalische Bedeutung hat und gab ihr den Namen „Potenzial". Laplace hatte eine Gleichung aufgestellt, aus der dieses Potenzial unter bestimmten Bedingungen auch berechenbar ist. Poisson, der ein Schüler von Laplace war, übertrug dieses Wissen in die Elektrostatik und formulierte 1812 eine Gleichung für ein entsprechendes elektrostatisches Potenzial. Er erkannte insbesondere auch, dass dieses Potenzial auf Leiteroberflächen konstant sein muss.

Diese Erkenntnis war es, durch die das Potenzial zu mehr als einer Hilfsgröße wurde und eine physikalische Bedeutung gewann. Die Theorie der Elektrostatik wurde eine Potenzialtheorie, in der die Poissonsche Gleichung eine ähnlich zentrale Rolle spielt wie die Bewegungsgleichung in der Klassischen Mechanik. Statt Ort und Geschwindigkeit zu Anfang der Bewegung muss man nun das Potenzial am Randes des Gebietes, in dem man das Potenzial bestimmen will, vorgeben, um eine eindeutige Lösung zu erhalten. So konnten Effekte wie die Spitzenwirkung und Influenz vollständig verstanden und berechnet werden. Diese Potenzialtheorie wurde auch später nicht durch die schon oft erwähnte Maxwellsche Theorie der Elektrodynamik überholt, sondern als einer ihrer Spezialfälle erkannt.

Zwei weitere Mathematiker und Physiker haben zum Ausbau der Potenzialtheorie viel beigetragen: Der überragende und im Jahre 1856 vom König von Hannover als „Fürst der Mathematiker" geehrte Carl Friedrich Gauß und der zeit seines Lebens unbeachtete Autodidakt George Green, von dem nicht einmal bekannt ist, wie er sich die mathematischen Grundlagen erarbeiten konnte und dessen Arbeiten erst 1846 von Lord Kelvin entdeckt wurden.

Die Ausarbeitung der mathematischen Probleme der Elektrostatik brauchte also einige Jahrzehnte. Parallel dazu entdeckte man aber neue Phänomene, magnetische Effekte wurden wieder hoch interessant und konstitutiv für das Verständnis. Um diese aber weiter erforschen zu können, musste man erst einmal konstante Ströme produzieren können.

## Konstante Ströme

In der ersten Hälfte des 19. Jahrhunderts hatte man gelernt, alle elektrostatischen Effekte im Rahmen der Potenzialtheorie zu verstehen und zu berechnen. Die Grundgleichung in dieser

Theorie war die von Poisson aufgestellte Gleichung, aus der man das Potenzial für jede gegebene Anordnung von Leitern und Ladungen berechnen konnte.

Für die magnetischen Effekte, die Anziehung und Abstoßung zwischen Magneten wie die Wirkung von Magneten auf Magnetnadeln konnte Poisson eine ähnlich mathematisch ausgearbeitete Theorie entwickeln. Hier stellte man sich vor, dass die Kräfte durch zwei andere Flüssigkeiten verursacht werden. Diese schien man wohl nicht voneinander trennen zu können, denn es gab keine magnetischen Ladungen bzw. einzelnen Pole. Jeder Magnet hatte zwei Pole, war sozusagen ein „Dipol". Brach man einen Dipol auseinander, um die beiden Pole zu isolieren, hatte man doch wieder zwei Dipole in der Hand.

So kannte man in der ersten Hälfte des 19. Jahrhunderts drei mathematisch ausgearbeitete Theorien für physikalische Phänomene: die Newtonsche Mechanik, die Elektrostatik und die Magnetostatik. Der große Erfolg der Newtonschen Mechanik und die Ähnlichkeit von Newtonschem Gravitationsgesetz und Coulombschen Gesetz schien darauf hinzudeuten, dass Struktur und Form der Newtonschen Mechanik grundlegend für die Gesetze der Natur sind. Zwar kannte man diese merkwürdigen elektrischen und magnetischen Flüssigkeiten nicht genauer. Man wusste z. B. nicht, ob die Teilchen dieser Flüssigkeiten eine Masse besitzen, das Elektron wurde ja erst ganz am Ende des 19. Jahrhunderts entdeckt. Klar aber schien allen zu sein, dass die Gesetze der Natur mechanischer Art und im Stile einer Newtonschen Mechanik beschreibbar sind. Als man aber am Ende des 19. Jahrhunderts mit den Maxwellschen Gleichungen die Elektrodynamik vollends verstanden hatte, hielt man eine Theorie ganz anderen Stils in den Händen, und das Abschiednehmen von den mechanischen Vorstellungen hatte bei der Entwicklung bis dahin viel Mühe und gedankliche Umwege gekostet.

Die Anfänge dieser Entwicklung sind mit den Namen Galvani und Volta verbunden. Beide Namen kennt man als Normalbürger, man weiß, dass eine galvanische Zelle irgendwie elektrischen Strom liefert, und dass man die elektrische Spannung in Volt misst. Die Forschungen von Luigi Galvani (1737–1798) und von Allessandro Volta (1745–1827) führten dazu, dass man einen konstanten Strom von Ladungen, also das konstante Fließen der elektrischen Flüssigkeit bewirken konnte. Dabei entdeckte man ganz neue Phänomene, die die Sicht auf die elektrischen und magnetischen Phänomene völlig veränderten.

Ausgangspunkt der Forschungen von Galvani und Volta waren Experimente mit Froschschenkeln. Jeder hat wohl davon schon einmal gehört. Galvani war Professor für Anatomie an der Universität Bologna. In anatomischen Instituten waren damals auch Elektrisiermaschinen in Gebrauch. Man untersuchte nämlich, ob die Elektrizität nicht auch zu Heilzwecken genutzt werden konnte, motiviert dadurch, dass man durch das Experimentieren mit elektrischen Fischen zu allerlei Hypothesen über die elektrische Natur der Muskelkräfte gelangt war.

Nun hatten Mitarbeiter Galvanis ihm berichtet, dass beim Herauspräparieren von Nerven aus einem Froschschenkel mit einem Seziermesser immer ein Zucken des Froschschenkels zu beobachten sei, wenn in der Nähe gerade eine Elektrisiermaschine bedient wurde. Mit großem Eifer hat er daraufhin auf vielfältige Weise die äußeren Umstände variiert, um herauszubekommen, was die Ursache für dieses Zucken ist, geriet dabei aber auf eine falsche Fährte. Er glaubte, einer besonderen tierischen Elektrizität auf der Spur zu sein; das lag für ihn als Anatomen nahe. Diese tierische Elektrizität unterschied man von der gewöhnlichen und man hielt sie für eine Art „Lebenskraft". Galvani glaubte noch bis an seinen Tod daran.

Volta hatte von diesen Experimenten gelesen, als er schon ein erfahrener und erfolgreicher Physiker auf dem Gebiet der Elektrizität war. Er kam bald zu dem Schluss, dass bei den Experimenten Galvanis der Froschschenkel nicht Quelle der Elektrizität sondern nur ein sehr empfindlicher Detektor von elektrischen Potenzialunterschieden gewesen war. Dieser hatte also stets nur als Verbindung zwischen zwei Polen gewirkt, über die ein kurzzeitiger Entladungsstrom das Zucken hervorrief. Ein Potenzialunterschied zwischen den beiden Polen war vielleicht – wie auch immer – durch die Bedienung einer Elektrisiermaschine erreicht worden, entstand aber auf jeden Fall bei einem Kontakt von zwei verschiedenen Metallen. Volta konnte so auch bei einem lebenden Frosch Muskelzuckungen provozieren, wenn er dessen Beine und Rücken mit jeweils einem Ende eines Leiters berührte, der aus zwei verschiedenen Metallstücken zusammengesetzt war. Die Potenzialdifferenz, die sich zwischen den Enden eines solchen Leiters zeigte, war gegenüber den Spannungen bei üblichen elektrostatischen Experimenten sehr klein und konnte sonst, mit den damals üblichen Messgeräten, gar nicht nachgewiesen werden.

Volta glaubte so zunächst, er hätte eine neue Quelle von Elektrizität entdeckt, die „metallene Elektrizität", die nun wie die Reibungselektrizität genauer zu untersuchen sei. So verfolgte er bald die Idee, mehrere solcher Elemente von Metallpaaren hintereinander zu schalten, um zu einem größeren Potenzialunterschied zu gelangen, und stellte dabei fest, dass dazu neben den beiden Metallen noch ein so genannter feuchter Leiter notwendig war. Nach vielen Versuchen hatte er mit folgender Stapelung Erfolg: Metall A, Metall B, feuchter Leiter, Metall A, Metall B, feuchter Leiter, ....Dabei waren Zink und Kupfer die Metalle, und der feuchte Leiter war ein mit Säure getränkter Tuchfetzen. Sein Stapel bildete eine Säule, in der die Anordnung Zink, Kupfer, feuchter Leiter etwa 10-mal wiederholt wurde.

Was ein feuchter Leiter ist? Flüssigkeiten können leitend sein, das war Volta schon bekannt. Heute nennen wir solche Flüssigkeiten Elektrolyte; in diesen sind es die Ionen, also elektrisch geladene Atome oder Moleküle, die beweglich sind. Elektrolyte nennt man deshalb Ionenleiter, Metalle sind dagegen Elektronenleiter. Im Zellplasma einer menschlichen oder tierischen Zelle sind natürlich solche Elektrolyte vorhanden, und die Körperflüssigkeit des Frosches war also nicht ganz unbeteiligt bei den Experimenten mit den Froschschenkeln gewesen.

Mit der Säule hatte Volta nun ein ganz neues Element geschaffen, bei dem zwischen den Kontakten ein Potenzialunterschied herrscht und mit dem somit ein Strom erzeugt werden kann. Das Wichtigste war aber, dass dieser, im Gegensatz zum Strom einer elektrischen Entladung, langlebig war, und damit eröffneten sich ganz neue Perspektiven für die Erforschung der Elektrizität.

Diese „Elektrizität, die durch den bloßen Kontakt leitender Substanzen verschiedener Art erregt wird", wie Volta seine Säule beschrieb, begeisterte daher die Fachwelt. Er führte sie 1801 in der französischen Akademie in Gegenwart des Konsuls Bonaparte (ab 1804 Napoléon I.) vor, wurde mit Ehren überhäuft und fürstlich belohnt. Der französische Physiker Arago urteilte noch im Jahre 1831 (Hankel 1854): „Diese wunderliche Zusammenstellung" sei „durch ihre auffallenden Wirkungen das wunderbarste Instrument, das Menschen jemals erfunden haben."

Physiker und Chemiker begannen, mit der neuen Strom-quelle zu studieren, welche Wirkungen der Durchgang von Strom bei den verschiedenen Substanzen hervorruft. Man entdeckte die Elektrolyse, also die Aufspaltung einer chemischen Verbindung durch elektrischen Strom, und lernte auf diese Weise z. B. Wasser in größerem Umfang in Sauerstoff und Wasserstoff zu zerlegen. Der englische Chemiker Humphrey Davy entdeckte so im Jahre 1808 u. a. die chemischen Elemente Natrium, Kalium und Magnesium. Und bald sollte die Erfindung der Voltaschen Säule auch weitere Entdeckungen nach sich ziehen, die entscheidend waren für das Verständnis der Elektrizität.

Warum funktioniert denn nun solch eine Voltasche Säule, solch eine Batterie von „galvanischen Zellen", wie man die „wunderliche Zusammenstellung" aus zwei Metallen und einem Elektrolyten bald nannte? Warum liefert sie über längere Zeit einen Strom? Das ist nicht einfach zu verstehen. Volta selbst hatte auch noch keine zutreffende Vorstellung davon gehabt. Er meinte, der Kontakt zwischen den Metallen, die „metallische Elektrizität", sei das wesentliche Element in dieser Anordnung. Im Jahre 1836 aber erfand John F. Daniell eine galvanische Zelle, bei der zwei unterschiedliche Metallstäbe als Elektroden in verschiedene, durch eine Membran getrennte Elektrolyte tauchten. Die äußeren Enden dieser Elektroden dienten als Kontakte, an denen der Strom abgegriffen werden konnte. Offensichtlich musste die Ursache für den Strom in chemischen Vorgängen liegen, an denen die Metalle, aber auch die Elektrolyte beteiligt sind (Abb. 1).

Es würde hier zu weit führen, wollte man erklären, welche chemischen Reaktionen an der Grenzfläche zwischen Elektroden und Elektrolyten ablaufen und wie es dadurch zu einem Elektronenüberschuss an einer Elektrode kommt und zum

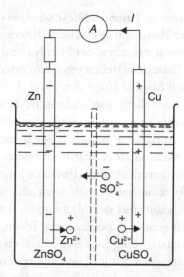

**Abb. 1** Ein typisches Daniell-Element mit den Elektrolyten ZnSO$_4$ und CuSO$_4$ und mit Zn- und Cu-Stäben als Elektroden. Am Zinkstab gehen Zink-Ionen in Lösung, während Cu-Ionen sich am Kupferstab anlagern. Im Zinkstab herrscht so Elektronenüberschuss, im Kupferstab Elektronenmangel. Die Membran in der Mitte des Gefäßes lässt nur SO$_4^{2-}$-Ionen durch. (nach Stuart, Klages *Kurzes Lehrbuch der Physik*, Springer-Verlag)

Elektronenmangel an der anderen. Ebenso schwierig ist die Antwort auf die Frage, wieso denn durch die chemische Reaktionen ständig Elektronen nachgeliefert werden, damit dieser Elektronenüberschuss bei Abnahme eines Stroms aufrecht erhalten werden kann. Natürlich gelingt dieses aber nicht auf die Dauer. Irgendwann ist jede Batterie „leer". Die chemischen Substanzen sind dann durch die Reaktionen so verändert worden, dass sie „keine Energie mehr haben". Ja, es gibt so etwas wie Energie, die in Form chemischer Bindung vorliegt;

man nennt sie chemische Energie. Diese wird bei einer Stromentnahme aus einer Batterie in elektrische Energie überführt.

Nun benutzt man inzwischen bei Handys und Notebooks lieber Akkus statt Batterien. Bei einem Akku oder Akkumulator kann man durch Stromzufuhr den alten chemischen Zustand fast wieder herstellen, also elektrische Energie wieder in chemische Energie umwandeln. Unbegrenzt häufig kann man eine solche Aufladung natürlich auch nicht machen. Das Prinzip des Akkumulators wurde übrigens schon früh, im Jahre 1803, von dem deutschen Physiker Johann Wilhelm Ritter (1776–1810) erfunden. Er gilt auch als ein Philosoph der Frühromantik, stand mit der Mathematik auf Kriegsfuß, hatte dafür aber oft geniale experimentelle Ideen, die er leider außerordentlich weitschweifig niederzuschreiben pflegte.

Zurück zur Voltaschen Säule: Die Elektroden solch einer Voltaschen Säule waren verschieden aufgeladen, die eine positiv, die andere negativ. Bei einer herrschte Elektronenmangel, bei der anderen Elektronenüberfluss – wie wir heute sagen würden. Die Elektroden besaßen somit auch ein verschiedenes Potenzial, zwischen ihnen herrschte eine Spannung, wie man einen Potenzialunterschied auch nennt. Das war also genau so, wie bei Kontakten einer Leidener Flasche. Dieses Ungleichgewicht konnte man bei einer Leidener Flasche nur zu einer einzigen Entladung nutzen, bei der ein Funke oder ein kurzzeitiger Strom floss. Überbrückt man dagegen die Kontakte einer Voltaschen Säule mit einer mehr oder weniger gut leitenden Verbindung, so fließt ein Strom, der sehr viel länger andauert, eben solange, bis die chemische Energie der Batterie aufgebraucht ist. Bei den heutigen Batterien und Akkus kann das Tage gehen und der Strom ist sehr konstant, die Voltasche Säule dagegen war schneller aufgebraucht und der Strom schwankte auch noch sehr. Die Spannungen und die Stromstärken sind dabei sehr unterschiedlich zu denen, die bei einer durch Reibungselektrizität aufgeladenen Leidener Flasche herrschen. Dort können leicht Spannungen von 10 000 Volt entstehen, bei einer Entladung fließen aber nur Ströme von einigen Tausendstel Ampere. Bei einer Voltaschen Säule und auch bei den heute gängigen Batterien ist es gerade umgekehrt, die Spannungen sind klein, nur einige Volt, die Ströme können dagegen bis zu einigen Ampere groß werden.

Hier ist jetzt schon die Einheit Ampere für eine Stromstärke benutzt worden. Über den französischen Physiker und Mathematiker André-Marie Ampère, nach dem diese Einheit benannt ist, wird noch im nächsten Abschnitt zu berichten sein. Allerdings sei hier schon bemerkt, dass die Einheit Ampere in Deutschland ohne accent grave geschrieben wird.

Was die Stärke eines Stroms ausmacht, kann man leicht erahnen. Das wird so sein wie man die Stärke eines Stroms von Wasser beurteilt. Diese bemisst sich nach der Menge Wasser, die in einer Zeiteinheit, sagen wir in einer Sekunde, durch den Querschnitt einer Leitung fließt. Also ist die Stärke eines Stroms auch wohl durch die entsprechende Menge an Ladungen gegeben, ein Ampere entspricht so einem Durchsatz von $6{,}241 \times 10^{18}$ Elektronen pro Sekunde. Ob diese Definition für ein gutes Messverfahren taugt, ist eine andere Frage.

In diesem Zusammenhang erinnern sich die meisten sicher an das Ohmsche Gesetz. Dieses drückt aus, wie der Strom bei gegebener Spannung zwischen den Kontakten einer Batterie oder eines Kondensators von den Eigenschaften der verbindenden Leitung abhängt. Die Verbindung ist ja mehr oder weniger gut leitend, setzt also dem Strom einen mehr oder weniger großen Widerstand entgegen. Der Strom wird offensichtlich umso kleiner sein, je größer der Widerstand ist. Die entsprechende Formel gehört zu denen, die man sich am besten merken kann. Uri heißt ein Kanton in der Schweiz, und $U = R\,I$ heißt das Ohmsche Gesetz, wenn man die Spannung $U$, den Strom $I$ und den Widerstand $R$ nennt. Es ist erstaunlich, dass dieser, für uns heute so selbstverständliche Zusammenhang erst im Jahre 1827 gefunden wurde. Georg Simon Ohm war damals Oberlehrer für Mathematik und Physik an einem Kölner Gymnasium, seine Arbeiten wurden zunächst nur von wenigen verstanden. Zu unklar waren wohl den meisten noch die Konzepte von Strom und Spannung. Erst 1841 wurden seine Arbeiten anerkannt und 1849 wurde er mit 62 Jahren zum Professor an der Münchner Universität (heutige LMU) ernannt.

Aber noch bevor die Physiker zu dieser Klarheit über den Zusammenhang zwischen Strom und Spannung gelangten, entdeckte 1820 in Kopenhagen ein dänischer Physiker einen ganz unerwarteten Effekt des Stromes, nämlich seine Wirkung auf Magneten, und damit beginnt die Geschichte des Elektromagnetismus.

## Die magnetische Wirkung des elektrischen Stroms

Nun will ich von einer Entdeckung berichten, die für das Verständnis von elektrischen und magnetischen Phänomenen von entscheidender Bedeutung wurde, nämlich von der Entdeckung, dass ein elektrischer Strom eine Kraft auf einen Magneten ausübt. Nachdem man mithilfe der Voltaschen Säule einen stetig fließenden Strom erzeugen konnte, musste man

wohl irgendwann auf diesen Effekt stoßen. Aber eigentlich ist
es verwunderlich, dass dies erst 20 Jahre nach der Erfindung
der Voltaschen Säule geschah.

Magnetismus und Elektrizität waren bis dahin zwei völlig
verschiedene Erscheinungen gewesen und ihre Ursache hatte man auf die Eigenschaften von zwei ganz verschiedenen
Arten von Flüssigkeiten in den Materialien zurückgeführt. So
waren auch zwei eigenständige, voneinander unabhängige mathematische Theorien für diese so unterschiedlichen Phänomene entstanden, die Elektrostatik und die Magnetostatik.

Andererseits wusste man, dass bei einer starken Funkenentladung einer Elektrisiermaschine oder bei einem Gewitter ein Kompass umgepolt werden konnte und man kannte
Berichte, dass ein Messer, das in einem Baum steckte, plötzlich magnetisch war, nachdem ein Blitz in diesen eingeschlagen war. Aber die Kraftwirkungen waren zu unterschiedlich:
Bei elektrischen Ladungen war es die direkte Anziehung oder
Abstoßung, bei Magnetnadeln die Drehwirkung und der
merkwürdige Effekt, dass man keine einzelnen magnetischen
Pole isolieren konnte.

So kam die Vermutung, dass es einen Zusammenhang zwischen Elektrizität und Magnetismus geben musste, von einer
ganz anderen Seite, nämlich von den damals in Deutschland
in Mode kommenden romantischen Vorstellungen über die
Einheit der Natur. Die Romantiker sahen die Welt gespalten
in eine Welt der Vernunft, der „Zahlen und Figuren" auf der
einen Seite und in eine Welt der Gefühle auf der anderen Seite.
Der Übermacht der vernunftbetonten Welt versuchten sie ent-
gegenzutreten durch eine Kultivierung der Innerlichkeit und
Gefühlswelt sowie durch die Suche nach einer neuen Form
der Einheit. Ich glaube, viele von uns kennen die Romantik
vorwiegend aus der Musik, wir verbinden damit die Oper „*Der*

*Freischütz*", die Lieder Schumanns und auch die frühen Opern Wagners. Diese entstanden aber erst in den Jahren 1820–1850, in Literatur und Philosophie entwickelten sich schon früher Vorstellungen, die man als romantisch bezeichnen könnte. Für Johann Gottlieb Fichte war das „Nicht-Ich" eine Schöpfung des Ichs, für Friedrich Wilhelm Schelling waren Natur und Geist eine Einheit, zwei Offenbarungen desselben Prinzips. So musste die Natur schon gar nach einem einheitlichen Prinzip zu ordnen sein.

Auf dieses Gedankengut stieß der Däne Hans Christian Oersted (1777–1851) im Jahre 1801 auf seiner Bildungsreise nach Deutschland. Er hatte Physik, Medizin und Astronomie in Kopenhagen studiert und sofort, nachdem er von der Voltaschen Erfindung gehört hatte, begonnen, mit elektrischen Strömen zu experimentieren. Auf seiner Reise kam er auch in Kontakt mit Schelling und Fichte und lernte insbesondere Johann Wilhelm Ritter kennen, der schon in einem früheren Abschnitt erwähnt worden ist. Oersted befreundete sich mit ihm und arbeitete sogar eine Zeit lang mit ihm bei elektrischen und magnetischen Experimenten zusammen. Ritter war ein besonders vehementer Vertreter der romantischen Naturphilosophie und hatte schon intensiv nach einem Zusammenhang zwischen elektrischen und magnetischen Kräften gesucht, allerdings vergeblich.

So sog Oersted das Gedankengut der romantischen Naturphilosophie in sich auf und war auch von dem Zusammenhang zwischen Elektrizität und Magnetismus überzeugt. Das entscheidende Experiment aber machte Oersted erst 1820, nachdem er längst Professor für Physik und Chemie an der Universität Kopenhagen geworden war.

Er hatte parallel oberhalb einer Kompassnadel, die ja in Nord-Südrichtung zeigt, einen Draht geführt. Schickte er durch diesen Draht einen Strom, so drehte sich die Nadel ein Stück in Richtung Westen. Führte er den Draht unterhalb der Kompassnadel, so verursachte ein Strom eine Ablenkung nach Osten. Offensichtlich tritt zu der Kraft, die die Erde auf die Magnetnadel ausübt, eine weitere Kraft hinzu, die der Strom verursacht. Ströme üben also Kräfte auf Magneten aus. Oersted hatte glücklicherweise die Stromstärke genügend hoch gewählt, so dass diese zusätzliche Kraft auch bemerkbar war.

Die Verbreitung dieser Entdeckung und die Reaktion darauf in der Fachwelt erfolgten mit einer Schnelligkeit, die man sich für die damalige Zeit kaum vorstellen kann. Oersted schrieb am 21. Juli 1820 seinen experimentellen Befund auf einer einzigen Seite in lateinischer Sprache auf und verschickte Kopien an alle in Betracht kommenden wissenschaftlichen Gesellschaften. Die französischen Mathematiker und Physiker Jean Baptist Biot und Félix Savart legten schon im September des gleichen Jahres eine mathematische Formel für die magnetische Wirkung des Stromes vor. Der im letzten Abschnitt schon erwähnte André-Marie Ampère hörte am 11. September in der französischen Akademie einen Bericht über den Brief und hatte bis zum November des gleichen Jahres nicht nur das Experiment Oersteds verifiziert und weiter ausgebaut, sondern auch noch experimentell nachgewiesen, dass zwei parallel geführte und vom Strom durchflossene Leiter ebenso Kräfte auf einander ausüben. Sie ziehen sich an, wenn die Stromrichtung in beiden Leitern gleich ist, und stoßen sich ab, wenn die Ströme in entgegengesetzte Richtung fließen. Ampère hatte sich dabei das Newtonschen Kraftgesetz zum Vorbild genommen. In der Tat ergab sich wieder, dass die Kraftbeiträge der einzelnen Stromelemente quadratisch mit dem Abstand abnehmen und proportional zu der Stärke der einzelnen Elemente sind.

Ampère kam auch auf die Idee, einen Draht schrauben-
förmig zu einer Spule aufzuwickeln. Fließt ein Strom durch
diesen Draht, so verhält sich die Spule wie ein Magnetstab mit
Nord- und Südpol an den Enden. Drehbar aufgehängt, verhielt sie sich wie eine Magnetnadel. So kam er zu dem Schluss:
Der Magnetismus ist keine besondere Form der Kraftwirkung,
er ist nur eine Folge von Strömen, von vielen Kreisströmen in
dem Magnetstab.

Die Wirkung eines Stroms auf Magneten wurde von dem
Arzt und Physiker Thomas Johann Seebeck (1770–1831) besonders schön deutlich gemacht. Er schüttete Eisenfeilspäne
auf eine Ebene und führte einen Draht senkrecht dazu von
unten nach oben durch die Ebene. Schickte man einen Strom
durch den Draht und klopfte man ein wenig auf die Ebene,
so dass sich die Späne, von denen ja jeder eine kleine Magnetnadel war, leichter bewegen konnten, so ordneten diese
sich kreisförmig an. Jeder Span bildete irgendein kleines Stück
eines Kreisumfangs, als Gesamtbild erhielt man aus Eisenfeil-
spänen gebildete konzentrische Kreise.

Mit solchen Bildern demonstriert man heute die Feldlinien des magnetischen Feldes. Aber damals stand den Physikern der Begriff des Feldes noch nicht zur Verfügung, er
wurde erst einige Jahrzehnte später von Faraday und Maxwell eingeführt. So musste man immer von Wirkungen und
Kräften reden. Deshalb redete man bei der Seebeckschen
Demonstration nur davon, dass sich jeder kleine Span bzw.
Magnet gemäß der Kraft, die vom Strom auf ihn ausgeübt
wird, ausrichtet. Diese Kraft ist eben eine magnetische, sie
bewirkt eine Drehung, genauer eine Ausrichtung, nicht eine
Anziehung oder Abstoßung. Später konnte man dieses Bild so
deuten: Der Strom erzeugt ein Magnetfeld, das an jedem Ort
auch messbar ist, z. B. dadurch, dass man eine Magnetnadel

an den Ort bringt und feststellt, was dieser geschieht. Das ist natürlich noch kein Messverfahren, mit dem man die Stärke des Magnetfeldes bestimmen kann. Aber es zeigt, dass diese Vorstellung von einem Feld als „Vermittler" der Wirkung möglich ist und die Verhältnisse etwas übersichtlicher werden lässt. Damit steht allerdings noch nicht fest, ob das Feld wirklich eine physikalische Realität ist. Es könnte ja auch nur eine nützliche Gedankenkonstruktion sein. Aber wie ja im ersten Brief berichtet, ist das Feld heute der zentrale Begriff in der Physik, und wir kommen mit diesem Abschnitt allmählich der geschichtlichen Situation näher, in der dieser Begriff in der Physik auftauchte.

Mit der Entdeckung Oersteds beginnt also die Geschichte des Elektromagnetismus. Eine Theorie für die elektrischen und magnetischen Phänomene musste also nun eine einheitliche Theorie der Elektrizität und des Magnetismus werden. Elektrostatik und Magnetostatik würden in einer solchen Theorie als Reduzierungen auf spezielle, statische Situationen erscheinen.

Aber noch gab es keinen Hinweis darauf, wie diese neue Theorie aussehen könnte. Dazu brauchte es eine neue Entdeckung, in denen zeitliche Veränderungen des Stromes eine Rolle spielten. In der Tat war die nächste große Entdeckung, die der elektromagnetischen Induktion durch Faraday im Jahre 1831, ein solcher dynamischer Effekt. Aber so kann man das nur von unserer heutigen Warte aus sehen. Ampère und seine Kollegen hatten damals nur Interesse für die Effekte konstanter Ströme. Phänomene, die sich beim Ein- und Ausschalten des Stroms und damit bei dessen zeitlicher Veränderung zeigten, übersah man oder man berücksichtigte sie nicht weiter, weil man keine Chance für eine Erklärung sah.

Die romantischen Vorstellungen der deutschen Naturphilosophie führten also dazu, dass Oersted als erster die

Wirkung des elektrischen Stroms auf Magneten erkannte. Mehr als eine Motivation für Oersted aber konnten diese Vorstellungen nicht liefern, Oersted selbst glaubte noch, dass die magnetische Wirkung wie Wärme oder Licht aus dem Leiter herausströmt. Diese Vorstellung von der Einheit der Natur ist aber immer noch in den Köpfen der Physiker, ja, wir finden sie – Romantik hin oder her – unheimlich attraktiv. Deshalb die Versuche, Theorien zu vereinheitlichen, und bisher ist es ja auch mehrere Male mit Erfolg geschehen: Newton fand für die Bewegungen am Himmel und auf der Erde die gleiche Theorie, mit Oersteds Entdeckung begann die Suche nach einer einheitlichen Theorie der Elektrizität und des Magnetismus, die James Clerk Maxwell, wie wir noch sehen werden, zum Ziel führte. Wie in dem ersten Brief berichtet, hat man im 20. Jahrhundert u. a. eine einheitliche Theorie für die radioaktiven und elektromagnetischen Effekte gefunden und heute sucht man nach einer „Theorie für Alles". Albert Einstein hat lange nach einer einheitlichen Theorie für die Gravitation und den Elektromagnetismus gesucht, wenn auch vergebens. Hat man erst einmal verstanden und erlebt, wie mächtig eine Theorie ist, wenn man mit ihr eine großen Bereich von Phänomenen verstehen und berechnen kann, so möchte man doch wissen, ob man nicht eine noch umfassendere und mächtigere Theorie finden kann. Da muss man nicht unter einer Zerrissenheit von „Ich" und Welt leiden oder die „Kälte der Vernunft" spüren, wie es die Romantiker taten.

Alle Physiker, die sich mit solchen Theorien beschäftigen, sind heute überzeugt, dass die Gesetze der Natur aus wenigen universellen Prinzipien ableitbar sind. Diese können aber sicher nicht verbal sondern nur in abstrakter und mathematischer Form formuliert werden. Die mathematische Sprache und die Begriffe, die sie ermöglichen, reichen eben weiter als unsere im Alltag gewachsene und sich dort auch bewährende Sprache.

Aber man sieht, in der Entwicklung der Wissenschaft spielen auch Motivationen und mehr oder weniger klare Vorstellungen vom „Ganzen" eine große Rolle. Solche spekulativen Vorstellungen können aber nur einen Nährboden für eine klar formulierte Hypothese in mathematischer Form abgeben, nie eine Theorie selbst darstellen. Dafür sind die Maßstäbe für das, was eine physikalische Theorie sein will, zu hoch.

Im Jahre 1820 beginnt also mit der Entdeckung Oersteds die Geschichte des Elektromagnetismus. Über den zweiten wichtigen Meilenstein in dieser Geschichte, die Entdeckung der elektromagnetischen Induktion im Jahre 1831 durch Faraday soll im nächsten Abschnitt berichtet werden.

## Erste technische Verwertungen, Telegraf und Elektromotor

Oersted hatte also als Erster bewusst gesehen, dass ein Strom durchflossener Leiter wie ein Magnet auf andere Magneten wirkt. In vielen physikalischen Labors in Europa wurde daraufhin dieser Effekt bestätigt gefunden und untersucht, wie er sich unter Änderung der experimentellen Umgebung verhielt.

Von Ampère hatte man bald gelernt, dass sich ein zu einer Spule aufgewickelter Draht bei Durchfluss eines elektrischen Stromes wie eine große Magnetnadel mit Nord- und Südpol verhält und dass sich durch diese Aufwicklung die Wirkung auf andere Magneten erhöht. Im Jahre 1825 kam William Sturgeon, Dozent an einem Royal Military College in Südengland, bei seinen Experimenten auf die Idee, den Draht um einem Eisenstab aufzuwickeln. Schickte er nun einen Strom durch den Draht, so wurde aus dem Eisenstab plötzlich ein starker Magnet, andere Eisenstücke wurden mit großer Kraft angezogen. Klemmte er die Batterie ab, so war der Spuk vorbei. Offensichtlich hatte er einen Elektromagneten erfunden, einen Magneten, den man an- und abschalten konnte. Als Erklärung konnte die Vorstellung dienen, die Ampère eingeführt hatte: In dem Eisenstab muss es eine Vielzahl von Kreisströmen geben, die alle wie kleine Magneten wirken. Während diese Magneten im Normalzustand alle in verschiedene Richtungen zeigen können, sich somit ihre Wirkung auf äußere Magneten aufhebt, werden sie durch den elektrischen Strom ausgerichtet, so dass sich ihre Wirkung addiert.

Man möchte meinen, dass man solch einen Magneten, der sich nach Belieben an- und abschalten lässt, sehr praktisch gefunden haben muss und dass Sturgeon wohl versucht haben wird, diese Erfindung auszunutzen. Das war aber offensichtlich nicht der Fall. Großen Anklang fand diese aber bei Joseph Henry, einem Professor für Mathematik und Naturphilosophie an einer Akademie in Albany in den Vereinigten Staaten. Durch die Popularität Benjamin Franklin war sein Interesse an der Elektrizität geweckt worden, und nachdem er von den Experimenten von Sturgeon gelesen hatte, war ihm klar, dass das das richtige Forschungsgebiet für ihn war. Schnell hatte er das Experiment nachgemacht und fand mit seinen Schülern Gefallen daran, den Elektromagneten durch immer mehr Drahtwicklungen immer kräftiger zu machen. Bald konnte er mit seinem Elektromagneten Gewichte von vier, dann neun, schließlich 350, ja fast 700 kg heben. Das machte großen Eindruck in der Öffentlichkeit, befriedigte ihn aber auf die Dauer nicht. So kam er auf die Idee, die Leitungen von der Batterie zur Spule einfach zu verlängern, ja von einem Zimmer in ein anderes zu führen oder noch weiter. So konnte man von einem entfernten Ort aus den Elektromagneten an- und ausschalten und diese Tätigkeit am Ort des Elektromagneten in welcher Form auch immer registrieren. Aus dem Hebewerkzeug wurde ein Signalgeber. Die Stärke des Magneten wurde dabei völlig irrelevant, es genügte eine elastische Metallzunge, die von dem Magneten angezogen, wie eine Kastagnette einen hörbaren Klick produzierte, die aber wieder zurücksprang, sobald der Strom aufhörte zu fließen. So konnte man durch Schließen und Auflösen des Stromkreises an einem entfernten Ort eine Folge von Klicks zu Gehör bringen und Botschaften über eine gewisse Distanz übermitteln, wenn man verabredete, was die verschiedene Folgen von Klicks jeweils bedeuten sollen.

Da denkt heute ein jeder an eine Klingel. Wenn das Ende der Metallzunge bei Anziehung gegen eine Glocke stößt, und wenn man dafür sorgt, dass bei der Anziehung der Stromkreis unterbrochen wird und damit die Metallzunge wieder zurückspringt, so pendelt die Metallzunge offensichtlich immer zwischen Ruhestellung und Stoß an der Glocke hin und her. Ein Teil der Metallzunge muss also wohl ein Stück des Stromkreises bilden, so dass der Stromkreis in Ruhestellung geschlossen, bei Anziehung aber unterbrochen ist.

Aber auch Joseph Henry war zu sehr Wissenschaftler, um auf die Idee zu kommen, dass man mit einem solchen Signalgeber ein sehr nützliches Gerät herstellen könnte, um damit auch viel Geld zu verdienen. Dazu brauchte es einen Menschen von einem ganz anderen Typ, und dieser war Samuel Morse. Er war von Hause aus Portraitmaler, richtig begabt war er aber nicht für die Malerei und von der Physik verstand er auch nichts. Als er aber auf einer Schiffsreise von den Möglichkeiten der Fernübertragung von Nachrichten mithilfe der Elektrizität hörte, witterte er das große Geschäft. So kam es, dass er eines Tages bei Joseph Henry in der Tür stand, sich alles von ihm genau erklären ließ, und sich mit diesem Wissen daran machte, Geld für eine große Fernübertragungsleitung von Washington nach Baltimore ein zu werben. Dabei vergaß er nicht, sich alles patentieren zu lassen, auch einen bestimmten Code, also eine Zuordnung von Buchstaben zu bestimmten Folgen von Klicks. Auch diese Idee stammte nicht von ihm, schon mehrere Forscher hatten Codes vorgeschlagen und auch benutzt. Aber dennoch hat sich der Name Morse-Alphabet für solch einen Code durchgesetzt.

Die Entdeckung Oersteds, dass ein Strom führender Draht eine Kraft auf einen Magneten ausübt, ließ auch bald die Idee aufkommen, durch diese Kraft eine fortwährende rotierende Bewegung zu erzeugen. Schon 1821 konstruierte Michael Faraday ein Gerät, in dem ein beweglicher Stabmagnet um einen festen vom Strom durchflossenen Leiter kreisen konnte. Im Jahre 1834 entwickelte der deutsche Ingenieur Moritz Hermann von Jacobi die ersten praxistauglichen Elektromotoren. Das Grundprinzip ist auch in allen daraufhin weiter entwickelten Motoren gleich: Zwischen den Polen eines fest stehenden Permanentmagneten befindet sich eine drehbar aufgehängte Spule, die, wenn vom Strom durchflossen, zum Magneten wird und sich solange dreht, bis ihr Nordpol dem Südpol des Permanentmagneten gegenübersteht. Wenn man nun die Richtung des Stromflusses in der Spule umdrehen könnte, so würde plötzlich aus dem Nordpol der Spule ein Südpol. Da dieser vom Südpol des Permanentmagneten abgestoßen würde, müsste sich die Spule weiter drehen. Wenn man also stets zur richtigen Zeit die Richtung des Stromflusses umpolen könnte, würde man eine kontinuierliche Drehbewegung der Spule erreichen. Das war genau die Leistung von Jacobi, dass er einen solchen so genannten Stromwender, auch Kommutator genannt, erfand (Abb. 2).

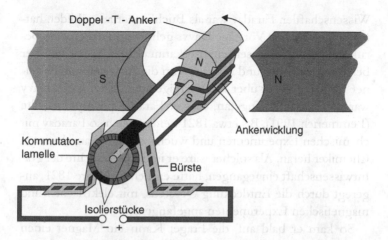

**Abb. 2** Aufbau eines Elektromotors: Permanentmagnet und drehbare Spule im Hintergrund, Stromwender (Kommutator) im Vordergrund: Dieser besteht aus zwei voneinander isolierten leitenden Zylinder-Oberflächenteilen, die jeweils mit einem Ende der Spulenwicklung verbunden sind. Bei Drehung der Achse wird so über die Kohlebürsten in den Lamellen der Strom mal in die eine Richtung, mal in die andere Richtung durch die Spule geführt. (Nach av-medien)

## Das Induktionsgesetz

Die Entdeckung Oerstedts wurde aber nicht nur weiter ausgebeutet, man warf auch grundsätzlichere Fragen auf, insbesondere diese: Wenn ein elektrischer Strom eine Wirkung auf Magneten erzeugt, müsste dann nicht auch ein Magnet einen elektrischen Strom hervorrufen können? Ampère hat sich diese Frage gestellt, und auch Michael Faraday, seit 1813 Assistent bei Humphrey Davy in London. Von Davy war schon die Rede, er hatte durch die Elektrolyse u. a. die Elemente Natrium, Kalium, Calcium und Magnesium entdeckt und war zu der Zeit ein hoch angesehener Chemiker und einflussreicher

Wissenschaftler. Faraday war als Buchbinder ausgebildet, hatte bei Gelegenheit Vorträge Davys gehört und dabei seine Berufung zur Naturwissenschaft erkannt. Eines Tages stand er bei Davy im Labor und übergab ihm die Aufzeichnungen seiner Notizen, die er über die Vorträge angefertigt hatte. Davy war von diesen so angetan, dass er Faraday prompt anstellte (Lemmerich 1991). Bis etwa 1821 befasste sich so Faraday mit chemischen Experimenten und wuchs zu einem anerkannten Chemiker heran. Als solcher wäre er in die Geschichte der Naturwissenschaft eingegangen, hätte er nicht im Jahre 1821, angeregt durch die Entdeckung Oersteds, mit elektrischen und magnetischen Experimenten angefangen.

So kam er bald auf die Frage: Kann ein Magnet einen Strom hervorrufen? Oder etwas modifiziert: Ruft ein Strom in einem Leiter einen Strom in einem benachbarten Leiter hervor? Das ist die gleiche Frage, denn ein von Strom durchflossener Leiter wirkt ja, wie man an einer Spule besonders deutlich sieht, wie ein Magnet und müsste dann wohl auch einen Strom in einem benachbarten Leiter hervorrufen. Lag es nicht nahe, dass sich benachbarte Ströme gegenseitig beeinflussen? Denn Ladungen auf einem Leiter beeinflussen Ladungen auf einem anderen Leiter. Dieser Effekt der Influenz war ja einfach eine Folge der Anziehung bzw. Abstoßung der Ladungen.

Aber Ampère wie Faraday mussten in vielen Experimenten feststellen, dass solch ein Einfluss eines Magneten auf einen Strom nicht existiert. Ampère schrieb in einem Brief 1822, dass lediglich beim Ein- und Ausschalten irgendwas passiert. Das schien ihn aber nicht weiter interessiert zu haben. Auf die Idee, dass gerade dann, beim Ein- und Ausschalten, beim An- und Abschwellen des Stromes der wesentliche Effekt auftritt, kam er nicht. So entging ihm eine große Entdeckung.

Auch bei Faraday heißt es im Laborbuch nach solchen Experimenten für eine lange Zeit immer wieder *no effect*. Aber im August 1831 wurden ihm bei einem solchen Experimente plötzlich die Augen geöffnet. Er hatte einen Eisenstab mit zwei elektrisch getrennten Leitungen umwickelt. Im Stromkreis der einen Umwicklung befand sich die Batterie, im Kreis der anderen ein Strommessgerät. Wenn er den Stromkreis mit der Batterie schloss, schlug der Zeiger des Messgerätes kurz nach rechts aus und fiel dann auf die Nulllinie zurück. Klemmte er die Batterie ab, so geschah ähnliches, der Zeiger schlug zur anderen Seite aus. Offensichtlich floss kurzzeitig ein Strom in der zweiten Schleife, wenn der Strom in der ersten Schleife an- oder abschwoll. Bei einem stationären Strom in der ersten Schleife tat sich in der zweiten Schleife hingegen gar nichts, wie schon so oft im Laborbuch notiert worden war.

Faraday hatte während der letzten zehn Jahre, in denen er mit der Elektrizität und dem Magnetismus experimentierte, eine Vorstellung entwickelt, die bewirkte, dass er diese Beobachtung ernst nahm und auch bald eine Interpretation dafür parat hatte. Als gelernter Chemiker war er mit den mathematischen Theorien der Elektrostatik und Magnetostatik nicht vertraut und er stand auch nicht so stark unter dem Eindruck des Erfolges der Newtonschen Mechanik. Diese Theorien waren ja alles Fernwirkungstheorien, die mechanischen wie die elektrischen Kräfte konnten ohne jeden Zeitverzug über die Ferne wirken. Faraday hatte sich dagegen seine eigene höchst anschauliche „Theorie" zurechtgelegt. Für ihn veränderten Ladungen und Ströme die Eigenschaften des umgebenden Raumes. In diesem sah er überall Kraftlinien, die die Richtung der wirkenden Kräfte anzeigten. Wenn auch diese Vorstellung noch sehr verschwommen war, den entscheidenden Schritt aber hatte er damit getan: Er hatte die Kraftwirkung, die von

Ladungen und Strömen ausgeht, aufgeteilt in zwei Effekte, und zwar erstens in die Änderung der Raumeigenschaften, die unabhängig davon existieren, ob sich dort irgendwo eine andere Ladung oder ein anderer Strom befinden, und zweitens in die Wirkung auf eine Ladung oder auf einen Strom in einem Raum mit solchen Eigenschaften, unabhängig davon, wie der Raum zu diesen Eigenschaften kommt. Und wie immer, wenn man lernt, etwas gedanklich zu trennen und auseinander zu halten, werden die Dinge übersichtlicher und verständlicher. So konnte Faraday bald in seiner Sprache formulieren, wann genau ein Strom durch einen anderen Strom erzeugt wird: Dann nämlich, wenn die magnetischen Kraftlinien auf- oder abgebaut werden und dabei den zweiten Leiter „schneiden".

Heute würde man das so ausdrücken: Durch das Anschalten des Stromes wird ein Magnetfeld aufgebaut. Der Witz dabei ist, dass somit ein zeitlich veränderliches Magnetfeld vorliegt, im Unterschied zur Situation, in der die Stromstärke schon ihren stationären Wert erreicht hat und sich nicht mehr ändert. Wie das Experiment zeigt, liefert nur ein zeitlich veränderliches Magnetfeld den Effekt. Und um den Zusammenhang zwischen Elektrizität und Magnetismus zu einem Zusammenhang zwischen den entsprechenden Feldern zu machen und damit auf der Ebene der Felder ein wesentliches Gesetz formulieren zu können, muss man nun annehmen, dass ein zeitlich veränderliches Magnetfeld ein elektrisches Feld erzeugt. Der Strom in zweiten Leiter ergibt sich dann einfach dadurch, dass in einem elektrischen Feld Kräfte auf die freien Ladungen im Leiter ausgeübt werden und diese dadurch zum Strömen gezwungen werden.

Diese Tatsache, dass ein zeitlich veränderliches Magnetfeld ein elektrisches Feld erzeugt, nennt man heute das elektromagnetische Induktionsgesetz. Faraday hat es entdeckt, noch mit den Vorstellungen von Kraftlinien im Kopf. Maxwell hat aus diesen Vorstellungen den Begriff des elektrischen und magnetischen Feldes entwickelt und etwa 30 Jahre später dem Gesetz die heutige, mathematische Form gegeben.

So führte das unscheinbare Zucken des Zeigers eines Strommessgerätes beim An- und Abschalten eines Stromes zu einem fundamentalen Gesetz für den Zusammenhang zwischen Elektrizität und Magnetismus. Ein solcher zeigte sich aber bald auch bei spektakuläreren Effekten, die große technische Entwicklungen nach sich zogen. Hier seien nur zwei Experimente vorgestellt, mit der man die Induktion besonders schön demonstrieren kann.

Das erste Experiment: Man baue einen Stromkreis, der nur eine Spule und ein Strommessgerät enthält. In diesem fließt also gar kein Strom, eine Batterie ist ja nicht vorhanden. Schiebt man nun einen Magnetstab in die Spule, so schlägt das Strommessgerät kurz aus, zieht man diesen wieder heraus, passiert das Gleiche, nur dass die Richtung der kurzfristigen Auslenkung entgegengesetzt ist. Mit der Vorstellung von Faradayschen Kraftlinien ist diese Induktion eines Stromes sehr einfach zu verstehen: Der Magnetstab ist von magnetischen Kraftlinien umgeben. Schiebt man ihn in die Spule oder zieht man ihn aus dieser heraus, so schneiden diese Kraftlinien den Draht der Spule und so wird ein Strom in dieser induziert.

Das zweite, noch wichtigere Experiment: Man lasse den Magneten mit seinen magnetischen Kraftlinien in Ruhe stehen, bewegt dafür eine Leiterschleife in diesem Feld von Kraftlinien, und zwar so, dass wieder Kraftlinien von dem Leiterdraht geschnitten werden. Am besten lässt man die Leiterschleife rotieren. Ein in die Leiterschleife eingebrachtes Strommessgerät wird wieder einen Strom messen, und zwar solange die Leiterschleife rotiert. Denn ständig werden ja

Kraftlinien geschnitten. Und so hat man gleich einen elektrischen Generator erfunden, eine Maschine, die eine rotierende Bewegung in elektrischen Strom umwandelt und damit das Umgekehrte leistet wie ein Elektromotor, der ja elektrischen Strom in Bewegung umwandelt. Fraglos haben beide Erfindungen, Elektrogenerator wie Elektromotor, eine bedeutende Rolle bei der Industrialisierung gespielt und das Leben der Menschen dabei stark verändert.

So waren im Jahre 1831 zwei wichtige Beziehungen zwischen Elektrizität und Magnetismus bekannt. Oersteds und Ampères Experimente zeigen: Ein Strom übt auf Magneten eine Kraft aus, eine von einem Strom durchflossene Spule wirkt wie ein Magnet. Faradays Experiment zeigt: Schneiden magnetische Kraftlinien einen Leiter, so fließt in diesem ein Strom.

Diese Aussagen klingen noch nicht sehr kohärent, in der Sprache der Feldtheorie klingt das schon übersichtlicher: Ein Strom erzeugt ein Magnetfeld, und: Ein zeitlich veränderliches Magnetfeld erzeugt ein elektrisches Feld.

Der Mann, der diese Sprache einführte und in dieser ein theoretisches Gebäude für alle elektrischen und magnetischen Phänomene aufrichtete, war James Clerk Maxwell, und dem wollen wir uns nun zuwenden.

## Die Maxwellsche Theorie des Elektromagnetismus

Die Maxwellschen Gleichungen waren ja schon im Brief vom 17.7.2007 gezeigt worden, und zwar als ein Beispiel einer physikalischen Theorie. Damals sollte man nur einen Eindruck davon bekommen, wie solch eine Theorie überhaupt aussieht und feststellen, dass eine Theorie eigentlich eine Menge von mathematischen Beziehungen zwischen physikalischen Größen ist, wobei natürlich ganz wichtig ist, welche physikalischen Größen dort überhaupt eine Rolle spielen und in Beziehung gesetzt werden.

Das war gerade eine der Leistungen von Maxwell, dass er die für die elektromagnetischen Phänomene angepassten Begriffe und physikalischen Größen gefunden hat. Er konnte mit diesen nicht nur die Entdeckungen Oersteds und Faradays kurz und präzise in mathematische Formeln fassen, er entdeckte auch bei der Konstruktion seiner Gleichungen, dass es einen weiteren Zusammenhang zwischen diesen neuen Größen geben musste, auf den man im Experiment noch gar nicht aufmerksam geworden war.

Außerhalb der Physik kennt man Maxwell ja längst nicht so gut, wie er es verdient hätte. Schließlich hat er wie Newton eine Theorie für ein großes Gebiet der Physik begründet und diese hat zu technologischen Entwicklungen geführt, die das Leben der Menschen ganz unmittelbar beeinflusst haben. Man denke nur daran, wie heute Radio, Fernsehen und das Internet unser Leben bestimmen.

Maxwell wurde im Jahre 1831 geboren, also genau in dem Jahr, in dem Faraday das Induktionsgesetz entdeckte. Somit kann man sich dieses Datum gut merken, aber nicht nur dieses, denn sein Todesjahr war 1879, das Jahr, in dem Einstein geboren ist. Er ist also nur 48 Jahre alt geworden und hat leider nicht erleben können, wie sich seine Theorie im Laufe der weiteren Entwicklung immer glänzender bewährte und welche Folgerungen sich daraus in wissenschaftlicher wie in technischer Hinsicht ergaben.

Maxwell kam aus einer wohlhabenden schottischen Familie, begann seine Studien in Edinburgh, wechselte aber bald nach Cambridge. Dort lernte er Faraday kennen und beschäftigte sich 1856, also im Alter von 25 Jahren, in seiner ersten Arbeit über den Elektromagnetismus mit den Kraftlinien Faradays. In dieser versuchte er zunächst das Induktionsgesetz mathematisch zu fassen, indem er Gleichungen für die direkt beobachtbaren Kräfte aufzustellen versuchte. Fünf Jahre später spricht er aber schon davon, dass die Kräfte durch die Elastizität eines hypothetischen Mediums erzeugt werden, und 1864 führt er in seiner Arbeit *A Dynamical Theory of the Elektromagnetic Field* schließlich das elektrische und magnetische Feld als Beschreibung der Verzerrung dieses Mediums ein.

Ladungen und Ströme verursachen also nach seiner Vorstellung eine Verzerrung des Mediums, die durch das elektrische und magnetische Feld beschrieben wird, und diese Verzerrung wiederum bewirkt die Kräfte auf andere Ladungen und Magnete. Das Medium wird so zum Vermittler der Wirkung, und die elektromagnetischen Felder beschreiben den Zustand des Mediums. Er formuliert eine Liste von Gleichungen, in denen ausgedrückt wird, wie die Felder von den sie erzeugenden Ladungen und Strömen abhängen und wie die Felder selbst untereinander verknüpft sind. Natürlich haben diese Gleichungen noch nicht die elegante Form, wie wir sie heute kennen. Diese ist erst später durch Heinrich Hertz gefunden worden, von dem im nächsten Abschnitt die Rede sein wird.

Das hypothetische Medium selbst sollte der Äther sein, ein den ganzen Raum durchsetzender feiner Stoff. Dieser Begriff hatte die Naturphilosophen seit Aristoteles begleitet, im 17. Jahrhundert diente er als Medium für die Übertragung des Lichtes und spielte eine Rolle in der Diskussion, ob ein ganz leerer Raum überhaupt existieren kann. Man hoffte, den Äther eines Tages zu entdecken, bis Albert Einstein zeigte, dass dieser Begriff völlig überflüssig ist. Die Verzerrungen des Mediums stellte sich Maxwell als lokale Verwirbelungen vor, die sich von Ort zu Ort fortpflanzen und so auch in der Ferne wirken können. Damit ist seine Theorie eine Nahwirkungstheorie im Gegensatz zu der Newtonschen Gravitationstheorie und den Theorien der Elektrostatik und Magnetostatik.

Es ist übrigens interessant, dass man oft hypothetische Gase oder Flüssigkeiten einführte, um physikalische Phänomene vorläufig zu erklären. Elektrizität verstand man als eine Wirkung der elektrischen Flüssigkeit, Magnetismus als eine der magnetischen Flüssigkeit, Wärme hielt man früher für die Folge einer Wärmeflüssigkeit in der Materie. Alle diese Flüssigkeiten sind heute verschwunden. Der Äther spielt nur noch als Metapher eine Rolle, man schickt ein Funksignal „in den Äther". Der Magnetismus ist, wie wir gesehen haben, auf die Elektrizität zurückgeführt worden und der Träger der Elektrizität ist das Elektron, das wir immerhin als Teilchen vor Augen haben, auch wenn das kein Teilchen in unserem anschaulichen Sinne ist. Und die Wärme ist, wie im nächsten Kapitel berichtet wird, nur eine Folge der Bewegung von Atomen oder Molekülen.

Wenn Maxwell auch später merkte, dass er das Medium und all seine Verzerrungen eigentlich gar nicht benötigte, führten ihn seine Überlegungen aber zu zwei ganz wesentlichen Punkten:

Zunächst sah er, dass nicht nur die zeitliche Änderung des magnetischen Feldes in den Gleichungen auftreten muss, weil diese ja in dem Induktionsgesetz eine Rolle spielt, sondern auch die zeitliche Änderung des elektrischen Feldes. Elektrisches Feld und magnetisches Feld treten in der Natur offensichtlich in ähnlicher Weise auf.

Ein zweiter, damit zusammenhängender und sehr wichtiger Aspekt seines Modells war, dass es die Möglichkeit von Schwingungen in dem Medium voraussagte. Die Geschwindigkeit, mit der sich diese fortpflanzen würden, musste sich ja irgendwie aus den Konstanten, die in den Maxwell-Gleichungen vorkommen, zusammensetzen. In Göttingen hatten Wilhelm Weber und Carl Friedrich Gauß eine Kombination aus solchen Konstanten, die die physikalische Dimension einer Geschwindigkeit hat, gemessen und festgestellt, dass ihr zahlenmäßiger Wert genau mit der Lichtgeschwindigkeit, die damals schon gut in optischen Experimenten bestimmbar war, übereinstimmt. So folgerte Maxwell, was schon Faraday vermutet hatte: Licht besteht aus Wellenbewegungen desselben Mediums, welches auch die Ursache von elektrischen und magnetischen Erscheinungen ist. Im nächsten Abschnitt wird berichtet, wie Heinrich Hertz im Jahre 1886 tatsächlich elektromagnetische Wellen, also die Schwingungen des Feldes bzw. des Mediums erzeugen und empfangen konnte und somit experimentell bestätigen konnte, dass – wie er sich ausdrückte – „Licht und elektromagnetische Wellen von gleicher Wesensart sind".

So muss man es als einen Glücksfall betrachten, dass ein so genialer Experimentator wie Faraday einen ebenso genialen Theoretiker wie Maxwell fand, der seine Ideen aufgriff, weiter entwickelte und in die mathematische Sprache übersetzte. Ungeachtet des großen Altersunterschieds von 40 Jahren wurden beide enge Freunde und sie schätzten einander sehr. Dabei waren sie sehr unterschiedlich, Faraday hatte stets Schwierigkeiten mit der Mathematik, war aber mit einer ungeheuren Vorstellungskraft begabt. Maxwell dagegen war mathematisch seiner Zeit voraus, erkannte den wahren Kern in den Vorstellungen Faradays und konnte diesen in klare Begriffe und

Formeln gießen. Seine Theorie wurde allerdings von den Physikern nur zögerlich aufgenommen, der Umgang mit Vektorfeldern und ihren zeitlichen wie räumlichen Änderungen war zu ungewohnt und die Notation noch zu umständlich.

Während so in England die elektromagnetische Theorie der Zukunft allmählich Gestalt annahm, wurde auf dem Festland von Wilhelm Eduard Weber in Göttingen eine andere Theorie propagiert.

Weber war eben schon einmal wegen seines Experimentes mit Carl Friedrich Gauß erwähnt worden. Gauß hat ihn 1831 nach Göttingen geholt und die Zusammenarbeit mit ihm erwies sich als sehr fruchtbar. Weber gehörte bald zu den „Göttinger Sieben", zu der Gruppe von Professoren, die 1837 gegen die Aufhebung der Verfassung im Königreich Hannover protestierten. Er verlor wie die anderen deswegen seine Professur, wurde aber nicht des Landes verwiesen, lebte einige Zeit als Privatgelehrter in Göttingen, bis er 1843 eine Professur in Leipzig bekam. Nach der Revolution von 1848 konnte er wieder an die Göttinger Universität zurückkehren.

Webers Theorie war eine Fortschreibung des Coulombschen Gesetzes, das die Anziehung bzw. Abstoßung zwischen zwei Ladungen beschrieb und in seiner Form dem Newtonschen Gravitationsgesetz ähnelte. Weber hatte dieses Gesetz noch erweitert, indem er Terme hinzufügte, die die Geschwindigkeit und sogar die Beschleunigung der Ladungen enthielten. Das war also eine Theorie ganz im Sinne der Newtonschen Mechanik und wie diese eine Fernwirkungstheorie. Die Vorstellung, dass alle physikalischen Phänomene irgendwie mechanischer Art sind, war noch so vorherrschend, so dass diese Webersche Theorie viele Anhänger fand. Sie konnte ja auch viele Effekte gut erklären, und man ging sogar so weit, nun umgekehrt auch für das Gravitationsgesetz eine analoge

Erweiterung durch Terme mit Geschwindigkeiten und Beschleunigungen vorzuschlagen, damit die Ähnlichkeit der Kraftgesetze der Mechanik und der Elektrodynamik wiederhergestellt sei.

So gab es eine Zeit lang nach den Veröffentlichungen Maxwells, insbesondere nach seinem Lehrbuch *A Treatise on Electricity and Magnetism* aus dem Jahre 1873, zwei konkurrierende Theorien des Elektromagnetismus. Die Sympathien galten auf dem Festland der Weberschen Theorie, man befand sich damit in gewohnten Bahnen. Die Maxwellsche Theorie war beeindruckend und revolutionär, aber noch nicht so ausgearbeitet und wegen ihrer mathematischen Schwierigkeit gefürchtet. Die Entscheidung brachte, wie wir noch sehen werden, Heinrich Hertz. Er entdeckte die elektromagnetischen Wellen, die es in der Weberschen Theorie nicht geben konnte, von Maxwell aber schon aufgrund seiner Theorie vorhergesagt worden waren. Heinrich Hertz verhalf damit der Maxwellschen Theorie zur allgemeinen Anerkennung. Weber ist so heute nicht wegen seiner Theorie des Elektromagnetismus bekannt, sondern wegen anderer Verdienste, vor allem wegen seiner Untersuchungen zu elektrodynamischen Messverfahren.

Mit den Maxwellschen Gleichungen war somit eine zweite große physikalische Theorie entstanden. Diese war von einem ganz anderen Typ wie die Newtonsche Mechanik, sie war eine Feldtheorie und sollte, wie schon im ersten Brief erklärt, Vorbild für alle weiteren großen Theorien werden.

Man unterscheidet heute zwischen den Maxwell-Gleichungen im Vakuum und denen in Materie. Die Gleichungen, von denen bisher gesprochen wurde, sind diejenigen, die im Vakuum gelten, wenn also nur Ladungen und Ströme gegeben sind. Sie entsprechen sozusagen der reinen Lehre und diese

Gleichungen meint man auch immer, wenn man einfach nur von den Maxwellschen Gleichungen spricht.

Wenn man die elektrischen und magnetischen Eigenschaften von Materie beschreiben will, muss man aber aus diesen „reinen" Maxwell-Gleichungen entsprechende Gleichungen ableiten, die beschreiben, wie die Felder durch die Materie verändert werden und wie die Materie auf die Felder reagiert. In einem Stück Materie sind ja sehr viele Ladungen und Ströme vorhanden, die man alle nicht explizit vorgeben kann und jede Ladung z. B. reagiert auch wiederum auf die Felder der anderen Ladungen. Bei einem Atom mit seinem positiv geladenen Kern und seinen negativ geladenen Elektronen werden z. B. Kern und Elektronen durch ein elektrisches Feld in entgegengesetzte Richtung gezogen. Eine solche Auseinanderziehung von positiven und negativen Ladungen nennt man Polarisation, und jedes Material reagiert entsprechend seinem Aufbau mit einer bestimmten Polarisation auf ein äußeres Feld. Mit der Polarisation kommt also eine neue Größe ins Spiel und damit auch eine Materialabhängigkeit. Entsprechend wirkt sich ein Magnetfeld aus, wodurch sich eine „Magnetisierung" als weitere Größe ergibt. Die Maxwell-Gleichungen in Materie enthalten so zwei zusätzliche Gleichungen, die ausdrücken, wie in dem Material Polarisation und Magnetisierung vom elektrischen bzw. magnetischen Feld abhängen. Das wird dann schon etwas kompliziert und muss hier nicht weiter diskutiert werden. Es ist immer so: Das Grundsätzliche ist einfach, die Schwierigkeiten stecken im Detail. Bleiben wir bei dem Grundsätzlichen.

Maxwell hat übrigens auch auf dem Gebiet der Wärmelehre Großes geleistet, und man kann ihn auch als einen Begründer der Statistischen Mechanik bezeichnen. Aber darüber später, erst soll noch über die Erfindungen von Telegrafie, Telefonie, elektrischer Beleuchtung, Radio usw. berichtet werden und zunächst einmal im nächsten Abschnitt über die Entdeckung der von Maxwell vorhergesagten elektromagnetischen Wellen. Das ist ein ganz besonders bewegendes Kapitel der Physikgeschichte.

## Die Entdeckung der elektromagnetischen Wellen

Die Maxwellschen Gleichungen stellen eine Theorie dar, die der Newtonschen Theorie in nichts nachsteht, weder in Bezug auf die Weite des Gültigkeitsbereiches noch hinsichtlich der Bedeutung für die weitere Geschichte der Menschheit. In dem ersten Brief war ja schon davon berichtet worden, dass man heute von verschiedenen fundamentalen Kräften oder Wechselwirkungen sprechen kann und dass man diese alle in einer einheitlichen „Theorie für Alles" beschreiben möchte. Zwei dieser fundamentalen Kräfte sind die Schwerkraft und die elektromagnetischen Kräfte, eben diejenigen, die die Menschen als erste entdeckten, und so, wie man mit Newton die Schwerkraft im Rahmen einer mathematisch formulierten Theorie versteht, kann man mit Maxwell die elektrodynamischen Effekte verstehen und berechnen.

Die Gültigkeit und die Vorhersagekraft der Maxwellschen Theorie konnte zunächst nicht voll erkannt werden, und in diesem Zusammenhang war die Webersche Theorie der Elektrodynamik erwähnt worden, die wegen ihrer Ähnlichkeit zur Newtonschen Theorie insbesondere auf dem Kontinent besonders geschätzt war. Es gab noch weitere konkurrierende Ansätze für eine Theorie des Elektromagnetismus und man suchte intensiv nach Einsichten oder Experimenten, die eine

Entscheidung darüber herbeiführen konnten, welches die bessere Theorie ist.

In dieser Zeit begann Heinrich Hertz sein Studium der Physik. Er war 1857 in Hamburg geboren und zeigte schon in jungen Jahren eine große Begabung in verschiedensten praktischen wie theoretischen Bereichen (Fölsing 1997). Er wollte zunächst Bauingenieur werden, entdeckte aber nach einem kurzen Schnupperstudium seine Liebe zur Wissenschaft und begann ein Physikstudium in München. Er wechselte bald nach Berlin, wo der berühmte Physiologe und Physiker Hermann von Helmholtz seit 1871 eine Professur für Physik innehatte und ein großes Institut in einem eigens zu seiner Berufung errichteten Gebäudekomplex führte (Rechenberg 1994). Es konnte nicht ausbleiben, dass Helmholtz auf Hertz aufmerksam wurde, und so lernte Hertz bald die damals aktuellen Fragen nach der „richtigen" Theorie für den Elektromagnetismus kennen. Nach der Promotion mit 23 Jahren, wozu es wegen seines jungen Alters einer Sondergenehmigung bedurfte, wurde er Assistent von Helmholtz, und schon drei Jahre später, im Jahre 1883, wurde er Privatdozent an der Universität in Kiel. Diese Stelle nahm er ohne großen Enthusiasmus an, sie war für einen Experimentalphysiker gar nicht ausgestattet und nach Berlin war Kiel natürlich tiefste Provinz.

Aber genau diese Umstände sollten sich als Vorteil herausstellen, hier hatte er Zeit und Ruhe zur theoretischen Arbeit, es entstanden zwei große Veröffentlichungen. Neben dem Vorlesungsskript *Die Constitution der Materie*, über das es sich lohnen würde, gesondert zu sprechen, ist hier sein Werk *Über die Beziehung zwischen den Maxwellschen elektrodynamischen Grundgleichungen und den Grundgleichungen der gegnerischen Elektrodynamik* von Interesse. In dieser Arbeit kann er die Maxwellschen Gleichungen noch einmal ableiten, und zwar ausgehend von dem

Prinzip, dass es nur jeweils eine Art von elektrischen bzw. magnetischen Kräften gibt, diese also in allen bisher bekannten Phänomenen stets gleichen Gesetzen gehorchen. Er entdeckt auch, dass dann die „gegnerischen" Theorien unvollständig sind. So gelangte er zur Überzeugung, dass die Maxwellsche Theorie die bessere ist, und vielleicht ist dabei in ihm der Plan gereift, das entscheidende Argument für die Maxwellsche und gegen die Webersche Theorie zu liefern, nämlich die elektromagnetischen Wellen zu entdecken. Nach der Maxwellschen Theorie musste es sie geben, denn wenn das Feld die Verzerrung des Mediums Äther beschreibt, dann sollte es auch Wellen in diesem Medium geben. Und das stärkste Argument war: Aus den Maxwellschen Gleichungen konnte man sogar explizit die Gleichungen für solche Wellen ableiten und damit gibt es Lösungen der Maxwellschen Gleichungen, die Wellen beschreiben. Wenn andererseits wie in der Weberschen Theorie die Kräfte wie die Gravitation über die Ferne wirken können und das Medium gar nicht beteiligt ist, gibt es keinen Anlass für Wellen in dem Medium.

Im Jahre 1885 wurde Hertz zum ordentlichen Professur an der Hochschule Karlsruhe ernannt. Diese war gerade von einer Polytechnischen Schule zu einer Technischen Hochschule hoch gestuft worden, hatte aber noch nicht alle Rechte einer Universität. Hier erhielt er nun ein gut ausgestattetes Labor und er begann unverzüglich zu experimentieren, seine „Aufmerksamkeit war dabei geschärft für alles, was mit elektrischen Schwingungen zusammenhing". Am 13. November 1886 findet er die Übertragung von Wellen über einen Abstand von 1,5 m von einem primären auf einen sekundären „Stromkreis". Der primäre Stromkreis, der Sender also, war eine Art Funkeninduktor, ein Gerät, das wie eine Klingel funktionierte, nur dass beim Anschlagen des Klöppels nicht eine Glocke zum Klingen gebracht wurde, sondern kurzzeitig ein Stromkreis geschlossen wurde, wodurch ein Kondensator so stark aufgeladen werden konnte, dass er sich durch Funkenübersprung gleich wieder entlud. Solche Funkeninduktoren, die von dem Mechaniker Heinrich Daniel Rühmkorf entwickelt worden waren, gehörten zur Standardausrüstung eines physikalischen Labors und sind heute noch beliebte Sammelobjekte. So ist es auch zu den Begriffen „Rundfunk" und „funken" gekommen, und dass Geräte, die Funken erzeugen, wirklich auch elektromagnetische Wellen aussenden, kann jeder leicht selbst bestätigen. Ein Nachbar braucht nur ein nicht funkentstörtes Gerät im Haus oder Garten zu benutzen, schon hört man ein Knattern im Radio oder sieht Streifen auf dem Fernsehschirm. Heinrich Hertz hatte noch kein Radio, das wurde ja erst als Folge seiner Entdeckung entwickelt. Er musste diese Hypothese, dass er mit dem Funkeninduktor Wellen produzierte, prüfen, in dem er diese Wellen auch nachwies.

Hier muss ich eine wichtige Überlegung einflechten: Die Frequenz der Wellen musste so groß sein, dass Hertz auch die Chance hatte, mit seinen Mitteln die Wellen nachweisen zu können. Da das Produkt aus Frequenz und Wellenlänge gerade die Fortpflanzungsgeschwindigkeit der Welle ergibt, ist die Wellenlänge umso kleiner, je größer die Frequenz ist. Die Wellenlänge einer Welle bestimmt nun die Ausdehnung der Antenne, mit der eine solche Welle am besten nachgewiesen werden kann, und eine solche konnte ja wohl aus praktischen Gründen höchstens einige Meter lang sein.

Nun muss man ein wenig rechnen: Sollte in einer Antenne von z. B. drei Metern Länge die Grundschwingung einer Welle Platz haben, musste die Wellenlänge, d. h. der doppelte Abstand von Wellenbauch zu Wellenbauch, auch in dieser

Größenordnung liegen. Wenn man in Rechnung stellt, dass die Fortpflanzungsgeschwindigkeit der Welle gleich der Lichtgeschwindigkeit von 300 000 km/s bzw. 300 Millionen Metern pro Sekunde ist, musste Hertz also Wellen mit Frequenzen von etwa 100 Millionen Schwingungen pro Sekunde erzeugen, um sie in seinem Labor auch nachweisen zu können. Er hat sicher nicht geahnt, dass die Frequenzeinheit später nach ihm benannt werden sollte und wir heute eine Schwingung pro Sekunde ein Hertz, abgekürzt Hz, nennen. 100 Millionen Schwingungen pro Sekunde entsprechen so 100 MHz.

Die Hypothese, dass bei Entladungen eines Kondensators elektromagnetische Wellen entstehen, war nicht weit hergeholt. Schon Helmholtz hatte bemerkt, dass die Entladung z. B. bei einem Funkeninduktor nicht als eine einfache Bewegung der Elektrizität in eine Richtung zu sehen ist, sondern als ein Hin- und Herschwanken. Mithilfe einer raffinierten Technik mit sich schnell drehenden Spiegeln konnte man den Entladungsfunken optisch auseinander ziehen, und in Fotografien solch lang gezogener Funken konnte man gut Verdickungen und Verdünnungen erkennen, die von Schwingungen der Ladungen in der Funkenstrecke des Funkeninduktors herrühren mussten. Diese Schwingungen mussten wohl, wie es die Maxwell-Gleichungen auch vorhersagen, entsprechend schwingende elektrische und magnetische Felder hervorrufen. Die Schwingungsfrequenz, die man aus solchen Beobachtungen und aus dem Aufbau des Funkeninduktors abschätzen konnte, reichte aber höchstens gerade an ein Mhz heran, man hätte also eine Antenne von 300 Meter benötigt, um diese elektromagnetischen Wellen wieder auffangen zu können. Zudem war ja auch nicht klar, ob die Intensität der Wellen für einen Nachweis ausreichen würde.

Heinrich Hertz musste also den Funkeninduktor so um-
bauen, dass bei den Funkenübersprüngen Wellen von mindes-
tens 100 MHz erzeugt wurden. Das gelang ihm in mühevoller
Kleinarbeit, und am 13. November 1886 sah er sich am Ziel.
Er sah kleine Funken zwischen den Enden seiner etwa 3 Meter langen Empfangsantenne, die er zu einem nicht ganz geschlossenen Kreis zusammen gebogen hatte und etwa 1,5 m
vom Funkeninduktor entfernt aufgestellt hatte. Nach diesem
Durchbruch ging das Weitere recht schnell. Er konnte in dem
die Wellen abstrahlenden Teil des umgebauten Funkeninduktors, der zu einer Art Antenne ausgewachsen war und den
man heute „Hertzscher Dipol" nennt, Schwingungsknoten
und -bäuche feststellen, und dieses auch genau in Übereinstimmung mit der Maxwellschen Theorie. Und schließlich
konnte er in vielen Experimenten nachweisen, dass sich die
elektromagnetischen Wellen wie Lichtwellen verhalten. Alle
Effekte, die man beim Licht kennt, wie z. B. die Reflexion,
konnte er auch bei elektromagnetischen Wellen beobachten.

Hier sollte man schon auf etwas hinweisen, das in den späteren Diskussionen noch oft zur Sprache kommen wird. Das
Hin- und Herschwingen der Ladungen in dem Hertzschen Dipol ist letztlich die Ursache für die Abstrahlung der elektromagnetischen Wellen, denn bei diesem Hin- und Herschwingen
werden die Ladungen beschleunigt und die Beschleunigung
von Ladungen führt, wie man aus den Maxwell-Gleichungen
auch ableiten kann, immer zur Entstehung elektromagnetischer Strahlung. Das sollte man stets im Kopf behalten, denn
da Ladungen sich immer bewegen und das meistens auch
beschleunigt, sendet alles, was Ladungen enthält, also jedes
Stück Materie, elektromagnetische Strahlung aus. Im Kapitel
über Wärmestrahlen (S. 275ff.) wird das weiter ausgeführt.

Die Resonanz der Hertzschen Entdeckung in der Fachwelt war überwältigend. Preise und Medaillen der europäischen wissenschaftlichen Gesellschaften und auch Rufe an andere Universitäten blieben nicht aus. Im Jahre 1889 nahm Hertz einen der Rufe an, und zwar nach Bonn, als Nachfolger von Rudolf Clausius, der uns später auch noch begegnen wird. Hier konnte er aber nicht lange wirken, im Sommer 1892 begann sich mit Schnupfen eine Krankheit anzumelden, die ihn nicht wieder loslassen sollte. Wir würden heute von einer chronischen, mit Streptokokken überinfizierten Sinusitis sprechen. Vermutlich litt Hertz, wie damals viele Experimentalphysiker wegen des häufigen Umgangs mit Quecksilber in den Labors, unter einer chronischen Läsion der Schleimhäute und der Aufenthalt in dem stets feuchten Bonner Labor tat das Übrige. Die Ärzte, die Kollegen aus der Universität, waren machtlos und ratlos. Man versuchte alle mögliche Therapien, Operationen wie Bohrungen in den Kiefer und Aufmeißelungen, um Eiterherde zu entfernen – anderthalb Jahre währte dieser Leidensweg, nur von kurzen Perioden der Hoffnung unterbrochen. Im November 1893 waren schon ganze Körperpartien gelähmt, vor einer Operation im Dezember, die die letzte sein sollte, schrieb er seinen Eltern: „Wenn mir wirklich etwas geschieht, so sollt ihr nicht trauern, sondern sollt ein wenig stolz sein, dass ich dann zu den wenigen gehöre, die nur kurz leben, aber genug leben." Am 1. Januar 1894 starb er, im Alter von 36 Jahren. Heute hätte man mit einem entsprechenden Antibiotikum diese Krankheit schnell heilen können.

So konnte Heinrich Hertz die Folgen seiner Entdeckung in wissenschaftlicher wie in technischer Hinsicht nicht mehr erleben. Er selbst hat wohl auch nicht geahnt, welche Möglichkeiten der Kommunikation sich mit seiner Entdeckung ergaben. Diese wurden danach aber schnell von anderen gesehen, von dem Russen Popow, der 1896 die erste Funkverbindung zwischen zwei Gebäuden herstellte, und dem Italiener Marconi, der 1899 eine Funkverbindung über den Ärmelkanal und 1901 über den Atlantik zu Wege brachte. Im Jahre 1898 entwickelte Ferdinand Braun, der Vorgänger von Hertz auf dem Karlsruher Lehrstuhl, einen für damalige Verhältnisse sehr starken und stabilen Sender. Im Jahre 1915, als die Hertzschen Wellen schon Radiowellen hießen, schrieb ein Amerikaner namens Sarnoff an den Vizepräsidenten der American Marconi Company: „Ich denke, man könnte Radiowellen für ein Haushaltsgerät ähnlich einem Klavier verwenden". Diese Idee wurde zunächst ignoriert, der Durchbruch kam aber 1921, als Sarnoff eine Funkübertragung eines Boxkampfes im Schwergewicht organisieren konnte. So entstand eine Funkindustrie, die Sarnoff an der Spitze verschiedener Firmen auch mitgestalten konnte. Im Jahre 1930 eröffnete Albert Einstein die 7. Deutsche Funkausstellung und Phonoschau in Berlin mit einer Rede, in der er die Zuhörer mit „Verehrte An- und Abwesende" begrüßte. Was für uns heute wie ein Witz klingt, war damals Tribut an die neue Situation, ein unsichtbares Publikum war noch nichts Selbstverständliches.

Aber zurück zu Heinrich Hertz. Die Frage nach der „richtigen" Theorie war entschieden, Hertz hatte der Maxwellschen Theorie zum Durchbruch verholfen. Das mathematische Rüstzeug für den Umgang mit den Gleichungen wurde auch bald weiter entwickelt und verbreitet, die anderen Theorien gerieten in Vergessenheit. Licht und elektromagnetische Wellen waren als „wesensgleich" erkannt worden.

Aber welche Theorien gab es denn überhaupt über das Licht? Wie sind diese entstanden und welche Forscher waren daran beteiligt? Das wurde bisher nicht diskutiert, es soll im nächsten Abschnitt nachgeholt werden.

# Theorien über das Licht

Heinrich Hertz hatte der Maxwellschen Theorie zum Durchbruch verholfen hat und dabei erkannt, dass auch das Licht als elektromagnetische Welle aufgefasst werden muss. Von anderen elektromagnetischen Wellen unterscheidet es sich nur durch die Wellenlänge. Diese liegt bei Lichtwellen in einem Bereich von 0,4–0,7 Mikrometer. Ein ganzes Gebiet der Physik, „die Optik", von der bisher gar nicht die Rede war, wurde damit zu einem Teilgebiet der Elektrodynamik. So führte ein tieferes Verständnis wieder zu einer Vereinheitlichung zweier Vorstellungswelten, und der Gültigkeitsbereich der Maxwellschen Elektrodynamik, d. h. die Menge der Phänomene, die diese Theorie erklären und berechnen kann, vergrößerte sich schlagartig.

Aber woher wusste man damals eigentlich, dass Licht auch als eine Welle zu verstehen ist? Wie kam es dazu? Das hatte sich auch erst langsam herauskristallisiert. Lange Zeit war man der Überzeugung, dass Licht ein Strom von kleinen Partikeln ist, die von den Objekten, die man sieht, ausströmen und unser Auge treffen. Eine solche Emissionstheorie hatte Newton vertreten und seine Autorität war so groß, dass ein Jahrhundert nicht daran gezweifelt wurde. Aber fangen wir mit der Geschichte von vorne an.

Das Licht hat die Menschen ja schon immer fasziniert, die Sonne, die Spenderin des Lichtes, wurde bei den Ägyptern sogar als Gott verehrt. Die einfachsten Phänomene, die man wohl schon immer beobachtete, waren die Geradlinigkeit der Ausbreitung des Lichtes, die sich im Schattenwurf zeigt, und die Gleichheit von Einfalls- und Ausfallswinkel bei der Reflexion des Lichtes. Diese waren allgemein bekannt, als man zu Beginn des 17. Jahrhunderts begann, sich ernsthafter mit dem Eigenschaften des Lichtes auseinanderzusetzen. Angeregt wurden solche Studien vermutlich durch die Erfindung des Mikroskops und des Teleskops um 1600 und Galilei, Kepler, Snellius und Descartes fragten schon vor Newton danach, was das Licht eigentlich sei und wie seine Eigenschaften zu erklären seien.

Für Newton waren die „Farberscheinungen" eines seiner drei großen Themen während der Jahre 1665–1666. In diesen seinen so genannten Wunderjahren war er noch Student in Cambridge, lebte aber auf dem Gutshof seiner Mutter, da in Cambridge die Pest ausgebrochen war. Die Studenten waren deshalb angewiesen worden, aufs Land zu ziehen, um so der Ansteckung zu entgehen. Er hatte damals schon die großen Gelehrten seiner Zeit entdeckt, hatte Descartes, Euklid, Kepler, Galilei, Gassendi gelesen und ein Notizbuch angelegt, in dem er unter *Quaestiones* Fragen und Bemerkungen notiert hatte, die ihm bei der selbstständigen Lektüre aufgefallen waren. In dieser Zeit, vom Sommer 1665 bis Ende April 1667 entdeckte er drei Interessengebiete, die er mit völliger Hingabe studierte und auf denen er bahnbrechende Erkenntnisse erzielte.

Neben der Entdeckung des Gravitationsgesetzes und der Erfindung der Differenzial- und Integralrechnung, von der ja schon jeweils berichtet wurde, war die „Farbentheorie" das dritte Interessengebiet gewesen. Er hatte dazu eigene Experimente gemacht und dafür sein Studierzimmer als Labor genutzt. Er kommt durch eine genaue Analyse seiner Beobachtungen zu dem Schluss: Das Licht der Sonne besteht aus Strahlen verschiedener Brechbarkeit, und er sichert diese Erkenntnis noch durch verschiedene andere Experimente ab.

Newton spricht zwar von der „Farbentheorie" und auch immer von den Farben der Strahlen. Doch wusste er schon zu unterscheiden zwischen den Strahlen selbst und unserer sinnlichen Wahrnehmung dieser Strahlen. Er schreibt: „Die

Strahlen sind, genau genommen, nicht farbig. Sie sind nichts anderes als eine gewisse Kraft bzw. Möglichkeit, die Empfindung dieser oder jener Farbe anzufachen."

Die Auffächerung des Lichtes in verschieden farbig erscheinende Strahlen durch Brechung löste ein Problem, das man immer noch bei der Erklärung des Regenbogens hatte. Es war bekannt, dass der Regenbogen etwas mit der Brechung und Reflexion des Lichts an den in der Luft schwebenden Regentropfen zu tun haben musste: Ein Lichtstrahl wird an der Oberfläche eines Wassertropfens gebrochen, kann, nachdem er ins Innere gedrungen ist, an der inneren Fläche reflektiert werden und unter nochmaliger Brechung aus dem Wassertropfen wieder heraustreten. Das geschieht bei allen Wassertropfen in der Luft, aber für einen bestimmten Beobachter sind es nur die Wassertropfen an ganz bestimmten Orten, bei denen ein in den Tropfen parallel einfallendes Lichtbündel auch als paralleles Lichtbündel wieder austritt und somit auch genügend stark ist, um wahrgenommen werden zu können. Wenn man die Sonne im Rücken hat, kann man in Richtung solcher Wassertropfen sehen, wenn die von der Sonne herkommenden Lichtstrahlen mit den wieder austretenden und ins Auge gelangenden Strahlen einen ganz bestimmten Winkel bilden. Die Orte dieser Wassertropfen scheinen dem Betrachter einen Bogen am Himmel zu bilden.

Descartes hatte diesen Zusammenhang zwischen den einfallenden und wahrnehmbaren Strahlen entdeckt, das Zustandekommen der Farben wurde aber dadurch noch nicht erklärt. Das kann man erst verstehen, wenn man weiß, dass das Licht aus Strahlen unterschiedlicher Brechbarkeit besteht und dass diese jeweils verschiedene Farbempfindungen in unserem Auge auslösen. Der ganz bestimmte Winkel zwischen dem einfallenden Sonnenstrahlen und dem austretenden Lichtbündel ist bei rotem Licht größer als bei blauem Licht. Im Regenbogen schweben also die Wassertropfen, aus denen das rote Licht ins Auge gelangt, in größerer Höhe als solche Tropfen, aus denen das blaue Licht zu uns kommt. Um das rote Licht zu sehen, muss man also in einem etwas steileren Winkel als bei blauem Licht in dem Himmel schauen (Abb. 3).

Wenn man genau hinschaut, sieht man oberhalb des Regenbogens manchmal einen zweiten Regenbogen, bei dem die Far-

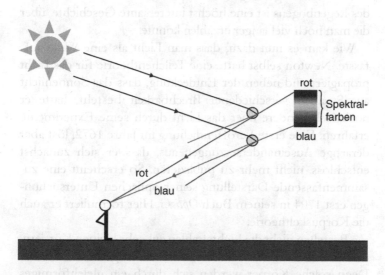

**Abb. 3** Wenn man die Sonne im Rücken hat, gelangt durch Brechung und Reflexion in Wassertropfen genügend Licht in unser Auge, wenn die von der Sonne herkommenden Lichtstrahlen mit den wieder austretenden und ins Auge gelangenden Strahlen einen ganz bestimmten Winkel bilden. Dieser Winkel ist bei rotem Licht größer als bei blauem Licht. Deshalb müssen die Wassertropfen, aus denen das rote Licht in unser Auge gelangen kann, in größerer Höhe schweben.

ben umgekehrt angeordnet sind. Der untere Bogen ist nun rot, der obere blau. Lichtstrahlen können nämlich auch zweimal an der Innenfläche des Wassertropfens reflektiert werden, und man kann zeigen, dass dann die Wassertropfen, aus denen das rote Licht in unser Auge gelangt, in niedrigerer Höhe schweben als solche Tropfen, aus denen das blaue Licht zu uns kommt. Weiterhin gibt es auch noch Regenbogen dritter und höherer Ordnung, die aber schon so lichtschwach sind, dass man sie nicht mehr mit bloßem Auge sehen kann. Und es gibt noch weitere mit dem Regenbogen verknüpfte Phänomene; die Theorie des Regenbogens ist eine höchst interessante Geschichte, über die man noch viel länger erzählen könnte.

Wie kam es nun dazu, dass man Licht als eine Welle auffasste. Newton selbst hatte eine Teilchentheorie für das Licht propagiert und neben der Entdeckung, dass das Sonnenlicht aus Strahlen verschiedener Brechbarkeit besteht, hatte er noch vieles andere über das Licht durch seine Experimente erfahren. Eine erste Veröffentlichung im Jahre 1672, löst aber derartige Auseinandersetzungen aus, dass er sich zunächst entschloss, nicht mehr zu publizieren. So erscheint eine zusammenfassende Darstellung seiner optischen Untersuchungen erst 1704 in seinem Buch *Opticks*. Hier formuliert er auch die Korpuskeltheorie:

„Bestehen nicht die Lichtstrahlen aus sehr kleinen Körpern, die von den leuchtenden Substanzen ausgesandt werden? Denn solche Körper werden sich durch ein gleichförmiges Medium in geraden Linien fortbewegen, ohne in den Schatten aus zu biegen, wie es eben die Natur der Lichtstrahlen ist."

Es gab aber zu Zeiten Newtons auch bedeutende Forscher, die die Wellennatur des Lichtes vertraten, der acht Jahre ältere Robert Hooke und der 14 Jahre ältere Christiaan Huygens. Das Licht bestand für sie aus Schwingungen, die sich kugelförmig in einem Medium ausbreiteten.

So existierten also zu Zeiten Newtons zwei konkurrierende Ansichten über die Natur des Lichtes, die Teilchentheorie von Newton und die Wellentheorie von Huygens und Hooke. Aber obwohl beide Theorien die damals bekannten Phänomene erklären konnten, kamen die Vertreter der Wellentheorie nicht gegen die Autorität Newtons an, seine Teilchentheorie beherrschte in den folgenden 100 Jahren die Vorstellungen der Physiker.

Das sollte sich ändern, als das Thema um 1800 erneut aufgegriffen wurde. Den Anfang machte ein junger englischer Augenarzt Thomas Young, der schon als Kind durch eine vielseitige Begabung aufgefallen war. Mit 20 Jahren hatte er begonnen, sich mit dem Sehen und dem Licht zu beschäftigen, und im Jahre 1801 wurde er im Alter von 28 Jahren zum Professor für Physik an der Royal Institution in London ernannt. Im Mai des Jahres machte er auf ein Verhalten aufmerksam, das für Wellen besonders charakteristisch ist. Er stellte sich zwei Gruppen von Wasserwellen vor, die gleichzeitig am Seeufer in einen Kanal dringen. Er schreibt:

„Es wird dann keiner der beiden Wellenzüge den anderen vernichten, vielmehr wird ihre Wirkung vereint zur Geltung kommen: Fallen die Wellenberge des einen Zuges mit denen des anderen zusammen, so ergibt sich ein Wellenzug mit höheren Bergen; wenn hingegen die Wellenberge des einen Zuges auf die Wellentäler des anderen zu liegen kommen, so füllen sie diese letzteren genau auf und die Oberfläche des Wassers bleibt glatt. Und ein wenig später fährt er fort: „Nun behaupte ich, dass es zu ebensolchen Effekten kommt, wenn auf dieselbe Art zwei Wellenzüge des Lichtes vermischt werden, und ich will dies das allgemeine Gesetz der Interferenz des Lichtes nennen."

So wird das Phänomen der Interferenz zum Richter über das Wesen des Lichtes. In der Tat hat Young dann die Interferenz des Lichtes in einem Experiment zeigen und dabei sogar die Wellenlänge bestimmen können. Er erhielt 0,7 Mikrometer für rotes Licht und 0,4 Mikrometer für violettes Licht. Er hatte also nicht nur überzeugende Argumente für die Wellennatur des Lichtes gegeben, er konnte auch noch gleich quantitative Folgerungen aus seinem Ansatz ziehen.

Neben der Interferenz gibt es noch ein anderes Phänomen, das charakteristisch für Wellen ist, die so genannte Beugung. Auch diese kennt man von Wasserwellen.

Tritt eine Wasserwelle durch eine Öffnung einer Wand, so teilt sich die Wellenbewegung nicht nur dem Raum direkt hinter der Öffnung mit, sondern verbreitet sich auch ein wenig darüber hinaus. Ebenso gelangt Licht auch in den Raum, der durch geradlinige Strahlen von der Lichtquelle aus nicht erreichbar ist. Solche Beugungsphänomene werden umso deutlicher, je kleiner die Öffnung ist, durch die das Licht hindurch gehen soll.

Diese beiden Phänomene, Interferenz und Beugung, treten immer zusammen auf. Die Wellenzüge, die in der Öffnung entstehen und sich nach allen Seiten ausbreiten, überlagern sich und interferieren, d. h. an bestimmten Beobachtungspunkten kann Dunkelheit, an anderen Helligkeit herrschen. Hinter einer kleinen Öffnung sieht man so auf einem Beobachtungsschirm eine Folge von hellen und dunklen Streifen, das so genannte Beugungs- oder Interferenzmuster (Abb. 4). Wäre Licht ein Strom von Teilchen, wie es Newton behauptete, so würde genau hinter der Öffnung Helligkeit herrschen, daneben absolute Dunkelheit.

Aus dem Abstand der hellen bzw. dunklen Streifen in einem Interferenzmuster kann man übrigens mit ein wenig Mathematik die Wellenlänge berechnen. Genau so hatte es Young damals schon gemacht. Man muss natürlich auch die Breite der Öffnung und den Abstand des Beobachtungsschirms dabei in Rechnung stellen.

Young stieß mit seinen Überlegungen auf heftigsten Widerstand. Die führenden Physiker der Zeit, insbesondere jene in England, z. B. David Brewster, widersprachen heftig. Newtons Autorität war noch zu groß, um Zweifel an seiner Emissionstheorie aufkommen zu lassen.

Auch in Frankreich interessierten sich mittlerweile einige Forscher für die Natur des Lichtes, insbesondere der im Jahre 1788 geborene Straßenbauingenieur Augustin Jean Fresnel. Er kommt in seinen Experimenten und Überlegungen zu ähnlichen Erklärungen der Beugungsphänomene wie Young, unabhängig von ihm, aber etliche Jahre später. Er war nicht so vielseitig begabt wie Thomas Young, hatte aber mit großem Geschick mathematische Begriffe für eine periodische Bewegung entwickelt. Er war so der Erste, der eine mathematische Formel für eine Welle formulierte.

Eine interessante Begebenheit sollte nicht unerwähnt bleiben: Im Jahre 1818 schrieb die französische Akademie der

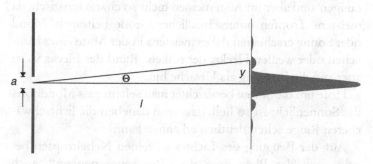

**Abb. 4** Das Interferenzmuster in der Intensitätsverteilung (rechts, hier für rotes Licht) zeigt ein Hauptmaximum und verschiedene Nebenmaxima. Aus dem Abstand *y* des ersten Nebenmaximums, aus der Breite *a* der Öffnung und aus dem Abstand *l* des Schirms kann man die Wellenlänge berechnen.

Wissenschaften einen Wettbewerb aus. Die beste Arbeit über theoretische und experimentelle Untersuchungen zur Beugung des Lichtes sollte prämiiert werden.

In der Jury saßen: Biot, Poisson, Arago und Gay-Lussac – bis auf Gay-Lussac sind diese Namen schon alle einmal erwähnt worden. Es gab nur zwei Teilnehmer, einer davon war Fresnel. Dieser hatte die Beugung an einer runden Scheibe besprochen und im Mittelpunkt des Schattens einen hellen Punkt vorhergesagt. Poisson entdeckte diese paradoxe Schlussfolgerung und drang auf eine genaue experimentelle Prüfung. Das Experiment wurde gemacht, und siehe da: Poisson und die gesamte Jury konnten sich davon überzeugen, dass der helle Punkt existierte. Fresnel erhielt den Preis und Poisson wurde zum Anhänger der Wellentheorie. Nun trägt dieses Experiment, das sich gut für Demonstrationen eignet, allerdings den Namen „Poissonscher Fleck" statt „Fresnelscher Fleck".

Beugungsphänomene kann man oft beobachten. Die so genannten Höfe um Mond oder Sonne entstehen z. B. durch Beugung an den Wassertropfen der Wolken. Die Farberscheinungen sind aber im Allgemeinen nicht so charakteristisch, da meistens Tropfen unterschiedlicher Größe beitragen. Mond oder Sonne erscheinen dabei meistens in der Mitte eines bläulichen oder weißen Flecks, der rötliche Rand des Flecks weist aber auf die Beugung als Ursache hin.

Höfe um die Sonne beobachtet man seltener als Mondhöfe, das Sonnenlicht ist so hell, dass man daneben die lichtschwächeren Ringe selten deutlich erkennen kann.

Auf der Beugung des Lichtes an feinen Nebeltropfen beruht auch das Phänomen des „Brockengespenstes", auch Heiligenschein oder Glorie genannt. Wenn man sich im Nebel befindet, mit der Sonne im Rücken seinen Schatten auf tiefer liegenden Nebelschichten betrachtet, so sieht man diesen Schatten von farbigen Ringen umgeben. Diese entstehen durch Reflexion in den Wassertropfen und anschließender Beugung. Auch von einem Flieger aus kann man ein solches Phänomen sehen. Wenn das Flugzeug einen Schatten auf eine Wolke wirft, sieht man diesen Schatten von farbigen Ringen umgeben. Anders dagegen sind die Halos zu erklären, diese entstehen durch Brechung an Eiskristallen in den Zirruswolken, wie die Farbfolge – Rot innen, Violett außen – verrät. Die Größe der Halos hängt dabei von den Brechungswinkeln in den Kristallen ab. Die so gebrochenen Lichtstrahlen können zu Lichtkreisen oder –ringen um die Sonne führen oder sich auf bestimmte Punkte in Sonnenhöhe konzentrieren, es entsteht dann der Eindruck von Nebensonnen.

Die Beschäftigung mit diesen beiden Phänomenen, Interferenz und Beugung, und die Möglichkeit, diese konsistent mit Wellen zu beschreiben, verhalfen schließlich der Wellentheorie des Lichtes zum Durchbruch und zu Zeiten von Maxwell und Heinrich Hertz war dies eine Selbstverständlichkeit.

Aber die Geschichte ist damit nicht zu Ende. Im Jahre 1905 wurde diese Vorstellung, dass Licht als eine Welle aufzufassen ist, relativiert. Albert Einstein, den man auch den zweiten Newton nennt, schrieb in diesem Jahr fünf Arbeiten, die alle bahnbrechende Ideen enthielten. Das Jahr 1905 war also für Einstein ein Wunderjahr so, wie die Jahre 1665–1666 Wunderjahre für Newton waren. In einer dieser Arbeiten beschäftigte sich Einstein mit bestimmten Phänomenen, die sich bei der Bestrahlung von Metallen mit Licht ergeben und kam zu dem Schluss, dass solche Phänomene auf atomarer Ebene nur zu verstehen sind, wenn das Licht „aus einer endlichen Zahl von in Raumpunkten lokalisierten Energiequanten besteht, welche sich bewegen, ohne sich zu teilen, und nur als Ganze absorbiert und erzeugt werden können" (Einstein 1905). Damit kommt der Teilchenbegriff wieder ins Spiel, die Energiequanten sollen ja in Raumpunkten lokalisiert sein.

Aber offensichtlich können das keine Teilchen oder Korpuskeln in unserem und im Newtonschen Sinne sein. Wie das zu verstehen ist, und was da überhaupt zu verstehen ist, das gehört zu der spannenden Geschichte der Entwicklung der Quantenmechanik. Bevor aber diese zur Sprache kommt, muss erst noch von einer dritten Säule der Physik, die sich in den Jahrhunderten vor 1900 entwickelt hat, berichtet werden, von der Thermodynamik, die genau so interessant ist wie die Entwicklung der Mechanik und der Elektrodynamik. Aber zuvor soll im nächsten Abschnitt noch etwas über elektromagnetische Wellen gesagt werden. Das wird in der heutigen Diskussion über Elektrosmog vielleicht hilfreich sein.

## Wellen

Heute sind wir ständig von elektromagnetischen Wellen umgeben und wir nutzen diese Wellen durch Radio, Fernsehen und Handy inzwischen so selbstverständlich zur Kommunikation wie Fische das Wasser zum Schwimmen.

Jeder kennt Wasserwellen, Schwingungen der Saite einer Geige, Wellen der Begeisterung und der Fußballfan kennt La Ola-Wellen im Fußballstadion. Was ist das Gemeinsame an allen diesen Wellen?

Offensichtlich ändert sich dort „etwas" an einem bestimmten Ort, schwillt an und ab, wird größer und wieder kleiner, und zeitlich versetzt passiert dieses auch an jeweils benachbarten Orten. Wir wollen dieses „Etwas" immer „Erregung" nennen. Bei einer Welle der Begeisterung ist das besonders treffend, bei den anderen Wellen kann man bei gutem Willen auch immer das entsprechende Wort dafür finden. Das Wort Erregung ist auch deshalb gut, weil es anzeigt, dass da nicht unbedingt etwas Materielles schwingen muss.

Es gibt nun zwei verschiedene Betrachtungsweisen. Wenn man eine Welle an einem bestimmten Ort beobachtet, dann sieht man das An- oder Abschwellen der Erregung, also das Auf und Ab der Oberfläche des Wassers, das Hin- und Herschwingen des Saitenstückes, das Aufstehen und sich Niedersetzen der Fußballfans. Wenn man sich aber andererseits anschaut, wie groß zu einer festen Zeit die Erregung an jedem in Frage kommenden Ort ist, dann sieht man auch ein An- und Abschwellen der Erregung, aber nun in Abhängigkeit vom Ort, und diese Größe der Erregung in Abhängigkeit vom Ort hat die charakteristische Wellenform. Diese beiden Betrachtungsweisen muss man immer vor Augen haben und nicht durcheinander werfen. Es macht eben einen Unterschied, ob man an einem festen Ort den zeitlichen Verlauf beobachtet oder zu einer festen Zeit den räumlichen Verlauf der Erregung.

Diese beiden Bilder vor Augen, kann man die beiden Größen „Frequenz" und „Wellenlänge" noch etwas präzisieren. Die Frequenz kann man messen, wenn man an einem Ort misst, wie häufig z. B. in einer Sekunde die Erregung von einem neutralen Wert aus anschwillt, ihr Maximum erreicht, wieder abschwillt, und nach einem Durchgang durch ein Minimum wieder zum neutralen Wert zurückkehrt. Die Wellenlänge andererseits misst man am besten in dem anderen Bild, in dem man zu einer festen Zeit die Größe der Erregung in Abhängigkeit vom Ort vor Augen hat. An bestimmtem Orten ist die Erregung maximal, an anderen minimal, es gibt also Wellenberge bzw. Wellentäler. Wenn diese Orte der Erregung alle auf einer Linie liegen, kann man die Wellenlänge schnell angeben: Es ist der Abstand zwischen zwei Wellenbergen, eben die Länge einer Welle. Die Wellenlänge sagt also etwas darüber aus, wie sich die Erregung bei gegebener Zeit von Ort zu Ort verändert, insbesondere, wie groß der Abstand zwischen zwei Orten mit dem gleichen Erregungsmuster ist. Die Frequenz gibt an, wie schnell sich an einem bestimmten Ort die Erregung mit der Zeit ändert. Dabei ist die eine Größe jeweils durch die andere bestimmt, denn die Frequenz multipliziert mit der Wellenlänge ergibt immer die Geschwindigkeit der Wellen, für elektromagnetische Wellen ist dies Lichtgeschwindigkeit.

Neben diesen „laufenden" Wellen, die bisher betrachtet wurden, gibt es auch „stehende" Wellen. Diese ergeben sich z. B. beim Zupfen einer Geigensaite. Da diese an den Enden fest eingespannt ist, kann es keine Auslenkung aus der Ruhelage an diesen Enden geben. Wellenberge, also maximale Auslenkungen aus der Ruhelage, sind hier sozusagen eingesperrt und können nicht „laufen".

Nun aber zurück zu den laufenden elektromagnetischen Wellen. Wenn diese auf ein Stück Materie treffen, werden zeit- und räumlich veränderliche Kräfte auf die Ladungen und Ströme in diesem ausgeübt. In einem Stück Draht werden die Schwingungen des elektromagnetischen Feldes Schwingungen der Ladungen anregen, und diese werden bei geeigneter Dimension des Drahtes vielleicht groß genug sein, um nachgewiesen werden zu können. Der Draht fungiert als Antenne. So hat ja Heinrich Hertz die elektromagnetischen Wellen wieder aufgefangen und dadurch den Nachweis ihrer Existenz erbracht.

Auch in unserem Körper gibt es Ladungen und Ströme, und die Frage ist, was dort elektromagnetische Wellen anrichten können. Das wird natürlich von den charakteristischen Eigenschaften der Welle abhängen, und die sind erstens die Frequenz bzw. die Wellenlänge, zweitens die Stärke der Wellen, bestimmt z. B. durch die Höhe der Wellenberge, und schließlich auch die Dauer der Exposition, also die Zeitspanne, in der man den Wellen ausgesetzt ist.

Gehen wir zunächst auf die Frequenz bzw. Wellenlänge ein und werfen wir einen Blick auf das gesamte Spektrum von Frequenzen bzw. Wellenlängen. Da muss man wohl zunächst bei den statischen, also zeitunabhängigen Feldern anfangen, die Frequenz ist bei diesen gleich Null, die Wellenlänge unendlich. Danach stößt man zunächst auf die so genannten niederfrequenten Wellen. Unsere Haushalte werden mit einem Wechselstrom von 50 Hz versorgt, Wellen dieser Frequenz haben eine Wellenlänge von 6 000 km.

Geht man einen großen Schritt weiter die Wellenlängenskala hinunter, so kommt man in den Bereich der Radiowellen mit Wellenlängen von einem Kilometer bis einem Meter und den der Fernsehwellen und Mobiltelefonwellen mit Wellenlängen bis zu 0,1 Meter. Da ist man schon fast im Gebiet der Mikrowellen mit Wellenlängen von zehn Zentimeter bis einem Millimeter.

Steigt man noch weiter hinunter auf der Skala der Wellenlängen, so gelangt man schließlich, nachdem man das Gebiet der Tera-Hertz-Wellen mit Wellenlängen von einigen Mikrometern passiert hat, zum Licht. Die Wellenlänge des Lichtes hatte ja schon Young bestimmt, 0,7 Mikrometer (also 0,7 Tausendstel Millimeter) bzw. 700 Nanometer für rotes Licht, 0,4 Mikrometer bzw. 400 Nanometer für violettes Licht.

Jenseits dieses Gebietes erreicht man dann das Gebiet des ultravioletten Lichtes und der Röntgenstrahlen mit Wellenlängen von 100–0,1 Nanometer und weniger. Man spricht hier schon besser von Strahlung, da hier das Einsteinsche Bild vom Licht als Strom von Energiequanten dem Phänomen angemessener ist. Diese Strahlung ist überdies ionisierend, also „Ionen verursachend", das verrät schon, dass diese Wellen auf atomarer Ebene einen großen Einfluss ausüben können.

Da das Produkt aus Wellenlänge und Frequenz ja immer gleich der Lichtgeschwindigkeit ist, eine kleinere Wellenlänge also immer eine größere Frequenz bedeutet, ergeben sich immer höhere Frequenzen bei diesem Durchgang durch das Spektrum, 10 kHz bis 100 MHz bei Radiowellen, einige GHz für Mikrowellen, wobei GHz für Giga-Hertz gleich $10^9$ d. h. eine Milliarde Hz steht. Tera-Hertz-Wellen haben Frequenzen von $10^{12}$ Hertz (Tera steht für $10^{12}$ oder Tausend Milliarden) und die Wellenlänge von Licht entspricht einer Frequenz von etwa $10^{14}$ Hz, bei ultraviolettem Licht und bei Röntgenstrahlen sind schließlich Frequenzen von $10^{15}$ Hz bzw. $10^{20}$ Hz erreicht. Diese Frequenzen sind natürlich völlig unanschaulich, und so orientieren sich viele lieber an den Wellenlängen als an der Frequenz.

Den Wellenlängenbereich des Lichtes von 0,4–0,7 Mikrometer sollte man sich als Referenz merken. Darüber mit Wellenlängen, die mehr als 100 000-mal größer sind, liegt der Bereich der Radio-, TV- und Handy-Wellen, darunter der Bereich der ionisierenden Strahlung.

Gehen wir nun auf die Stärke der Felder ein, bzw. auf das, was man Dosis oder Intensität nennt. Statische elektrische Felder misst man in Volt pro Meter, statische magnetische in Mikro-Tesla. Bei elektromagnetischen Wellen nimmt man als Maß für die Stärke eher die Einheit Watt/$m^2$, also die Energie, die pro Zeiteinheit pro Fläche auftrifft. Bei Röntgenstrahlen hat man wieder andere Einheiten, wobei man physikalische und biologische Einheiten unterscheiden muss.

Man muss nicht verstehen, was diese Einheiten bedeuten. Es reicht zu wissen, was denn die Natur an Wellen und Feldern bietet: Die natürlichen statischen Felder, denen wir ständig ausgesetzt sind, haben die Größenordnung von etwa 150 V/m bei einem elektrischen Feld und von zehn Mikro-Tesla bei einem magnetischen Feld. Bei Gewitter kann die Stärke des elektrischen Feldes bis um das Zehnfache anwachsen. Das ist also die Stärke von statischen Feldern, die wir als natürlich betrachten können.

Verantwortlich für das elektrostatische Feld sind die Ionen in der Atmosphäre, die ständig vorwiegend durch die sehr energiereichen Anteile der Sonnenstrahlen erzeugt werden. Diese Ionisation findet besonders in einer Höhe ab etwa 80 km, in der so genannten Ionosphäre, statt. Ursache für das Erdmagnetfeld müssen Ladungen sein, die im Innern der Erde strömen. So einfach es aber ist, die Existenz dieses Feldes mit einem Kompass zu demonstrieren, so kompliziert ist die genauere Erklärung seines Entstehens und seiner Wirkung auf Lebewesen.

Ein „natürliches" Maß für die Stärke von Wellen kann das Licht der Sonne geben. Als Solarkonstante bezeichnet man die Energie, die von der Sonne pro Sekunde pro Quadratmeter auf die Erde oberhalb der Atmosphäre eingestrahlt wird. Sie hat den Wert von $1\,367$ J/s m$^2$, etwa 30 % davon werden durch die Atmosphäre absorbiert, so dass ungefähr $1\,000$ J/s m$^2$ an einem schönen Sonnentag auf der Erdoberfläche ankommen.

Das Licht ist eine besonders gute Referenz, weil wir dem Licht ja ständig ausgesetzt sind, und weil man auch Effekte auf den menschlichen Organismus kennt. Im Normalfall halten wir das Licht ein Leben lang aus. Aber wir kennen auch den Sonnenbrand und wissen, dass man Hautkrebs bekommen kann, wenn man häufiger zu stark ultraviolettem Licht ausgesetzt ist. Die Effekte sind aber nicht nur negativ. Schätzen wir nicht die Wärme, die uns das Licht bringt, und sind wir nicht an sonnigen Tagen viel besser aufgelegt? Manche leiden sogar unter so etwas wie einer Winterdepression, die Dunkelheit geht ihnen aufs Gemüt. Diese Stimmungen werden natürlich gesteuert durch physiologische Prozesse im Körper, die durch das Licht angeregt werden.

Beim Licht sind also schon fast alle Effekte zu sehen, die durch elektromagnetische Strahlung mehr oder weniger verursacht werden können. Diese sind zunächst einmal Erwärmung, die wir ja unmittelbar spüren und meistens schätzen. Dann aber, nicht direkt oder sofort zu bemerken, eine Beeinflussung von Prozessen in Zellen sowie von physiologischen Strömen und auch sogar Veränderungen bei Atomen und Molekülen durch Ionisation.

Dass das Licht solch eine ambivalente Rolle spielt, ist plausibel, denn die Wellenlänge von Licht, 400–700 Nanometer, ist ja nicht so stark verschieden von der Größen eines Atoms oder Moleküls von 0,1–100 Nanometer. Und nach dem oben Besprochenen versteht man: Je kleiner die Wellenlänge, umso näher liegen die Wellenberge beieinander, umso stärker unterscheiden sich die Felder an benachbarten Orten und umso unterschiedlicher auch die Kräfte, die an benachbarten Ladungsträgern zerren. So sind auch schon die größeren Moleküle einigen Verzerrungen ausgesetzt, die sich dabei auch noch ständig relativ schnell ändern. Das bedeutet auch, dass bei elektromagnetischer Strahlung mit Wellenlängen kleiner als Licht, also bei ultraviolettem Licht und bei Röntgenstrahlen, diese Beeinflussung von Prozessen in Zellen und von Molekülen noch stärker zu erwarten ist und die Fragen nach einer verträglichen Dosis und Dauer der Exposition noch bedeutsamer werden. In der Tat: Wie später im Kapitel über Quanten ausgeführt wird, ist es angemessener, bei einer elektromagnetischen Strahlung mit solch kleinen Wellenlängen bzw. großen Frequenzen die Strahlung nicht als Wellen elektromagnetischer Felder sondern als Strom von Lichtquanten, auch Photonen genannt, aufzufassen. Deren Energie ist pro-

portional zur Frequenz und ist dann hoch genug, um Moleküle zu ionisieren oder auf andere Weise zu verändern.

Soweit die physikalischen Tatsachen. Nun ist der Einfluss
von den Wellen auf die physiologischen Vorgänge im Körper
äußerst komplex und es wäre vermessen, sie in diesem Rahmen genau beschreiben und erklären zu wollen. Jeder kennt
ja die endlosen Diskussionen über die Gefährlichkeit von
Handystrahlen oder über einen Aufenthalt in der Nähe von
Starkstromleitungen oder Kernkraftwerken. Unsere Kenntnisse über Prozesse in einem lebenden Körper sind noch lange nicht groß genug, um in jedem Fall belastbare Aussagen
über die Gefährdung machen zu können, auch wenn viele
hervorragende Wissenschaftler in aufwendigen Studien diese
untersuchen. Mit unserem Wissen über elektromagnetische
Wellen haben wir jetzt immerhin einen Überblick über die
verschiedenen Arten von Wellen bzw. Strahlung, kennen die
Parameter, die bestimmend sind für die Einwirkung, nämlich
die Wellenlänge, die Stärke bzw. Dosis und die Dauer der Exposition.

Mit dieser Diskussion ist man aber auch an eine bestimmte
Grenze der heutigen Physik geraten. Die Vorgänge in einem
Lebewesen zu beschreiben, ist Thema der Physiologie und
Biologie. Die Prozesse, die dort ablaufen, sind zwar im Grun-
de physikalischer Natur – letztlich sind doch auch nur Atome
und Moleküle, elektrisch geladen oder neutral, im Spiel – diese
Prozesse sind aber zu komplex, um sie „von Grund auf" mit
den Mitteln der Physik zu beschreiben oder gar zu berech-
nen. Es bedarf eines besonderen Begriffsapparates, um diese
Vorgänge zu beschreiben und Zusammenhänge aufzudecken.
Diesen stellen eben die Biologie bzw. die Physiologie bereit.

Das heißt aber nicht, dass sich die Physik gar nicht mit so
etwas wie komplexen Systemen beschäftigt, also mit Systemen

von vielen Teilchen, bei denen die Wechselwirkung aller Teilchen unter einander auch bestimmend ist für die Eigenschaften des Gesamtsystems. Ein Gas von Sauerstoff-Molekülen verhält sich anders als ein Wasserstoff-Gas, Wasser siedet bei einer anderen Temperatur als Kohlenwasserstoff. Da dieses alles Phänomene aus unserem Alltag sind, haben die Menschen auch schon früh versucht, diese zu verstehen und zu beherrschen. Und so ist in den vergangenen Jahrhunderte neben der Mechanik und der Elektrodynamik ein weiteres großes Gebiet der Physik entstanden, die Thermodynamik, die früher auch „Theorie der Wärme" genannt wurde und heute in das Gebiet „Statistische Physik" einbezogen ist. Darüber soll im nächsten Kapitel berichtet werden, und für vieles, was einem im Alltag begegnet, wird das sehr aufschlussreich werden.

# 4

# Thermodynamik
# und Statistische Mechanik

Emmendingen, am 8.1.2008

Liebe Caroline,

zwei höchst erfolgreiche und beeindruckende Theoriengebäude habe ich Dir bisher vorgestellt, die Klassische Mechanik und die Elektrodynamik. Beide waren wirklich Theorien „more geometrico", d. h. nach Art der Geometrie Euklids, und zwar genau in dem Sinne, wie ich es Dir im zweiten Brief erklärt habe.

Aber nicht nur die Bewegung und die elektrischen Erscheinungen haben die Menschen schon früh zu Fragen und zum Nachdenken angeregt. Es gab noch andere elementare alltägliche Erfahrungen, die der Erklärung bedurften. Alles, was man anfasste, konnte kalt oder warm sein. Feuer und glühendes Eisen konnten sogar heiß, sehr heiß sein. Wasser konnte zu Eis gefrieren oder beim Sieden in Wasserdampf übergehen.

Das Verständnis der Phänomene, die beim Umgang mit Gasen, Flüssigkeiten und festen Körpern aller Art auftreten können, wuchs zunächst in ähnlicher Weise wie bei den anderen Phänomenbereichen. So, wie Kepler zunächst die Beobachtungen der Planetenbahnen in mathematische Form kleiden konnte, fand man auch zunächst mathematisch formulierbare Gesetze, die beschreiben, wie z. B. die Temperatur, das Volumen und der Druck eines Gases miteinander zusammenhängen. In beiden Fällen fand man zunächst also Regelmäßigkeiten, konnte sie bald auch schon in mathematische Gesetze fassen, diese aber noch nicht erklären, d. h. man konnte diese noch nicht auf „einfachere" grundlegendere Gesetzmäßigkeiten oder Prinzipien zurückführen. Das gelang dann Newton bei den Planetenbahnen mit dem Prinzip, dass Bewegungsänderungen durch Kräfte verursacht werden, und durch die Angabe einer solchen Kraft in Form der Gravitationskraft.

Die Gesetze über die Beziehungen von Druck, Temperatur und Volumen eines Gases ließen sich im Laufe der Geschichte der Physik auch zurückführen auf etwas Grundsätzlicheres. In diesem Falle war das Grundlegendere aber nicht ein allgemeines Prinzip oder eine Grundgleichung, es waren die Gesetzmäßigkeiten der Natur auf der Ebene der Atome und Moleküle, aus denen das Gas sich zusammensetzt.

Das Reduzieren, das Zurückführen auf Elementareres, hat hier also eine ganz andere Richtung. Da ein Gas ein komplexes System ist, also aus sehr vielen Teilchen besteht, die alle einen Einfluss auf einander ausüben können, liegt es natürlich erst einmal nahe, das Verhalten eines Gases durch die Eigenschaften der Bausteine erklären zu wollen.

Die Theorie, die dabei entsteht und zu der ich Dich hinführen möchte – das, was wir heute Statistische Mechanik nennen – ist somit, wie ich noch weiter ausführen werde, von ganz anderer Art als die beiden Theorien Klassische Mechanik und Elektrodynamik. Es ist keine Theorie in deren Sinn, also keine „more geometrico", mit einem Prinzip oder einem Satz von mathematischen Gleichungen am Anfang. Sie hat ja auch eine ganz andere Aufgabe, für die man keine Grundgleichung braucht, sondern eine Methode. Diese hat aufzuzeigen, wie man die Eigenschaften der Bausteine, insbesondere die Kräfte, die zwischen ihnen wirken, in Größen einbringt, die das gesamte komplexe System beschreiben, und zwar so, dass der Zusammenhang zwischen diesen Größen durch die Kräfte zwischen den Bausteinen bestimmt wird.

In der Statistischen Mechanik zeigt sich, dass man das Verhalten eines Systems im Grunde vollständig durch seine Einzelbestandteile erklären kann. Die Vorstellung, dass das für jedes System möglich ist, wird als Reduktionismus bezeichnet. Wenn Du in Gesellschaft von Leuten, die sich auch nur etwas Gedanken über die Welt und die Wissenschaften machen, eine hitzige Debatte anzetteln willst, brauchst Du nur zu behaupten, wie beeindruckend Du den Reduktionismus findest.

Aber halten wir uns hier an Fakten und an das, was wir inzwischen sicher wissen. Lass mich erzählen, was die Menschen im Laufe der Zeit über so komplexe Dinge wie Gase gelernt haben, wie sie es gelernt haben, und lass uns sehen, wie „natürlich" hier der reduktionistische Ansatz erscheint...

## Was ist Wärme

Die Beobachtung, dass etwas warm oder kalt sein kann, gehört wohl zu den elementarsten Erfahrungen des Menschen. So findet man in der Naturphilosophie viele Spekulationen zum Begriff der Wärme, aber eine wissenschaftliche Auseinandersetzung mit der Frage, was denn nun die Wärme eigentlich sei, konnte erst beginnen, als man ein Maß für die Wärme entwickelte. So steht der Begriff der Temperatur am Anfang. Er stellte sich ein, als man sich im 17. Jahrhundert die Tatsache zu Nutze machte, dass sich Luft und auch bestimmte Flüssigkeiten unter Erwärmung ausdehnen. Das Volumen einer Flüssigkeitssäule konnte so, in Kontakt mit einem Körper gebracht, als ein Maß dafür gelten, wie warm dieser ist. So kennt man es ja auch von älteren Fieberthermometern und unseren Thermometern in Haus und Garten. Schon Galilei soll auf dieser Grundlage ein Thermometer konstruiert haben; bekannter ist aber ein Thermometer, das zwar auch mitunter Galileo-Thermometer genannt wird, aber eigentlich dem Herzog von Toskana zugeschrieben wird: In einer geschlossenen, mit Alkohol gefüllten Ampulle schwimmen kleine hohle Glaskügelchen, deren Gewicht so austariert ist, dass jede bei einer anderen. Temperatur des Alkohols zu Boden sinkt. Durch die bei Erwärmung verursachte Ausdehnung, erniedrigt sich das spezifische Gewicht der Flüssigkeit und damit der Auftrieb, der ja gleich dem Gewicht der vom Kügelchen verdrängten Flüssigkeit ist. Will ein Körper schwimmen, so muss sein Gewicht durch den Auftrieb kompensiert werden, je nach Gewicht der Kügelchen schwimmen diese also oben auf oder sinken zu Boden. Solche Thermometer kann man heute noch kaufen, sie sind zurzeit ein beliebtes Geschenk; an jeder Glaskugel hängt ein kleines Schildchen mit einer Temperaturangabe, bei 21 Grad Celsius z. B. sind alle Kügelchen mit Temperaturangaben kleiner als 21 Grad zu Boden gesunken.

Hier wurde gerade schon „Celsius" als Temperatureinheit gebraucht, natürlich hätte man auch jede andere Einheit benutzen können. Die erste Temperaturskala stammte 1715 von dem Danziger Glasbläser Daniel Gabriel Fahrenheit. Diese benutzt man heute noch in Amerika, während man in Europa die von dem schwedischen Astronomen Anders Celsius im Jahre 1742 eingeführte in Gebrauch hat.

Nach einer Messung mit einem Thermometer konnte man also sagen, wie warm, auf welcher Skala auch immer, die Luft, eine Flüssigkeit oder ein Gegenstand war. Damit wurde eine quantitative Untersuchung der Wärme möglich. Die ersten Schritte in dieser Richtung tat der schottische Chemiker Joseph Black in den Jahren um 1760. Er entwickelte die Vorstellung, dass Wärme eine Substanz ist, die den Körpern hinzugefügt oder entnommen werden kann. Er nannte dieses Substanz *Caloricum*, er sah sie als eine elastische Flüssigkeit an, die überdies weder erzeugt noch vernichtet werden kann und deren Teilchen sich gegenseitig abstoßen, aber von den Teilchen der gewöhnlichen Materie angezogen werden. Dieses

Caloricum kann in gewöhnlichen Stoffen frei vorhanden sein oder „latent", d. h. an die gewöhnliche Materie gebunden und damit nicht messbar sein.

Zur gleichen Zeit lebte der französische Chemiker Lavoisier (1743–1794), der heute als einer der Begründer der modernen Chemie gilt. Auch er vertrat die Vorstellung von einem Wärmestoff, obwohl er mit seinen Studien zur Verbrennung einem ähnlichen Begriff, dem „Phlogiston", den Garaus gemacht hatte. Das Phlogiston sah man als eine Substanz an, die bei einer Verbrennung entwich. Lavoisier erkannte, dass eigentlich das Gegenteil der Fall ist. Es entweicht nicht eine unbekannte Substanz, sondern es tritt etwas hinzu, nämlich Sauerstoff. Eine Verbrennung ist eine Oxidation, eine chemische Reaktion mit Sauerstoff.

Aber zurück zum Caloricum. Joseph Black konnte auf der Basis seiner Vorstellung vom Caloricum weitere Entdeckungen machen und Begriffe entwickeln, die auch im Lichte der späteren Erkenntnisse richtig blieben. So verstand er schon den Unterschied zwischen Temperatur und Wärmemenge. Sie haben ganz unterschiedlichen Charakter: Temperaturen gleichen sich an, wenn man zwei Körper unterschiedlicher Temperatur in Berührung bringt. Die Wärmemenge ist dagegen etwas „Angehäuftes", Mengen addieren sich, wenn man zwei Körper zusammenbringt. Heute versteht man unter einer Wärmemenge nicht eine Menge im Sinne einer Substanz Caloricum, die sich im Körper befindet, sondern eine Menge an Energie, die man dem Körper z. B. bei Erwärmung zuführt. Auch entdeckte Black, dass man Körpern gleicher Masse durchaus unterschiedliche Wärmemengen zuführen muss, um die gleiche Temperaturerhöhung zu erhalten, dann nämlich, wenn diese Körper chemisch unterschiedlich zusammengesetzt sind. So kommt er zum Begriff der spezifischen Wärme.

Auch die heute für viele Anwendungen noch so wichtige Wärmeleitungsgleichung wurde von Jean Baptiste Joseph Fourier im Jahre 1822 noch auf der Basis der Caloricum-Vorstellung aufgestellt. Auch Laplace und Poisson – Physiker, die schon in den Kapiteln über die Elektrostatik erwähnt wurden – sind mithilfe der Caloricum-Hypothese zu Schlussfolgerungen über Eigenschaften von Gasen gekommen, die mit experimentellen Daten übereinstimmten.

Neben dieser Vorstellung von einer Wärmesubstanz gab es aber auch die Theorie, dass Wärme die Folge einer ungeordneten Bewegung der Materieteilchen ist. Je wärmer ein Gegenstand ist, umso heftiger bewegen sich dessen Teilchen. Schon Robert Boyle hatte etwa um 1680 aus der Beobachtung der Wärmeentwicklung beim Einschlagen eines Nagels in ein Brett geschlossen, dass „Wärme ein Aufruhr der nicht wahrnehmbaren Teile des Objektes" ist. Und Leibniz hatte behauptet, dass sich bei unelastischen Stößen und bei Reibungsvorgängen, die ja immer mit einer Wärmeentwicklung einhergehen, die „lebendige Kraft" der Teilchen – wir würden heute sagen: die kinetische Energie, also die Energie der Bewegung – anwächst.

Die Vorstellung vom „Aufruhr der nicht wahrnehmbaren Teile des Objektes" ließ auch eine einfache Erklärung für den Druck eines Gases zu. Er ergibt sich aus dem „Trommeln" der Teilchen gegen die Wände und je größer der „Aufruhr", umso größer ist damit auch der Druck, den das Gas auf die Wände ausübt. In der „Baseler Schule" um Daniel Bernoulli und Leonard Euler kam man zu der Überzeugung, dass der Druck eines Gases proportional zum Mittelwert des Quadrats der Geschwindigkeit der Teilchen sein musste und Euler gelangte so zu einem Wert von etwa 500 m pro Sekunde für eine typische Geschwindigkeit bei Raumtemperatur. Das wären 1 800 km pro Stunde, eine auch für uns heute noch sehr große Geschwindigkeit. Offensichtlich müssen dann diese Teilchen mit solchen Geschwindigkeiten hin- und herflitzen, von Stößen an der Wand und anderen Teilchen ständig unterbrochen.

Das Bild des Aufruhrs von Robert Boyle ist also durchaus treffend. Wir haben uns heute an diese Vorstellung gewöhnt, für die Forscher damals war das wohl eine sehr kühne Idee.

So gab es also – bis etwa 1840 – zwei Hypothesen darüber, was eigentlich Wärme ist. Manche Erscheinungen ließen sich besser durch die eine, manche besser durch die andere erklären. Das Phänomen, das sehr für die Bewegungstheorie sprach und mit dem die Caloricum-Theorie größte Schwierigkeiten hatte, war die Reibung. Dieses machte im Jahre 1798 ein Amerikaner, Benjamin Thompson, besonders deutlich. Wie Benjamin Franklin, der in den Kapiteln über die Anfänge der Elektrodynamik erwähnt wurde, war er ein Abenteurer und Tausendsassa. Aus politischen Gründen hatte er 1776 Boston verlassen müssen, erregte in England mit seinen Experimenten immerhin so viel Aufsehen, dass er 1779 in die Royal Society aufgenommen wurde. Im Jahre 1784 wollte er dem österreichischen Kaiser beim Krieg gegen die Türken helfen, blieb in München hängen und trat in die Dienste des Kurfürsten Karl Theodor. Als Leiter des Militärarsenals rief er dort soziale Institutionen für die Soldaten sowie eine staatliche Arbeitsvermittlung ins Leben, entwarf den noch heute so beliebten Englischen Garten und überwachte den Bau von Kanonen. Für seine Verdienste wurde er zum Grafen Rumford des Heiligen Römischen Reiches erhoben. Bei dem Bau von Kanonen erkannte er, dass die Arbeit, die beim Bohren der Kanonenrohre geleistet wird, teilweise in Wärme übergeht und er konnte überzeugend nachweisen, dass die bei der Reibung erzeugte Wärme der Dauer der Reibung entspricht, man also im Prinzip eine beliebig große Menge an Wärme produzieren kann. Wäre Wärme eine Substanz, die man weder vernichten noch erzeugen kann, so könnte man keine unbegrenzte Menge davon spürbar werden lassen, offensichtlich muss sie durch die Bewegung des Bohrens mittels der Reibung entstehen.

Diese Argumente Rumfords alias Thompson waren für viele sehr beeindruckend, aber überzeugten dennoch nicht alle. Man konnte sich ja immer noch vorstellen, dass die Wärme aus der Umgebung, die ja ein unerschöpfliches Reservoir darstellt, in die Rohre strömt. Außerdem war die Vorstellung von der Wärme als Substanz auch bei der Betrachtung der Wärmeleitung sehr nahe liegend. Eine solche Substanz kann eben wie eine Flüssigkeit strömen, und mit diesem Bild vor Augen hatte Fourier die so erfolgreiche Wärmeleitungsgleichung hergeleitet.

Und schließlich gab es da noch die Wärmestrahlung, die Übertragung von Wärme auch durch ein Vakuum hindurch. Im Rahmen einer Substanztheorie bedeutet diese nur das Strömen der Substanz durch das Vakuum. Die Bewegungstheorie hat aber keine Möglichkeit, diese Strahlung zu erklären. Heute wissen wir, dass die Wärmestrahlung eine elektromagnetische Strahlung ist. Eine solche geht von einem jeden Körper aus, die Intensität hängt dabei von der Temperatur des strahlenden Körpers ab. Beträgt diese Temperatur etwa 5 500 Grad Celsius wie bei der Sonne, so sehen wir die Strahlung als Licht und die übertragene Wärme spüren wir deutlich. Mit der Aufklärung des Spektrums dieser Strahlung, d. h. mit der Aufstellung einer Gleichung für die Abhängigkeit der Intensität der Strahlung von der Temperatur, beginnt um 1900 die Ära der Quantenphysik. Die wird uns im sechsten Kapitel beschäftigen.

Beide Theorien hatten also ihre Verdienste und ihre Schwierigkeiten und man sieht hier wieder, wie zwei Hypothesen einige Zeit nebeneinander leben und sich auch mehr oder weniger bewähren können. Irgendwann aber kommt einmal die Zeit, wo so viel Wissen über Experimente und den daraus folgenden Schlüssen angehäuft wird, dass eine Theorie die Überhand gewinnt und die andere zur Geschichte wird. In diesem Falle geschah das dadurch, dass man allmählich lernte, wie man ein System von sehr vielen Teilchen, von denen man nichts weiter wusste als, dass sie sich irgendwie bewegen, mathematisch beschreiben konnte, und dadurch, dass man zu zwei ganz wichtigen Begriffen geführt wurde, zur „Energie" und zur „Entropie". Während die Energie auch ein Wort aus der Alltagssprache ist, dieser Begriff also in der Physik spezielle Bedeutung erlangt, ist die Entropie ein Kunstwort und ein Begriff, der ganz neu eingeführt werden musste.

In den beiden nächsten Abschnitten soll nacheinander von der „Entdeckung" dieser Begriffe berichtet werden. Das wird zwar etwas schwieriger zu verstehen sein, aber ungeheuer spannend und tiefsinnig, es wird die Mühe lohnen.

# Energie

Nun ist endlich der Punkt gekommen, an dem über die Energie gesprochen werden muss, an dem berichtet werden muss, wie dieser Begriff entstanden ist und was man alles damit verbindet. Es ist eigentlich sehr merkwürdig: Energie ist ein sehr abstrakter Begriff. Er ist deshalb auch relativ spät – um 1850 etwa – von den Physikern so richtig begriffen worden. Heute redet fast jeder davon – Wörter wie Energiekrise, Energie sparen, Kernenergie, Windenergie usw. findet man zuhauf in jeder Tageszeitung und jeder weiß wohl heute, dass Energie weder erzeugt noch vernichtet, wohl aber von einer Form in die andere umgewandelt werden kann. Zwar spricht man von Energiegewinnung, meint aber dabei eigentlich, die Gewinnung einer bestimmten Form von Energie aus einer anderen Form. Elektrische Energie aus Kernenergie, Bewegungsenergie aus Wärmeenergie wie bei einer Dampflok, Wärmeenergie aus chemischer Energie wie bei einer Verbrennung oder wie beim Stoffwechsel im menschlichen Körper. Aber die Energie ist keine Substanz, man kann sie nicht direkt messen, sondern ist stets nur eine Größe, die man aus anderen gemessenen Größen berechnen kann.

Schon Galilei wusste, dass bei einem freien Fall eines Körpers die Größe $v^2 + 2\,gh$ immer den gleichen Wert besitzt, wobei $v$ die Geschwindigkeit des fallenden Körpers und $h$ die Höhe über dem Boden bedeutet, (sowie $g$ natürlich die Erdbeschleunigung). Leibniz führte die Größe m $v^2/2$ als „lebendige Kraft" ein, wobei $m$ die Masse des Körpers bezeichnet, und er stellte fest, dass diese bei Stoßvorgängen immer einen festen Wert behält. Heute nennen wir diese Größe „kinetische Energie" oder „Energie der Bewegung". Ebenso kannte Newton bei seinen Berechnungen der Planetenbahnen ähnliche Kombinationen von physikalisch messbaren Größen, die während der Bahn auf der Ellipse immer den gleichen Wert behalten. Euler und Lagrange, Forscher, die die Newtonsche Mechanik weiter ausgebaut hatten, konnten eine solche erhaltene Größe für alle Bewegungen angeben, die durch Kräfte eines bestimmten Typs hervorgerufen werden. Diese Größe war eine Summe aus der „lebendigen Kraft" und einer Größe, die wir heute als „potenzielle Energie" oder als „Energie der Lage" kennen. Sie war also nichts anderes als das, was wir heute die Summe der kinetischen und potenziellen Energie, eben die Gesamtenergie des mechanischen Systems nennen.

Somit war in der Mechanik der Satz von der Erhaltung der Energie eigentlich schon am Ende des 18. Jahrhunderts bekannt. Man ahnte nur nicht die Tragweite dieser zunächst rein formalen Beobachtungen und hatte deshalb auch keinen besonderen Namen für die Erhaltungsgröße. In der Tat, mit der Geschwindigkeit $v$ kann man etwas verbinden, mit der Masse $m$ auch, aber die Größe $m\,v^2/2$ ist eben nur eine spezielle Kombination dieser Größen, die einem zunächst nichts sagt, die man auch nicht direkt messen kann, sondern eben nur aus den Messwerten für die Masse und die Geschwindigkeit berechnen kann. Man ahnte nicht, dass solche formal gebildeten Größen zu einem der wichtigsten physikalischen Begriffe führen sollten.

Die bewusste Einführung des Energiebegriffes und seine Präzisierung geschahen bei dem Studium der Erscheinungen, die mit einer Wärmeentwicklung einhergehen. Schon Graf Rumford hatte 1798 beim Bohren von Kanonenrohren festgestellt, dass die erzeugte Wärme der Dauer der Reibung, die sich beim Bohren ergibt, entspricht. Offensichtlich erhält man etwas für den Aufwand, den man beim Bohren treibt, und zwar proportional zum Aufwand. Mechanische Arbeit wird in Wärme umgewandelt, und wenn man Wärme mit Bewegung irgendeiner Art gleichsetzt, kann man sich fragen, was dabei eigentlich gewandelt wird, im Grunde aber konstant bleibt.

Die Vorstellung, dass verschiedene Phänomene wie Wärme, Elektrizität, Licht immer mit einem gleichem „Agens", das man immer noch „Kraft" nannte, einhergeht, setzte sich allmählich durch. Man lernte immer mehr, dass Umwandlungen dieses „Agens" bei vielen Erscheinungen eine bedeutende Rolle spielen. So wies z. B. Justus Liebig um 1840 darauf hin, dass bei lebenden Wesen die Nahrung zur Aufrechterhaltung der Körperwärme und zur Entwicklung mechanischer Kraft

verwertet wird. Offensichtlich wird auch hier das „Agens"
von chemischer Form in Wärme und mechanische Arbeit umgewandelt.

Der Erste, der solche Ideen präzisieren konnte, war Robert
Mayer, dessen Aufsatz *„Bemerkungen über die Kräfte der unbelebten
Natur"* im Jahre 1842 in den von Justus Liebig herausgege-
benen *Annalen der Chemie* erschien. Mayer hatte sein Thema
gefunden, als er als Schiffsarzt in Djakarta einen Seemann zur
Ader ließ und von der hellen roten Farbe des venösen Blutes
überrascht war. In kälteren Gegenden war dieses Blut stets
viel dunkler. Da Blut durch Abgabe von Sauerstoff dunkler
wird, schloss er, dass der Körper in einem kälteren Klima offensichtlich mehr Sauerstoff aus dem Blut benötigt, um die
Körpertemperatur aufrecht zu erhalten, und er wagte eine erste quantitative Aussage darüber, wie viel mechanische „Kraft"
man braucht, um eine bestimmte Erwärmung zu erreichen.
Man nannte diesen Zusammenhang bald „mechanisches Wärmeäquivalent".

Die Mayersche Arbeit wurde zunächst nicht sehr beachtet,
fand aber, nachdem sie von Hermann von Helmholtz 1852
entdeckt und propagiert wurde, große Anerkennung. Wir
kennen Helmholtz schon aus dem Kapitel über Heinrich
Hertz, dessen Förderer und Mentor er war. Das war er aber
erst in den Jahren ab 1878. Im Jahre 1847, als Helmholtz noch
ein 26-jähriger, wenig bekannter, junger Wissenschaftler war
und die Arbeit von Mayer noch nicht entdeckt hatte, veröffentlichte er einen Aufsatz über *die Erhaltung der Kraft*, und
zwar in einer eigenen kleinen Broschüre, denn bei der Zeitschrift *Annalen der Physik* war die Arbeit abgelehnt worden.
Helmholtz diskutiert hier jeweils die Temperaturerhöhung,
die durch unelastische Stöße, durch Reibung, Lichtstrahlen und durch Entladung elektrischer Batterien zu Stande

kommt. Max Planck charakterisiert ein halbes Jahrhundert später diese Abhandlung so, dass das Neue nicht die Formulierung des Prinzips der Erhaltung der Energie war, sondern dass Helmholtz als Erster zeigte, was das Prinzip, das damals in Physikerkreisen so gut wie unbekannt war, für jede einzelne physikalische Erscheinung bedeutet, zu welchen zahlenmäßigen Konsequenzen es überall führt, und wie sich all diese Konsequenzen nach Maßgabe der vorliegenden Erfahrungen bewährt haben. Da er mit seinen Überlegungen auch eindeutig zu dem Schluss kommt, dass „Wärme eine Form der Bewegung ist", kann man mit dieser Arbeit das endgültige Ende der Wärmesubstanztheorie und die Etablierung eines präzisen Energiebegriffes verbinden.

Helmholtz hatte schon als Schüler großes Interesse für Geometrie und physikalische Experimente gezeigt. Da die Physik aber noch als brotlose Kunst galt, hatte ihm sein Vater erklären müssen, „dass er ihm nicht anders zum Studium der Physik zu verhelfen wisse, als wenn er die Medizin mit in Kauf nehme." So begann er seine wissenschaftliche Karriere als Mediziner und Physiologe und wurde mit der Arbeit über die *Erhaltung der Kraft* schließlich doch zum Physiker. Er entwickelte sich dabei zu einem der vielseitigsten Naturwissenschaftler, arbeitete sehr erfolgreich auf dem Gebieten der Physiologie des Sehens und Hörens, der Hydrodynamik, der Elektrodynamik und der Erkenntnistheorie. Seine Reputation und sein Einfluss im In- und Ausland wuchsen so stark, dass man ihn respektvoll „Reichskanzler der Physik" nannte, Zeitgenossen konstatierten, dass er „gleich nach Bismarck und dem alten Kaiser der berühmteste Mann im Deutschen Reich" war. Er betrieb mit Werner Siemens die Gründung einer Physikalisch-Technischen Reichsanstalt, die die Aufgabe hatte, das Maß-, Gewichts- und Zeitwesen in Deutschland zu vereinheitlichen, und er wurde deren erster Präsident. Die heutige Physikalisch-Technische Bundesanstalt ist die Nachfolgeorganisation. Es lohnt sich sehr, eine Biografie über Hermann von Helmholtz (Rechenberg 1994) zu lesen, man lernt dabei viel über Physiologie, Physik und über eine Zeit, in der sich die Technik, aufbauend auf den Erkenntnissen der Naturwissenschaften, stürmisch entwickelte.

An dieser Geschichte sieht man wieder, dass viele Ideen nicht einfach plötzlich da sind, sondern sich erst langsam herauskristallisieren. Häufig wird eine Idee von verschiedenen Personen eine Zeit lang mehr oder weniger klar geäußert, sie nimmt aber erst dann eine feste Gestalt an, wenn gezeigt werden kann, dass sie zu nachprüfbaren Schlussfolgerungen taugt. So brachten die detaillierten quantitativen Überlegungen Helmholtzens dem Prinzip von der Erhaltung der Energie endgültige Anerkennung, und das Prinzip gilt heute als eines der bedeutendsten Gesetze der Physik, das überdies auch noch unter Nichtphysikern bestens bekannt ist.

Helmholtz gebrauchte noch das Wort „Kraft" für das, was wir heute „Energie" nennen. Das Wort Energie stammt aus dem Alt-griechischen, dort heißt es so viel wie „Tatkraft" oder „wirkende Kraft", es schwingt also auch der Begriff „Kraft" mit. Seit dem 18. Jahrhundert kennt man es im Deutschen, auch im Sinne von „Tatkraft". Nachdem man lernte, dass die „Kraft", von der Mayer und Helmholtz sprachen, eigentlich keine Kraft von der Art einer Newtonschen Kraft war, musste ein neues Wort dafür gefunden werden. Der Vorschlag des schottischen Physikers William Rankine *energy* bzw. Energie als Wort für den neuen Begriff zu wählen, wurde schnell allgemein akzeptiert. Hier war es also nicht so, wie Goethe es den Mephisto im *Faust* sagen lässt: „Denn eben, wo Begriffe fehlen, stellt ein Wort zur rechten Zeit sich ein." Hier hatte sich der Begriff eingestellt, und es musste ein Wort dafür gefunden werden.

Wenn man heute einen Wert für eine Energiemenge nennt, dann gibt man diese meistens in „Joule" an, egal, in welcher Form die Energie vorliegt, ob als elektrische Energie, als Wärme, als kinetische oder als potenzielle Energie. Um einen Liter Wasser um ein Grad zu erhöhen, benötigt man 4,81 Kilojoule, ein Auto mit einer Masse von 1 000 kg hat bei einer Geschwindigkeit von 100 km/h die kinetische Energie von etwa 2,8 Millionen Joule, ein Turmspringer von 70 kg kann beim Sprung von einem 10-Meter-Turm etwa 7 000 Joule an potenzieller Energie in kinetische umwandeln. Dass es neben Joule auch andere Einheiten für die Energie gibt wie Wattsekunden oder Kalorien hat praktische oder historische Gründe. In Wattsekunden bzw. Kilowattstunden wird z. B. die elektrische Energie gemessen. Ein Energieversorger gibt in der Jahresabrechnung an, wie viel Kilowattstunden man im letzten Jahr von ihm bezogen hat. Da eine Wattsekunde genau für ein Joule steht und da eine Stunde 3 600 Sekunden enthält, entsprechen einer Kilowattstunde also genau 3,6 Millionen Joule.

Der englische Physiker James Prescott Joule hat, nachdem die Einheit der Energie benannt wurde, auch einen großen Anteil an der Erkenntnis des Prinzips von der Erhaltung der Energie, gehört also in eine Reihe mit Mayer und Helmholtz. Joule interessierte sich zunächst für elektromagnetische Experimente. Dabei beobachtete er im Jahre 1840, dass sich ein vom Strom durchflossener Draht erwärmt, und die dabei entstehende Wärmemenge konnte er in Abhängigkeit der Stromstärke, des elektrischen Widerstandes und der Zeit quantitativ beschreiben. Dadurch kam er zur Wärmelehre und leistete dort Bedeutendes. Besonders wichtig für die Entwicklung des Energiebegriffes wurde sein heute klassisch genanntes

Experiment zum mechanischen Wärmeäquivalent aus dem Jahre 1843. Er konstruierte eine Anordnung, bei der die Bewegung einer sinkenden Masse in die Drehung eines Schaufelrades umgeleitet wurde. Diese Drehung fand unter starker Reibung und entsprechender Wärmeentwicklung in einem Gefäß statt. Potenzielle Energie wurde dabei also in Wärme umgewandelt. Akribisch untersuchte er den Einfluss oder die Möglichkeiten des Ausschlusses aller möglichen Fehlerquellen, und kam zu einem Wert für das mechanische Wärmeäquivalent, der nahe bei dem heute akzeptierten liegt.

Es sollte wenigstens noch kurz auf das *Perpetuum mobile* eingegangen werden. Diese Idee von einer Konstruktion, die sich ständig bewegt, ohne dass man dazu irgendeinen Aufwand betreiben muss, stammt wohl aus dem alten Indien. Sie interessierte in der Renaissance viele Forscher in Europa und wurde hier richtig populär in der Barockzeit. Mir hat diese Idee nie gefallen. Zu glauben, man könnte ständig etwas bekommen, ohne dafür etwas zu tun, erschien mir immer als unehrenhaft. Die Französische Akademie muss damals wohl mit Vorschlägen zu solchen Maschinen überschüttet worden sein. Im Jahre 1775 erklärte sie, keine Arbeiten zu diesem Thema mehr anzunehmen. Man war sich sicher, dass immerwährende Bewegung nicht möglich ist. 80 Jahre später konnte man das mit dem Prinzip von der Erhaltung der Energie präzise zeigen. Die Energie für die Bewegung muss irgendwo herkommen.

Mit dem Begriff der Energie werden viele spätere Argumentationen einfacher und übersichtlicher. Das ist ja der Vorteil von guten Begriffen, dass mit ihrer Hilfe vieles klarer und transparenter ausgedrückt werden kann. Wenn „Begriffe fehlen" und sich nur „Worte dafür eingestellt" haben, wie Mephisto lästerte, kann es nur dunkle und verschwommene Diskussionen geben. Mit dem Rat „vor allem haltet Euch an

Worte" will auch schon bei Goethe der Teufel den Schüler auf die falsche Fährte locken.

Wie wichtig ein treffender Begriff ist und wie sehr man darum ringen muss, zeigt sich auch besonders deutlich bei dem Begriff „Entropie", über den als nächstes berichtet werden soll. Diesen kennt man kaum außerhalb von Physik und Wärmetechnik, dafür ist er von höchster intellektueller Raffinesse.

## Entropie

Der Begriff der Energie hat sich als universell brauchbar erwiesen in allen Bereichen der Physik. Bei allen Phänomenen der Natur führen Überlegungen, in denen die Erhaltung der Energie ausgenutzt wird, oft zu ersten Einsichten. Wenn man ein System mit vielen Teilchen betrachtet, wie in der Theorie der Wärme, spielt aber auch ein anderer Begriff eine ähnliche bedeutsame Rolle, der Begriff der Entropie. Dieser ist nicht so einfach zu erklären, ich brauche dafür etwas länger und muss dazu etwas ausholen.

Im letzten Abschnitt wurde die Messung des mechanischen Wärmeäquivalents durch Joule erwähnt. Dieser leitete die Bewegung eines sinkenden Gewichtes um in eine Drehung eines Schaufelrads in einer Flüssigkeit, und diese Drehung fand unter starker Reibung mit entsprechender Wärmeentwicklung statt. Aus der makroskopischen Bewegung, der Bewegung des gesamten Gewichts also, wurde ein Mehr an regelloser Bewegung der einzelnen Teilchen der Flüssigkeit: Arbeit wird in Wärme umgewandelt, d. h. das Gewicht verliert Energie, und zwar in Form potenzieller Energie, die aber der Flüssigkeit in Form von Wärme zukommt.

Nun liegt die Frage nahe: Geht es auch umgekehrt? Kann man auch Wärme in Arbeit umwandeln? Kann man, wenigstens zum Teil, die regellose Bewegung der Teilchen einer Flüssigkeit oder eines Gases umwandeln in eine „globale" Bewegung eines ganzen, mit den Händen fassbaren Körpers?

Eine gezielte Ausnutzung der Wärme zur Erzeugung von Bewegung begann mit der Erfindung der Dampfmaschine. Bei dieser wird offensichtlich durch Erhitzung von Wasser Dampf erzeugt, um mithilfe der Eigenschaften des Dampfes einen Kolben zu bewegen. Ein Gerät dieser Art soll der Grieche Heron von Alexandria schon im 1. Jahrhundert n. Chr. gebaut haben, er hat aber die Tragweite dieser Entdeckung wohl nicht gesehen. Die erste, auch wirklich Arbeit leistende Dampfmaschine wurde erst im Jahre 1712 von dem Engländer Thomas Newcomen konstruiert. Er ist also der Erfinder der Dampfmaschine, nicht James Watt, wie oft gesagt wird. Watt hat allerdings um 1769 die Maschine von Newcomen so umgebaut und verbessert, dass der Wirkungsgrad, das Verhältnis von Ertrag zu Aufwand, von 0,5 % auf 3 % gesteigert werden konnte.

Den Einfluss, den die Entwicklung der Dampfmaschine auf die wirtschaftliche Entwicklung Englands gehabt hat, beschreibt der französische Ingenieuroffizier Sadi Carnot 1824 in seinem Werk *Über die bewegende Kraft des Feuers* sehr eindrücklich. Die „Ausbeutung der Steinkohlenbergwerke, die wegen der Schwierigkeiten der Wasserhaltung und -Förderung unterzugehen drohte", konnte wiederbelebt werden, die Eisenindustrie benötigte nicht mehr so viel Holz, „das so eben anfing, sich zu erschöpfen" und es gab zahlreiche Bauarten von Dampfmaschinen, die in Fabriken den Antrieb von Maschinen erleichterten. Die Erzeugung von Schmiedeeisen wurde sehr viel billiger, die Stahlindustrie blühte auf, was wiederum zu einem allgemeinen industriellen Aufschwung, zunächst in England, dann in ganz Europa, führte. Im Jahre 1803 entstand die erste brauchbare Dampflokomotive; über die stets wachsenden Eisenbahnnetze konnte man schneller und billiger Güter transportieren als mit Kähnen über Kanäle. Und doch, so fährt Sadi Carnot in seinem Werk fort, trotz des befriedigenden Zustands und der mannigfaltigen Arbeiten über die Wärmemaschine „ist ihre Theorie doch sehr wenig fortgeschritten, und die Versuche zu ihrer Verbesserung sind fast nur von Zufall geleitet".

Carnot war Ingenieur, insofern konnte er die Leistungen seiner Kollegen Newcomen, Watt und anderer, die hier gar nicht erwähnt wurden, schätzen und würdigen. Aber er war auch ein sehr analytisch denkender Kopf und wollte über ein möglichst abstraktes Schema der Dampfmaschine die grundlegenden physikalischen Prozesse während der Arbeit der Dampfmaschine erkennen und besser verstehen. So hoffte er, den Wirkungsgrad der Dampfmaschine noch entscheidend verbessern zu können.

Hier sehen wir ein typisches Szenarium für das Zusammenspiel von Wissenschaft und Technik. Technische Erfindungen können oft ohne genaue Kenntnis der physikalischen Grundlagen gemacht werden, die wissenschaftliche Durchdringung der theoretischen Grundlagen kann diese Erfindungen aber bedeutend verbessern. Aber nicht nur das: Oft führt diese Suche nach einer Verbesserung eines technischen Gerätes auch zu einer fruchtbaren wissenschaftlichen Fragestellung. Carnot stellte sich nicht nur die Frage, auf welche verschiedenen Weisen kann man Wärme in Arbeit umwandeln, er wollte grundsätzlich wissen: Wie kann man ein Maximum an Arbeit aus Wärme gewinnen und wie groß ist dieses Maximum?

Er musste dazu ein abstraktes Modell einer Wärmemaschine gewissermaßen auf einem Reißbrett entwerfen, den Prozess während eines Arbeitsvorganges in Einzelprozesse zerlegen und einen jeden einzeln diskutieren. Als Vorbild diente ihm eine Wasserkraftmaschine, bei der Wasser von einem Behälter mit hohem Wasserstand in einen mit niedrigem Wasserstand fällt und dabei über eine Art Mühlrad eine Bewegung erzeugt, und somit Arbeit leistet. Die Temperatur sah er in Analogie zum Wasserstand, und da er noch ein Anhänger der Wärmesubstanztheorie war, betrachtete er die Wärmemenge in Analogie zum Wasser. So, wie kein Wasser bei einer Wasserkraftmaschine verloren geht, blieb für ihn auch die Wärmemenge erhalten. Wir wissen heute, dass er da irrte. Das war aber nicht so wesentlich; später sah man, dass sein Resultat trotzdem richtig war. Selbst, wenn es dadurch falsch geworden wäre, die Fragestellung Carnots war allein schon höchst innovativ und führte zu höchst fruchtbaren Überlegungen.

Da es um die Nutzung von Wärme gehen sollte, musste Carnot von einer Wärmequelle hoher Temperatur ausgehen und wohl auch noch eine Wärmequelle niedrigerer Temperatur in die Betrachtung einbeziehen. In einem mit Gas gefüllten Zylinder, in dem sich reibungslos ein Kolben bewegen konnte, ließ er seinen Prozess stattfinden. Diesen sah er als Folge von vier Teilprozessen, und für jeden analysierte er, wie viel Wärmestoff das System Zylinder-Kolben bezieht oder abgibt und wie viel Arbeit im günstigsten Falle gewonnen wird bzw. aufgewendet werden muss. Er fragte nach dem Wirkungsgrad, also nach dem Verhältnis von erzielter Arbeit zur eingesetzten Wärmemenge. Diese Teilprozesse werden bald eingehender diskutiert, zunächst aber soll ein Überblick darüber gegeben werden, welche Erkenntnisse er dabei gewann.

Das hervorstechende Resultat ist wohl, dass er überhaupt die Idee eines maximalen Wirkungsgrades hatte und auch zeigen konnte, dass man einen solchen berechnen kann. Solch eine obere Grenze aus grundsätzlichen physikalischen Gründen ist schon etwas Bedeutendes. Der Wirkungsgrad einer jeden Wärmekraftmaschine kann an ihr gemessen werden und man weiß, dass jeder Versuch, über diese Grenze hinaus effizientere Maschinen zu bauen, von vorne herein zum Scheitern verurteilt ist.

Tief liegender, aber konzeptionell noch wichtiger war, dass Carnot bei der Konzipierung der Teilprozesse den Gedanken eines „reversiblen" Prozesses entwickelte. Dadurch wurde implizit der Begriff der Entropie vorbereitet. Man kann am besten an einem Gedankenexperiment erklären, was ein reversibler und was ein irreversibler Prozess ist.

Man betrachte den heißen Kaffee in einer Tasse beim Frühstück. Wenn man ihn stehen lässt, vielleicht, weil man in der Zeitung einen sehr interessanten Artikel liest, wird er, da er in Kontakt mit der Luft ist, allmählich abkühlen und die Temperatur der Luft annehmen. Natürlich steigt diese dabei geringfügig an, das spielt hier aber keine Rolle. Das System „Kaffee-Luft" setzt sich also von alleine ins „Gleichgewicht": Die Temperaturen der Untersysteme „Kaffee" und „Luft" gleichen sich an und ändern sich nicht mehr.

Dieser Übergang des Systems „Kaffee-Luft" ins Gleichgewicht ist ein irreversibler Vorgang, denn man wird nie beobachten, dass der Kaffee von alleine wieder heiß wird. Im Grunde läuft alles, genau besehen, immer irreversibel ab. Einem Buch sieht man immer an, ob schon jemand damit gearbeitet hat. Man wird es nie mehr genau in den Zustand bringen, in dem es war, als man es auspackte. Alles altert eben, die Straßen, die Häuser, wir Menschen, die Welt.

Zum Begriff eines reversiblen Prozesses gelangt man dann, wenn man sich vorstellt, dass alles, was die Irreversibilität ausmacht, verschwindet. Das ist natürlich ein Grenzfall. Er wird in Realität zwar nie eintreten, man kann ihm aber vielleicht beliebig nahe kommen.

Versuchen wir doch einmal, einen Prozess zu konstruieren, der in guter Näherung reversibel ist. Wir betrachten dazu das Gas in dem Zylinder aus dem Gedankenexperiment von Carnot und damit auch gleich einen der Teilprozesse von Carnot. Wir stellen uns vor, dass das Gas unter dem Kolben durch Kontakt mit der Wärmequelle höherer Temperatur auf diese Temperatur aufgeheizt ist, und dass bei dieser Temperatur und bei dem vorhandenen Volumen das Gas einen Überdruck besitzt, durch den der Kolben langsam gehoben wird. Das geschehe immer im Kontakt mit der Wärmequelle, damit die Temperatur des Gases immer gleich bleibt. Das ist das, was man eine isotherme Expansion nennt. Durch die Hebung des Kolbens wird Arbeit geleistet, der Preis dafür ist, dass das Gas „entspannt", der Druck im Zylinder sich erniedrigt. Irgendwann kommt der Kolben zum Stillstand, weil das Gas keinen Überdruck mehr hat.

Dieser Prozess wäre offensichtlich dann reversibel, wenn das Gas so gut wie nie aus dem Gleichgewicht käme, sich also nie wieder ins Gleichgewicht setzen müsste, denn das wäre ja ein irreversibler Vorgang. Das kann man natürlich im strengen Sinne nicht erreichen, aber gefühlsmäßig würde man sagen, dass das Gas umso weniger aus dem Gleichgewicht gebracht wird, je langsamer sich Druck und Volumen ändern. Je langsamer der Prozess also abläuft, um so „weniger irreversibel" ist er.

Nun wird man fragen, ob man denn nicht „weniger irreversibel" und „weniger aus dem Gleichgewicht" genauer fassen kann, ob es ein Maß für die Irreversibilität gibt und ob man irgendwie eine Art Abstand vom Gleichgewicht definieren kann. In der Tat gibt es das, und das genau liefert die Entropie. Nun kannte Carnot diesen Begriff noch nicht, konnte ihn auch noch nicht einführen, aber seine Frage nach der optimalen Führung eines Prozesses führte genau auf die richtige Fährte zu diesem Begriff.

Ich möchte jetzt vorgreifen. Die Entropie charakterisiert wie Druck, Temperatur, Volumen ein Gas, man kann sie berechnen wie man die Energie berechnen kann. Im Unterschied zur Energie, die ja weder erzeugt noch vernichtet werden kann, zeigt sich für die Entropie: Sie kann wohl erzeugt, nicht aber vernichtet werden. Und zusätzliche Entropie wird bei jedem irreversiblen Prozess erzeugt, und je mehr Entropie dabei erzeugt wird, um so „irreversibler" ist der Prozess. Erst im Grenzfall, bei einem reversiblen Prozess, wird keine Entropie erzeugt.

Auch als Maß für den Abstand zum Gleichgewicht kann die Entropie dienen. Im Gleichgewicht ändert sich die Entropie ja nicht mehr, sie hat dann ihren größten Wert erreicht, und so kann man den Abstand dieses Wertes von der Entropie des Anfangszustands, als der Kaffee noch heiß war, auch als Abstand zum Gleichgewicht ansehen.

Eine merkwürdig abstrakte Größe ist das, diese Entropie. Aber will man das Phänomen, dass Wärme wohl „von sich aus" von einem wärmeren auf einen kälteren Körper übergeht aber nicht umgekehrt, will man diese Irreversibilität irgendwie quantitativ fassen, so muss man eine solche Größe einführen, die wohl erzeugt, nicht aber vernichtet werden kann. Man muss schon einige Erfahrung mit diesem Begriff sammeln, um ihn zu verstehen. Aber letztlich ist der Begriff der Entropie doch nicht viel abstrakter als der der Energie, an den sich heute fast alle gewöhnt haben.

Interessant ist, dass in der Zeit, in der man allmählich die Vorstellung aufgeben musste, dass Wärme eine Substanz ist, so eine andere Größe aufkommt, die man einerseits wie eine Substanz ansehen kann, weil in jedem Gas oder Körper eine bestimmte Menge davon vorhanden ist, die andererseits aber eben keine Substanz ist, sondern eine abstrakte, aus anderen Größen berechenbare Menge, wie wir das von der Energie her kennen. In einer Art begrifflicher Sublimation tritt die Entropie gewissermaßen an die Stelle der Wärmesubstanz, des Caloricums. So darf man sich nun vorstellen, dass statt einer Wärmemenge eine bestimmte Menge von Entropie von einem wärmeren zu einem kälteren Körper fließt und dass dabei Energie in Form von Wärme, also regelloser Bewegung der Teilchen, übertragen wird. Das wesentlich Neue ist aber hier, dass zusätzliche Entropie erzeugt werden kann und zwar umso mehr, je irreversibler der Prozess ist. Dieser Punkt scheint die eigentlichen Schwierigkeiten beim Verständnis zu bereiten, man fragt sich, woher denn diese zusätzliche Entropie kommt. So sehr haben wir uns daran gewöhnt, dass von „Nichts" auch nur „Nichts" kommen kann. Aber im Kapitel „Statistische Mechanik" (S. 197ff.), in dem die Entropie mit der Wahrscheinlichkeit eines Zustandes verknüpft wird, wird dieser Punkt einfacher werden. Der Zustand des Systems, in dem der Kaffee heißer ist als die Luft, die Kaffee-Teilchen sich also im Mittel alle schneller bewegen als die Luft-Teilchen, ist viel unwahrscheinlicher als der Zustand, in dem es keinen bevorzugten Platz für die schnelleren Teilchen gibt.

Carnot hatte den Entropiebegriff noch nicht explizit zur Verfügung, dieser wurde erst im Jahre 1865 von Rudolf Clausius eingeführt, der übrigens der Vorgänger von Heinrich Hertz auf dem Bonner Lehrstuhl für Physik war. Clausius hat mit der Entropie den letzten Baustein geliefert, um alle Vorgänge bei den thermodynamischen Prozessen mathematisch formulieren zu können, er hat damit die Thermodynamik zu einer Wissenschaft mit gesicherten Grundlagen, eindeutigen Definitionen und klaren Grenzen gemacht. Das Wort Entropie ist übrigens ein reines Kunstwort, geprägt von Clausius nach dem griechischen Wort für „Umwandlung". Es hat also keinen Vorläufer in einem Begriff aus dem Alltag, das mag auch ein Grund dafür sein, dass so wenige Menschen etwas mit der Entropie verbinden.

## Thermodynamische Kreisprozesse, Kühlschrank und Wärmepumpe

Nach der ersten Begegnung mit der Entropie im letzten Abschnitt soll hier noch weiter gezeigt werden, wie geeignet dieser Begriff ist, die Vorgänge bei einem thermodynamischen Prozess zu beschreiben.

Entropie ist also eine Größe, die wie die Energie ein System charakterisiert. Konkret: Ein Gas mit einer bestimmten Temperatur, bestimmten Druck usw. besitzt auch eine bestimmte Menge an Entropie. Solange sich das Gas im Gleichgewicht befindet, seine Temperatur und alle anderen thermodynamischen Größen sich also nicht ändern, bleibt auch die Entropie konstant. Ändern kann sich die Entropie einerseits durch Erzeugung, z. B. bei einem irreversiblen Prozess, wie wir im letzten Abschnitt beschrieben haben, und andererseits durch Austausch mit der Umgebung, bei dem die ausgetauschte Entropie dann auch, wie sich zeigen lässt, ein Maß für die übertragene Energie in Form von Wärme ist. In der Regel findet natürlich beides statt: Austausch und Erzeugung, so dass die Bilanz ganz unterschiedlich sein kann. So kann sich die Entropie eines Systems auch verringern, indem mehr Entropie an die Umgebung abgegeben wird als erzeugt wird.

Man denke noch einmal an das Beispiel des letzten Abschnitts. Wenn der Kaffee in der Tasse allmählich kalt wird, erhöht sich die Entropie des Gesamtsystems, bestehend aus der Tasse mit Kaffee und der Umgebung, solange, bis der Kaffee die Temperatur der Umgebung angenommen hat. Dann ist das System „Kaffee-Umgebungsluft" im Gleichgewicht, es hat überall die gleiche Temperatur, und diese ändert sich auch nicht mehr. Und die Entropie ist im Vergleich zu allen vorherigen Zuständen dieses Systems am größten. Während der Kaffee kalt wird, fließt auch Wärme und damit Entropie vom Kaffee in die Umgebung. Neben der Erzeugung von Entropie wird also auch noch Entropie ausgetauscht. Die Entropie hat insgesamt im System „Kaffee-Umgebungsluft" zugenommen. Die Energie ist dabei natürlich gleich geblieben.

Es ist lehrreich, noch ein paar Vorgänge zu betrachten und dabei zu diskutieren, wie dort Energie und Entropie ausgetauscht werden.

Der erste dieser Vorgänge sei die schon im letzten Abschnitt betrachtete isotherme Expansion, bei der sich bei gleich bleibender Temperatur ein Gas ausdehnt. Um die Temperatur gleich zu halten, muss man den Zylinder, in dem sich das Gas befindet, immer in gutem Kontakt mit einer Wärmequelle halten, die so groß ist, dass ihr der Kontakt mit dem vielleicht kälteren Zylinder nichts ausmacht, d. h. ihre Temperatur sich dadurch so gut wie nicht ändert. Man nennt solche Wärmequellen, die man gedanklich oder in Realität konstruiert, um einen isothermen Vorgang zu realisieren, auch Wärmebad.

Was passiert nun bezüglich der Energie und der Entropie, wenn sich das Gas allmählich ausdehnt und sich der Deckel des Zylinders dadurch hebt? Offensichtlich wird Energie in Form von Wärme aus dem Wärmebad in das Gas eingeführt und das Gas gibt diese Energie in Form von Arbeit ab, der Deckel wird ja angehoben. Mit der Energie in Form von Wärme wird auch Entropie in das Gas eingeführt. Da wir uns den Prozess als reversibel vorstellen, wird keine Entropie erzeugt. Am Ende des Vorganges besitzt das Gas die gleiche Energie, aber mehr Entropie. Bezüglich der Energie hat es nur als Wandler gedient, aber Entropie hat es aus dem Wärmebad aufgenommen, weil Wärme eingeführt worden ist.

Nun könnte man den Prozess umkehren, d. h. den Deckel langsam runterdrücken, bis er wieder die alte Stellung erreicht hat. Das bedeutet, dass man Energie in Form von Arbeit in das Gas steckt, durch die Volumenverkleinerung möchte das Gas wärmer werden, der Kontakt mit dem Wärmebad sorgt aber dafür, dass die Wärme und damit Entropie gleich wieder in das Wärmebad abfließt. Hier wird also Arbeit in Wärme umgewandelt, und wenn der Prozess reversibel geführt wird, sind am Ende Gas und Umgebung im gleichen Zustand, auch bezüglich Energie und Entropie.

Man kann diese isotherme Expansion mit der nachfolgenden ebenso isothermen Kompression als einen Kreisprozess betrachten, als einen Prozess, für den nach einem Zyklus, der hier aus Expansion und Kompression besteht, Endzustand und Anfangszustand des Systems identisch sind. Ob man ihn aber nun reversibel, d. h. so reversibel wie möglich, gestaltet oder auch nicht, dieser Prozess kann noch nicht Grundlage für eine nützliche Maschine sein, denn die Energie in Form von Arbeit, die das Gas bei der Expansion liefert, wird ja wieder für die Kompression aufgebraucht.

Um einen Überschuss an Energie nach einem Zyklus zu erhalten, muss man zwischen Expansion und Kompression noch einen anderen Prozess einschieben, so dass man die Kompression bei einer anderen, und zwar tieferen Temperatur durchführen kann, denn dann benötigt man dazu weniger Energie in Form von Arbeit. Da die Teilchen bei geringerer Temperatur des Gases weniger Bewegungsenergie besitzen, kann man das Gas leichter zusammendrücken.

Um das Gas nun auf ein tieferes Temperaturniveau zu schleusen, unterwirft man dieses am besten einem so genannten adiabatischen Prozess. Der ist dadurch definiert, dass bei ihm keine Wärme und damit keine Entropie ausgetauscht wird. Man muss das Gas dazu gut gegen Wärmeaustausch isolieren. Das kann man z. B. so machen, wie man es von einer Thermoskanne kennt, die ja auch den Kaffee lange warm halten, den Wärmeaustausch mit der Umgebung also möglichst klein halten soll. Bei einem solchen Prozess verändern sich Druck und Temperatur in einer ganz charakteristischen Weise mit dem Volumen. Man muss also auf adiabatische Weise, d. h. unter Vermeidung von Wärmeaustausch, das Volumen erst noch so weit vergrößern, dass das angestrebte tiefere Temperaturniveau erreicht wird.

Dann ist Zeit für die Umkehr, man muss sehen, dass man wieder zurück zum Anfangszustand findet. So führt man jetzt, also bei tieferer Temperatur, die isotherme Kompression durch; die kostet Arbeit, aber eben nicht so viel, wie man bei der Expansion gewonnen hat. Entsprechend wird dabei weniger Energie in Form von Wärme an das Wärmebad niedrigerer Temperatur abgegeben. Aber nicht nur das Volumen soll nach einem Zyklus auf dem alten Wert sein, auch die Temperatur, und man muss wohl nach der Kompression noch einen umgekehrten adiabatischen Prozess anschließen, damit man auch wieder auf das anfängliche höhere Temperaturniveau kommt.

Das alles muss natürlich genau austariert werden, damit man auch wirklich die Anfangswerte von Druck, Temperatur und Volumen des Gases erreicht.

Mit diesen vier Teilprozessen, wobei zwei dieser jeweils vom gleichen Typ sind, nämlich isotherm bzw. adiabatisch, haben wir schon den Carnot-Prozess angegeben (vgl. Abb. 5).

Obwohl Carnot bei seinen Überlegungen von der Wärmesubstanztheorie ausging, erhielt er für den Prozess den richtigen Ausdruck für den maximalen Wirkungsgrad. Dieser hängt nur von den beiden Temperaturen ab, so, wie man es erwartet. Denn ein Wirkungsgrad, der von so grundsätzlicher Bedeutung sein will, dass er das maximal Erreichbare darstellt, darf auch wohl nicht von spezielleren Umständen abhängen.

Mithilfe der Energie- und Entropiebilanz kann man heute schnell den Wirkungsgrad ausrechnen und einsehen, dass er

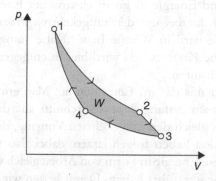

**Abb. 5** Veränderungen von Druck $p$ und Volumen $V$ bei einem Carnot-Prozess: Isotherme Expansion (von 1 nach 2), adiabatische Expansion (von 2 nach 3), isotherme Kompression bei niedrigerer Temperatur (von 3 nach 4), adiabatische Kompression (von 4 nach 1). Die schattierte Fläche $W$ ist ein Maß für die aus Wärme gewonnene Energie in Form von Arbeit. Bei Fehlen der adiabatischen Prozesse würde der Prozess von 1 nach 2 und wieder zurück von 2 nach 1 gehen, es würde letztlich keine Energie in Form von Wärme in Arbeit umgewandelt.

bei einer reversiblen Führung am größten ist. Jede Erzeugung von Entropie schadet also dem Wirkungsgrad, ist also eine „Vergeudung", ein Auslassen einer Chance, Energie in Form von Arbeit zu gewinnen.

Konkret heißt das: Wird Entropie bei dem Prozess erzeugt, so muss z. B. bei der isothermen Kompression mehr Arbeit aufgewandt werden als sonst, dabei auch mehr Energie in Form von Wärme an das Wärmebad niedrigerer Temperatur abgeführt werden; so entsteht mehr Abwärme als eigentlich nötig.

Der Carnotsche Kreisprozess ist der Prototyp aller thermodynamischen Maschinen. Versteht man diesen, so versteht man auch, wie ein Kühlschrank, wie eine Wärmepumpe funktioniert. Immer geht es um Expansion und Kompression auf verschiedenen Temperaturniveaus. Nur geht es hier nicht um Wärme und Energie in Form von Arbeit sondern um Wärme und Energie in Form elektrischer Energie. Und es handelt sich hierbei um den umgekehrten Prozess: Elektrische Energie wird in Wärme bzw. „Kälte" umgewandelt. Der Carnotsche Kreisprozess wird hier in entgegengesetzter Richtung durchlaufen.

Schauen wir uns das im Einzelnen an: Man erinnere sich daran, wie wir am Anfang dieses Abschnitts auf die isotherme Expansion gleich den umgekehrten Vorgang, die isotherme Kompression haben folgen lassen, dabei also Wärme in Arbeit und diese Energie in Form von Arbeit gleich wieder zurück in Wärme überführt haben. Damit hatten wir eigentlich nichts gewonnen, kamen aber auf die Idee, vor der isothermen Kompression das Gas auf ein tieferes Temperaturniveau zu schleusen. Nun betrachten wir einmal das Umgekehrte: Wir starten mit einer isothermen Kompression, führen also Energie in Form von Arbeit, oder auch elektrische Energie, durch eine isotherme Kompression in Wärme über, d.h. wir starten in Abb. 5 im Punkte 2 und befinden uns am Ende dieses Teilprozesses im Punkte 1. Konkret heißt das, dass man durch eine Kompression das Gas so erhitzt, dass es wärmer als die Umgebung werden will, diese Wärme aber gleich an die Umgebung abgibt, man heizt also die Umgebung. Bei der Wärmepumpe wäre das genau das, was man bezwecken will, beim Kühlschrank wäre das ein Nebeneffekt, das Gestänge am Rücken des Kühlschranks ist immer ganz schön warm und heizt die Küche. Nun könnte man diesen Prozess der isothermen Kompression wieder durch eine isotherme Expansion rückgängig machen und hätte auch wieder nichts gewonnen. Stattdessen schleust man das Gas erst einmal durch eine adiabatische Druckentlastung auf ein tieferes Temperaturniveau (von Punkt 1 nach Punkt 4 in Abb. 5) und bringt es bei einer Wärmepumpe, die z. B. eine Erdwärmeheizung betreibt, mit tieferen Schichten des Erdbodens in thermischen Kontakt, bei einem Kühlschrank mit dem Innern des Kühlschranks. Hier nun lässt man das Gas isotherm weiter expandieren (von Punkt 4 nach Punkt 3 in Abb. 5) und dabei wird dieser Umgebung mit der tieferen Temperatur noch Wärme entzogen. Konkret: Das Gas möchte kühler werden als die Umgebung, wird aber gleich wieder aufgewärmt durch die Umgebung, d. h. der Erdboden oder das Innere des Kühlschrankes geben Wärme ab, werden gekühlt. Danach muss das Gas wieder in den Anfangszustand (von 3 nach Punkt 2 in Abb. 5) gebracht werden. In diesem Teilprozess muss man Energie z. B. in Form elektrischer Energie zuführen, um die Verdichtung und damit einhergehend die Druck- und Temperaturerhöhung zu erreichen. Ein neuer Zyklus kann dann beginnen.

Das ist das Prinzip. Der Witz ist also, dass die Energie, die auf höherem Temperaturniveau in Form von Wärme abgegeben werden kann, zum Teil durch die Energie in Form von elektrischer Energie geliefert wird, zum Teil aber auch durch die Energie, die in Form von Wärme aus der Umgebung niedrigerer Temperatur aufgenommen wird. Hier geht also der Energiefluss in genau umgekehrter Richtung als beim Carnotschen Kreisprozess. Dort wurde Wärme in Arbeit und weniger Wärme überführt, hier Arbeit bzw. elektrische Energie und Wärme in mehr Wärme – wobei man hier genauer immer statt Wärme „Energie in Form von Wärme" und statt Arbeit „Energie in Form von Arbeit" sagen müsste. Die Energie bleibt insgesamt erhalten, die Entropie allerdings nur bei einem idealen reversiblen Prozess.

In der Praxis sehen die Prozesse bei einem Kühlschrank oder bei einer Wärmepumpe natürlich ein wenig anders aus. Die Führung eines Carnot-Prozesses ohne allzu große Irreversibilitäten ist äußerst schwierig, insofern taugt er nur für prinzipielle Überlegungen. Bei der Wärmepumpe wird heutzutage oft ein so genannter Rankine-Prozess bevorzugt, bei dem das Arbeitsmedium noch zur Wärmeabgabe verflüssigt und zur Wärmeaufnahme verdampft wird. Aber das soll uns hier alles nicht interessieren, wichtiger ist es, das Prinzip zu kennen.

Hier, in Verbindung mit dem Carnotschen Kreisprozess, sollte auch noch unbedingt William Thomson erwähnt werden. Er war ein ungewöhnlicher Mann, mit 15 Jahren las er bereits die Arbeiten über Mechanik von Lagrange und über den Wärmetransport von Fourier, mit 22 Jahren wurde er auf den Physik-Lehrstuhl in Glasgow berufen und er hatte diesen 53 Jahre inne. Nicht nur mit thermodynamischen Arbeiten sondern auch mit Arbeiten über elektrische Phänomene hat er sich einen Namen gemacht, insbesondere spielte er bei der Verlegung des Telegrafenkabels von England nach

Nordamerika eine bedeutende Rolle. Helmholtz schreibt über ihn: „Er übertrifft alle wissenschaftlichen Größen, die ich persönlich kennen gelernt habe, an Scharfsinn, Klarheit und Beweglichkeit des Geistes." 1892 wurde er in den höheren Adelsstand zum Lord Kelvin erhoben.

Im Jahre 1847 traf Thomson den sechs Jahre älteren Joule auf einer Tagung, sie freundeten sich an und es ergab sich eine sehr fruchtbare Zusammenarbeit. Die genaue Analyse des Carnotschen Prozesses führte ihn zu der Einsicht, dass man Temperaturmessungen auf die Messung von Energien zurückführen kann und insbesondere, dass es einen absoluten Nullpunkt für die Temperatur geben muss. Darauf aufbauend definierte er eine absolute Temperaturskala, die heute, nach ihm benannt, die Kelvin-Skala, heißt.

# Verhalten von Gasen und Flüssigkeiten

Bei der vorhergehenden Diskussion der Begriffe Wärme, Energie und Entropie wurde nicht viel Wissen über das Verhalten von Gasen und Flüssigkeiten benötigt, lediglich, dass sich ein Gas ausdehnt, wenn man es aufheizt, und dass sich sein Volumen verringert, wenn man es unter Druck setzt. Wenn man aber konkrete Berechnungen für Prozesse machen will, wenn man die bei einem Prozess zu erwartenden Drücke und Temperaturen kennen will oder z. B. verstehen möchte, warum man für eine Kompression bei einer tieferen Temperatur weniger Energie benötigt, dann muss man wissen, wie die Größen Druck, Temperatur und Volumen genau, d. h. in mathematischen Formeln ausgedrückt, zusammen hängen.

Natürlich begann man irgendwann, die Eigenschaften und das Verhalten von Gasen genauer zu untersuchen und quantitativ zu fassen. Messungen der Temperatur der Luft und Untersuchungen zum Luftdruck kennt man schon aus dem 17. Jahrhundert, und ebenso lernte man schon früh, dass es drei Größen sind, die den Zustand eines einfachen Gases bestimmen: Temperatur, Druck und Volumen. Wie aber hängen diese zusammen?

Im Jahre 1662 entdeckte der Engländer Robert Boyle, und kurz darauf auch der französische Abt Mariotte, dass bei fester Temperatur das Produkt aus Druck und Volumen immer konstant bleibt. Wenn man also die Temperatur festhielt, konnte man nun bei einer Änderung des Volumens den neuen Druck genau berechnen. Auch bei den Gasen, die im Laufe des 18. Jahrhundert bekannt wurden, wie z. B. Stickstoff, Sauerstoff, Kohlendioxyd konnte man in guter Näherung das Boyle-Mariottsche Gesetz beobachten.

Um 1800 studierte Allessandro Volta die Ausdehnung von Gasen bei Erhöhung der Temperatur. Er fand auch hier ein einfaches quantitatives Gesetz: Das Volumen erhöht sich bei festem Druck proportional zur Temperatur. Der Physiker Gay-Lussac – er war einer der Juroren, man erinnere sich an die Geschichte aus dem Abschnitt 3.9, der Fresnel 1818 den Preis der Französischen Akademie zuerkannte – stellte dann 1802 fest, dass das Gesetz, das Volta für die Wärmeausdehnung der Luft gefunden hatte, auch für alle damals bekannten Gase gilt. Stets ergab sich bei einer Erhöhung der Temperatur um $t$ Grad ein Volumen, das sich als Produkt aus dem Ausgangsvolumen und einem Faktor $(1 + \alpha\, t)$ berechnen ließ, wobei für $\alpha$ der Wert $1/276$ und später $1/273$ gemessen wurde. Mit einer um 273 Grad Celsius verschobenen Temperaturskala, also mit $T = 273 + t$ als neue Definition der Temperatur hätte man jetzt schon das Verhalten der Gase durch die Gleichung $pV = KT$ beschreiben können, wobei $K$ noch eine zu bestimmende Konstante sein musste. In der Tat hat der französische Physiker Émile Clapeyron die Gleichung in dieser Form schon aufgeschrieben, aber man konnte sich noch keinen Vers auf diese neue Temperaturskala machen. Erst als William Thomson, der spätere Lord Kelvin, die nach ihm benannte Temperaturskala eingeführt hatte, wurde die tiefere Bedeutung der durch Verschiebung um 273 Grad Celsius entstandenen neuen Temperaturskala klar. Sie war identisch mit der von Lord Kelvin vorgeschlagenen. Heute wissen wir, dass der genaue Wert bei 273,15 liegt, d. h. der absolute Temperaturnullpunkt, also $T = 0$, liegt bei $t = -273,15$ Grad Celsius.

Diese Zustandsgleichung beschreibt aber, wie sich bald herausstellte, die Beziehung zwischen Druck, Temperatur und Volumen nur gut, wenn das Gas so verdünnt ist, dass die Kräfte zwischen den einzelnen Gasmolekülen vernachlässigt werden können. Man nennt sie deshalb auch die Zustandsgleichung für ideale Gase. Man hat also wieder zunächst ein Gesetz für einen Grenzfall formulieren können. Dieser war aber in der Natur leicht zu realisieren bzw. vorzufinden. Das war ein Glücksfall. Der Grenzfall verschwindender Reibung, den Galilei beim Studium der Bewegung entdeckte, lag nicht so nahe.

Es kamen auch bald ganz andere Eigenschaften von Gasen in den Blick. Man lernte um das Jahr 1823 Gase zu verflüssigen und erkannte, dass der gasförmige Zustand nur ein bestimmter Aggregatzustand einer jeden Substanz ist. Man kennt das vom Wasser. Das kann in fester Form, also als Eis, in flüssiger Form und in gasförmiger Form, als Dampf, vorkommen. In allen diesen Aggregatzuständen hat es andere physikalische Eigenschaften. Und man weiß, dass der Dampf kondensieren kann, also wieder zu Wasser werden kann und dass das Wasser zu Eis gefrieren kann. Uns scheint zunächst, dass die Temperatur entscheidet, in welcher Phase,

d. h. Erscheinungsform, die Substanz Wasser vorliegt. Aber auch der Druck spielt eine große Rolle. Da wir im Alltag fast alles immer nur bei dem Druck in unserer Atmosphäre erleben, haben wir keine große Erfahrung mit dem Einfluss des Druckes auf solche Phasenübergänge. Wenn wir aber auf einem hohen Berg steigen, merken wir, dass dort das Wasser bei Temperaturen unter 100 Grad Celsius kocht, Wasser in Dampf übergeht. Solche Phasenübergänge hängen also offensichtlich auch vom Druck ab.

Neben der Verdampfung, dem Übergang von der flüssigen in die gasförmige Phase, kennt man noch die Sublimation, den Übergang von der festen Phase direkt in die gasförmige Phase. Aus jedem festen oder flüssigen Körper treten nämlich immer spontan geringe Mengen der Moleküle aus. Auf diese Weise kann im Frühjahr bei geringem Frost und starkem Sonnenschein der Schnee sehr schnell schwinden, er wird zu Wasserdampf in der Luft.

Eine ungeheure Vielfalt von Erscheinungen eröffnete sich mit dem Studium der verschiedenen Aggregatzustände und der Phasenübergänge. Dieses wurde besonders gefördert durch die sich immer stärker entwickelnde Technik, Gase unter hohem Druck zu verflüssigen. Dabei stellte man zunächst fest, dass sich einige Gase wie Sauerstoff, Stickstoff oder Wasserstoff nicht verflüssigen ließen, wie weit man auch die Kompression trieb. Schließlich erkannte man, dass es an der Temperatur lag. Kohlendioxyd ließ sich erst unterhalb von 31 Grad Celsius verflüssigen. Man entdeckte, dass es für jede Substanz eine kritische Temperatur gibt, oberhalb derer man ein Gas nicht mehr verflüssigen kann, gleich welchem Druck man es unterwirft.

Die Tatsache, dass es eine kritische Temperatur gibt, ist den meisten aus dem Alltag nicht bekannt. Da wir ja im Wesentlichen die drei Aggregatzustände des Wassers kennen, stellen wir uns vor, dass dieses Szenarium wohl der Normalfall ist. Aber wir kennen sie eben nur bei „normalem" Druck, unserem gewohnten Luftdruck. Die kritische Temperatur für die Substanz Wasser liegt bei 374 Grad Celsius. Das ist weit weg von den Temperaturen unserer Erfahrung. Wasserdampf von 373 Grad Celsius kann man also noch zu Wasser verflüssigen, wenn man ihn nur genügend unter Druck setzt, nämlich diesen etwa 220-mal so groß macht wie unseren Luftdruck. Bei 375 Grad Celsius aber ist es vorbei. Mit welchem Druck auch immer, man kann nie Wasser daraus machen.

Die Verflüssigung von Gasen wurde zu einer Jagd, bei der man neben dem Kampf um Prioritäten aber auch wichtige technische und wissenschaftliche Erkenntnisse sammeln konnte. Meilensteine waren die Verflüssigung von Wasserstoff im Jahre 1898 durch Dewar und schließlich die Verflüssigung von Helium im Jahre 1908 durch den holländischen Physiker Kammerlingh-Onnes, der heute als Begründer der Tieftemperaturphysik gilt, die gerade in heutiger Zeit zur Entdeckung eines ganz neuen Aggregatzustands der Materie, dem Bose-Einstein Kondensat, geführt hat. Das ist aber eigentlich ein Thema der Quantenphysik.

All diese Phänomene, wie die Existenz einer kritischen Temperatur und verschiedener Phasen, konnten durch die Zustandsgleichung für ideale Gase nicht beschrieben werden. Eine Verallgemeinerung dieser Gleichung auf reale Gase wurde 1873 von dem holländischen Physiker und Gymnasiallehrer Johann Diderik van der Waals in seiner Dissertation formuliert. Er führte Kräfte zwischen den Molekülen ein und berücksichtigte eine endliche Ausdehnung der Moleküle. Dadurch erscheinen in der Gleichung zwei Parameter, die für jede Substanz zu bestimmen sind. Würde man diese gleich Null setzen, so erhielte man wieder die Zustandsgleichung für ideale Gase. Diese Gleichung zeigte nun alles: Verschiedene Phasen, eine kritische Temperatur mit einem zugehörigen kritischen Druck, plausibles Verhalten bei Phasenübergängen, und verblüffend ist es, wie gut man bei entsprechender Anpassung der Parameter eine Fülle von Daten beschreiben kann.

Diese van der Waals Gleichung ist heute noch das „Paradepferd" einer thermodynamischen Zustandsgleichung, an der das Verhalten von Substanzen in ihren verschiedenen Phasen sehr gut studiert werden kann. Es ist eine so genannte phänomenologische Gleichung, das heißt, sie ist nicht von fundamentalen Prinzipien abgeleitet, sondern aus der mathematischen Beschreibung direkt beobachtbarer Phänomene. So wird auch das ganze Gebiet der Thermodynamik, über das in den letzten Abschnitten berichtet wurde, als phänomenologische Thermodynamik bezeichnet. Man wird diesen Zusatz „phänomenologisch" noch besser verstehen, wenn man ab S. 197 die Statistische Mechanik kennen lernt, in der man all diese Gesetze der Thermodynamik aus fundamentalen Eigenschaften der Moleküle der zu betrachtenden Substanz ableiten kann.

## Mischungen und Zweiphasensysteme

Oft hat man es nicht mit einer reinen Substanz zu tun, sondern mit einem Gemisch von Gasen oder Flüssigkeiten, und fast immer liegt ein „Gemisch" von Aggregatzuständen vor, d. h. eine feste Substanz steht meistens immer auch im Kontakt mit seinem Gas, da immer einige Moleküle aus der Substanz entweichen können. Auch kann sich in einer Flüssigkeit ein Bodensatz von fester Substanz bilden. Kühlt man z. B.

eine wässrige Zuckerlösung, d. h. eine Lösung von Zucker in Wasser, genügend tief ab, so beginnt der Zucker auszufallen und man erhält ein Zwei-Phasen-System, nämlich eine feste reine Zuckerphase am Boden und darüber eine Zuckerlösung mit niedrigerem Zuckergehalt. Ein anderes Zwei-Phasen-System wäre das System Wasser mit darüber liegendem Wasserdampf.

Mit dem Wort „Dampf" bezeichnet man übrigens ein Gas, das immer noch in Kontakt mit der flüssigen Phase steht. Wird der Dampf von der wässrigen Phase abgetrennt und zunehmend erhitzt, so verhält sich dieser überhitzte Dampf oder Heißdampf immer mehr wie ein ideales Gas.

Demnach befindet sich in einem geschlossenen Gefäß, das mit einer Flüssigkeit nicht ganz gefüllt ist, neben den anderen Gasen, die man eventuell mit eingeschlossen hat, auch immer ein Gas aus Molekülen der Flüssigkeit. Im Gleichgewicht besitzt jedes Gas einen ganz bestimmten Druck, der Druck des Gases aus Molekülen der Flüssigkeit wird auch Dampfdruck oder genauer Sättigungsdampfdruck genannt. Bei geringerem Druck würden mehr Moleküle aus der Flüssigkeit austreten als in diese zurück finden. Bei höherem Druck würde das Umgekehrte stattfinden.

Ein geringerer Druck entsteht z. B., wenn man das Gefäß öffnet. Dann steht für die Moleküle des Gases der Flüssigkeit plötzlich ein viel größeres Volumen zur Verfügung, weitere Moleküle treten aus, d. h. die Flüssigkeit verdunstet, und das umso schneller, je schneller die verdunsteten Moleküle, z. B. durch Wind, abtransportiert werden.

Auch andere interessante Phänomene, die wir aus dem Alltag kennen, konnte man schon mithilfe der Kenntnis des Verhaltens idealer Gase verstehen. Der Chemiker William Henry, nicht zu verwechseln mit dem Ingenieur Joseph Henry, der ja die magnetische Kraft eines elektrischen Stromes so spektakulär demonstrieren konnte, betrachtete im Jahre 1803 solch ein Zwei-Phasen-System aus einer Flüssigkeit und seinem darüber stehendem Dampf und dazu ein fremdes Gas, das in beiden Phasen gelöst ist. In jeder Flasche Mineralwasser liegt solch ein System vor: In dem Wasser selbst ist das Gas $CO_2$, umgangssprachlich als Kohlensäure bezeichnet, gelöst, in dem Flaschenhals befindet sich über dem Mineralwasser ein Gemisch von Luft und $CO_2$.

Henry hat nun festgestellt, dass die Konzentration des gelösten Gases in der Flüssigkeit immer proportional zu dem Partialdruck des Gases über der Flüssigkeit ist. Das überrascht nicht: Das Gas muss sich irgendwie „gerecht" auf die Flüssigkeit und den Raum über der Flüssigkeit verteilen.

Öffnet man also die Flasche Mineralwasser, verringert sich der Partialdruck der „Kohlensäure" über dem Wasser und damit entweicht, unter Sprudeln, auch so lange Kohlensäure aus der Flüssigkeit, bis sich wieder ein Gleichgewicht einstellen kann. Schließt man die Flasche nicht wieder ab, wird, wie auch bei einem offenen Glas Mineralwasser, dieses Gleichgewicht praktisch nie erreicht, das Wasser „entgast".

Ähnlich verhält es sich mit der Taucherkrankheit. Ein Taucher, der mit einem Pressluftgerät z. B. 20 m tief taucht, atmet Luft von einem etwa dreifachen Atmosphärendruck ein. Dann ist in dem Blut das Dreifache der normalen Menge an Stickstoff gelöst. Bei zu raschem Auftauchen entweicht dieser Stickstoff auch unter „Sprudeln", d. h. Blasenbildung, viel zu schnell. Die Gasblasen können Blutgefäße verstopfen und dadurch Gewebeschädigungen vor allem in Herz und Lunge mit tödlichen Folgen verursachen. Gleiche Gefahren ergeben sich bei Fliegern, die ohne Druckgerät schnell in große Höhen aufsteigen.

Weitere Phänomene des Alltags lassen sich so auch leicht verstehen. In unserer Luft ist immer Wasserdampf vorhanden und der Druck dieses Gases trägt zum Luftdruck bei, wie auch die Partialdrücke der anderen Gaskomponenten der Luft. Im Normalfall liegt der Partialdruck von Wasserdampf niedriger als der Sättigungsdampfdruck, so dass das Zwei-Phasen-System „Wasser-Wasserdampf " nicht im Gleichgewicht ist: Das Wasser in den Pfützen verdunstet.

Die Größe des Partialdrucks im Verhältnis zum Sättigungsdampfdruck wird durch die relative Luftfeuchtigkeit angegeben. Der Sättigungsdampfdruck sinkt aber mit der Temperatur, kalte Luft kann nicht so viel Wasser in Form von Dampf „halten" wie warme. Bei einem Temperaturabfall kann der Sättigungsdampfdruck also kleiner als der Partialdruck werden, die kältere Luft kann dann das Wasser nicht mehr „halten", der Dampf beginnt zu kondensieren. Es bildet sich Tau. Wenn ein Brillenträger aus dem Kalten in eine warme Stube tritt, „beschlägt" seine Brille. Für die Luft in der Umgebung der kalten Brille ist der Wasserdampfgehalt der Luft in der warmen Stube zu hoch.

## Statistische Mechanik

In der „Statistischen Mechanik" will man die Erscheinungen der Wärme und alles, was damit zusammenhängt, aus den Eigenschaften und den Bewegungen der Moleküle, der Bausteine der Materie, erklären.

Die Vorstellung, dass die gesamte Natur aus kleinsten, unteilbaren Einheiten, den Atomen — *atomos* heißt im griechischen so viel wie unteilbar — zusammengesetzt sei, ist uns schon aus dem 5. Jahrhundert von griechischen Philosophen

Leukipp und Demokrit überliefert. In den frühen naturwissenschaftlichen Betrachtungen wird dieser Gedanke 1618 von dem Arzt Daniel Sennert vertreten, der deswegen noch der Ketzerei angeklagt wurde. Robert Boyle redete dann 1661 schon von Elementen oder einfachen, völlig unvermischten Körpern, in welche alle vermischten Körper letztlich zerlegt werden können. Für ihn war ja auch das Licht ein Strahl von Korpuskeln.

Robert Boyle war es auch, der schon zu Lebzeiten Newtons die Ansicht vertrat, dass Wärme Bewegung der Elemente des Körpers sei. So lag es auch nahe, dass Forscher, die einige Zeit später die Kraft und Eleganz der klassischen Mechanik kennen lernten, die Gesetze der Mechanik auf die Atome anzuwenden versuchten. Von Leonard Euler, dem bedeutendsten Nachfolger Newtons auf dem Gebiet der Mechanik stammt, wie schon im ersten Abschnitt dieses Kapitels erwähnt, der erste Zahlenwert für die typische Geschwindigkeit der Teilchen, er erhielt etwa 500 m/s. Daniel Bernoulli, der Euler 1727 nach Petersburg geholt hatte, stellte 1738 eine Beziehung zwischen dem Druck eines Gases und dem mittleren Quadrat der Geschwindigkeit der Teilchen auf.

Die erste Formulierung einer Atomhypothese, die auf experimentellen Befunden beruhte, kam von dem Chemiker Dalton, 1803. Danach besteht die Materie aus kleinsten Teilchen oder Atomen, die sich in der Masse unterscheiden. Diese Atome oder Elemente können chemische Verbindungen eingehen und aus diesen wieder gelöst werden. Dalton stützte sich dabei auf viele experimentelle Befunde, die alle mit dieser Vorstellung von chemischen Elemente oder Atomen leicht erklärbar waren: Lavoisier hatte bei seinen sehr genauen Messungen gefunden, dass die Masse von Substanzen vor einer chemischen Reaktion und nach einer solchen gleich war, die Gesamtmasse ist eben immer die Summe der Massen der einzelnen Atome, in welcher Verbindung sie sich auch befinden. Joseph-Louis Proust fand das „Gesetz der konstanten Proportionen", dass z. B. zur Masse einer Menge Natriumchlorid das Natrium zu 40% und das Chlor zu 60% beiträgt. Das ist mit der Atomhypothese auch leicht zu verstehen: Wenn jedes Chloratom 60 Masseneinheiten beiträgt und jedes Natriumatom 40 Masseneinheiten, wird sich so dieses Massenverhältnis auch für die ganze Menge einstellen. Und schließlich fand Dalton selbst noch das „Gesetz der multiplen Proportionen", das besagt, dass z. B. bei verschiedenen Oxiden die Sauerstoffmengen im Verhältnis von 1 : 2 : 3 usw. stehen. Das ist auch verständlich: Wenn ein Oxid nur ein Atom Sauerstoff enthält, und ein anderes eben mit zwei Atomen gebildet wird, so ist der Massenanteil des Sauerstoffs bei diesem Oxid eben doppelt so hoch. Im Jahre 1811 stellte schließlich Avogadro fest, dass Gase bei gleichem Volumen, gleicher Temperatur und gleichem Druck immer die gleiche Anzahl von Molekülen enthalten.

Die Vorstellung von Atomen oder von Molekülen als Verbindungen von mehreren Atomen hatte sich also durch die chemischen Experimente als sehr brauchbar erwiesen. Aber niemand konnte sagen, wie denn diese elementaren Bausteine der Materie aufgebaut sind, und es war auch nicht klar, ob die Atome wirklich existierten.

Der Gedanke von Daniel Bernoulli wurde von einigen Forschern des frühen 19. Jahrhunderts aufgegriffen und weiter ausgearbeitet, aber erst Rudolf Clausius brachte diesen Ansatz für die Berechnung thermodynamischer Größen entscheidend voran. Im Jahre 1858, also ein Jahr, nachdem er seine bedeutende Arbeit über die Entropie geschrieben hatte, geht er in einem Artikel auf die Fragen eines holländischen Meteorologen ein: Wenn die Geschwindigkeit der Moleküle in einem Gas so groß ist, wie die kinetische Theorie vorhersagt, warum riecht man dann z. B. Schwefelwasserstoff, in einer Zimmerecke angemischt, in der anderen Zimmerecke erst nach einigen Minuten? Warum verbreitet sich Tabakrauch dann nicht schneller im Raum?

Clausius präzisierte das Bild von der Bewegung der Atome oder Moleküle, von dem „Aufruhr der nicht wahrnehmbaren Teile des Objektes", wie Boyle es genannt hatte. Er führte dazu mehrere Begriffe und Bilder ein: Die Moleküle bewegen sich im Mittel eine „mittlere freie Weglänge" lang mit einer gleichförmig hohen Geschwindigkeit, stoßen dann auf andere Teilchen und werden durch diese „Stöße" stets in eine andere Richtung abgelenkt. Durch solche Zickzack-Bewegungen wird sich eine Wolke von Schwefelwasserstoff oder Tabakrauch wesentlich langsamer ausbreiten, die Geschwindigkeit der Diffusion also viel kleiner sein als die der einzelnen Moleküle. Clausius überlegt sich auch, wie die mittlere freie Weglänge mit der „Größe" eines Moleküls und der Anzahl der Moleküle pro Volumeneinheit zusammenhängen muss.

Diese Überlegungen waren für Maxwell, der vielen nur als Begründer der Elektrodynamik bekannt ist, eine Steilvorlage. Da die Moleküle nicht alle die gleiche Geschwindigkeit haben, wäre interessant zu wissen, wie groß der Prozentsatz von Molekülen ist, die eine Geschwindigkeit in einem bestimmten vorgegebenen Intervall besitzen. Die Überlegungen von Clausius gaben ihm die Begriffe und Argumente an die Hand, eine solche Geschwindigkeitsverteilung auszurechnen. Im Jahre 1859, also mit 28 Jahren, stellte er sie in einem Vortrag vor. Heute ist diese Maxwellsche Geschwindigkeitsverteilung in jedem Lehrbuch der Statistischen Mechanik zu finden, ihre Ableitung ist aber inzwischen mit dem richtigen mathematischen Rüstzeug ein Zweizeiler. Maxwell konnte auch erste Zahlenwerte für die relevanten Größen angeben: für die mittlere freie Weglänge etwa $10^{-7}$ m, für die Anzahl der Stöße etwa $10^{10}$ Stöße pro Sekunde, für den Durchmesser von Wasserstoffmolekülen $5{,}8 \times 10^{-8}$ cm und für die Masse $4{,}6 \times 10^{-24}$ g. Die heutigen Werte weichen nur etwa 10 % davon ab.

Die kinetische Theorie nahm allmählich Gestalt an. Man konnte nicht nur die thermodynamischen Eigenschaften eines Gases auf die Bewegung der einzelnen Moleküle zurückführen, die Einsichten über die Eigenschaften dieser regellosen Bewegung schienen auch plausibel und, von welcher Seite auch betrachtet, konsistent zu sein. Die Idee, die Bewegung dieser großen Anzahl von Molekülen mit statistischen Methoden zu beschreiben, also eine „Statistische Mechanik" zu begründen, setzte sich immer mehr durch, hatte doch Maxwell schon eine Verteilungsfunktion für die Geschwindigkeit eingeführt, die man auch als Wahrscheinlichkeitsdichte interpretieren konnte.

Der österreichische Physiker Ludwig Boltzmann erkannte 1872 klar, dass „die Probleme der mechanischen Theorie der Wärme zugleich Probleme der Wahrscheinlichkeitstheorie sind". Er untersuchte, wie sich eine Geschwindigkeitsverteilung wie die Maxwellsche durch die Stöße der Moleküle aneinander verändern kann, und erkannte, dass im Rahmen seines Ansatzes für die Stoßvorgänge diese nichts an der Maxwellschen Verteilung ändern, dass sogar jede andere anfängliche Geschwindigkeitsverteilung mit der Zeit in die Maxwellsche Verteilung übergeht. Das erinnert natürlich an einen irreversiblen Übergang in ein Gleichgewicht: Im Gleichgewicht herrscht die Maxwellsche Verteilung, im Nichtgleichgewicht irgendeine andere, ohne einen äußeren Einfluss setzt sich jedes System „von selbst" ins Gleichgewicht. Und Boltzmann fand auch einen mathematischen Ausdruck, der die Verteilungsfunktion enthält und der genau wie die Entropie auf dem Weg ins Gleichgewicht ständig wächst, im Gleichgewicht aber, also für die Maxwellsche Verteilung, ein Maximum erreicht. Wie sich bald auf der Basis vieler anderer Argumente zeigte, hatte er in der Tat damit schon den richtigen mathematischen Ausdruck für die Entropie gefunden und damit gezeigt, dass auch solch eine abstrakte Größe der phänomenologischen Thermodynamik im Rahmen einer „Statistischen Mechanik" der Wärme existiert und berechenbar ist.

Boltzmann näherte sich dem Begriff der Entropie aber noch auf eine andere Weise, und kam dabei zu einer Interpretation der Entropie, die besonders einleuchtend ist und ihr den Charakter des Abstrakten und Unvorstellbaren nimmt. Diese Interpretation kann man am besten in einem kleinen Gedankenexperiment verdeutlichen.

Man betrachte einen ungleichmäßig mit Gas gefüllten Kasten. Hier wird sich rasch eine konstante Dichte einstellen, das anfängliche Nichtgleichgewicht wird sich also ins Gleichgewicht setzen. Stelle man sich nun vor, die Moleküle wären groß wie Tischtennisbälle und es wären nur zehn davon vorhanden. Nun teile man noch den Kasten gedanklich in eine linke und in eine rechte Hälfte. Eine extrem ungleichmäßige Verteilung der Moleküle des Gases ist die, bei der alle zehn Bälle in der linken Hälfte sind, also keines in der rechten. Eine gleichmäßige Verteilung wäre die, bei der fünf in der linken und fünf Bälle in der rechten Hälfte sind. Dazwischen gibt es viele weitere ungleichmäßige Verteilungen. Nun fragen wir danach, wie viele Möglichkeiten es gibt, um die verschiedenen Verteilungen zu realisieren. Den Zustand „kein Ball in der rechten Hälfte" gibt es z. B. nur einmal, den Zustand „genau ein Ball in der rechten Hälfte" gibt es zehnmal, denn das kann ja ein jeder der zehn Bälle sein und welcher es ist, spielt für das

Gas keine Rolle, da alle Bälle gleich sein sollen. „Zwei Bälle in der rechten Hälfte" gibt es noch häufiger und am meisten Möglichkeiten bzw. Zustände erhält man für die gleichmäßige Verteilung „fünf in der rechten, fünf in der linken Hälfte". Wenn nun keiner der Zustände ausgezeichnet ist, in welchen Zuständen wird dann wohl das „Gas" der Tischtennisbälle im Laufe der Zeit jeweils sein? Nun, da unter allen möglichen Zuständen die Zahl der Zustände, die zu einer gleichmäßigen Verteilung gehören, am größten ist, werden auch diese Zustände am häufigsten eingenommen werden.

Die Zahl der Zustände, die zu einer gleichmäßigen Verteilung gehören, ist bei zehn Bällen noch nicht überwältigend viel größer als die Zahl der Zustände, die zu einer ungleichmäßigen Verteilung gehören. Der Unterschied wird aber umso größer, je größer die Teilchenanzahl ist. Bei einem Gas von etwa $10^{23}$ Teilchen ist die Anzahl der Zustände, die zu einer gleichmäßigen Verteilung gehören, wirklich überwältigend viel größer als die der anderen Zustände. Startet man also bei einem Gas mit einer ungleichmäßigen Verteilung, so werden die Teilchen nach den Gesetzen der Mechanik zwar alle möglichen Zustände durchlaufen, aber nach kurzer Zeit werden das nur noch Zustände einer gleichmäßigen Verteilung sein, weil diese so überwältigend in der Mehrzahl sind.

Hier sieht man also, was bei einem Übergang „von selbst" in das Gleichgewicht auf der Ebene der Tischtennisbälle bzw. Moleküle geschieht. Das „von selbst Geschehen" ist nun das natürlichste der Welt. Es bedeutet nur, dass das Wahrscheinlichste eintritt. Dabei ist der Unterschied im Grad der Wahrscheinlichkeit bei der Anzahl von Molekülen, die in einem Gas vorhanden sind, wirklich unvorstellbar groß, man müsste das Gas Myriaden von Weltaltern beobachten, um eine messbare Chance zu haben, dass einmal das umgekehrte passiert, nämlich, dass das Gas spontan in einen der relativ wenigen Zustände geht, die nicht zu einem Gleichgewicht gehören.

Nun liegt es nahe, wie man hier die Entropie einführen würde. Um dazu erst einmal die Sprechweise zu präzisieren, nenne man das, was man bisher den Zustand genannt hatte, genauer Mikrozustand, weil mit ihm die Orte (und auch andere Größen) aller Bälle bzw. Moleküle angegeben werden. Dann spricht man andererseits von einem Makrozustand, der sich auf die Eigenschaften des gesamten Gases bezieht, also unter anderem auch darauf, ob die Anzahl von Teilchen pro Volumen überall im Gas gleich ist oder nicht. Jetzt kann man formulieren: Jeder Makrozustand kann durch eine Anzahl $W$ von Mikrozuständen realisiert werden und bei dem Makrozustand „gleichmäßige Verteilung" ist die Zahl $W$ überwältigend viel größer als bei jedem anderen Makrozustand.

Aus bestimmten Gründen betrachtete Boltzmann nun nicht $W$ selbst, sondern den natürlichen Logarithmus von $W$, also ln $W$ – diese mathematische Funktion macht auch große Zahlen sehr schnell klein, ln $10^{23}$ ist z. B. gerade mal etwa 50. Die Entropie setzte er nun diesem Ausdruck ln $W$ gleich, nur noch multipliziert mit einer Konstanten, die man später „Boltzmann-Konstante" nannte. Damit tat diese Entropie genau das, was man aus der Entropie der phänomenologischen Thermodynamik kannte, und mehr noch, diese Definition ließ sich mit seiner ersten Definition in Einklang bringen und reproduzierte auch die Ergebnisse bei allen Berechnungen, die man in der phänomenologischen Thermodynamik mit der Entropie angestellt hatte.

Natürlich gab es große Diskussionen um diese Aussagen von Boltzmann. Insbesondere irritierend war für viele der Gedanke, dass jeder Mikrozustand irgendwann doch einmal realisiert wird und damit auch ein jeder noch so unwahrscheinliche Makrozustand. Somit kann man also nur praktisch, aber nicht prinzipiell ausschließen, dass sich plötzlich z. B. alle Moleküle in einer Hälfte des Kastens befinden oder sich eine Tasse Kaffee plötzlich von selbst erwärmt. Überdies gab es eine starke Gruppe von Physikern um Ernst Mach, die die Existenz von Atomen überhaupt anzweifelten. Alle diese Einwände wären eine Diskussion wert, sie würde uns zu interessanten philosophischen Betrachtungen führen, aber das würde hier den Rahmen sprengen.

## Emergenz

Die Statistische Mechanik ist keine Theorie der Art wie wir sie in der Klassischen Mechanik und der Elektrodynamik kennen gelernt haben oder im übernächsten Kapitel mit der Quantenmechanik noch kennen lernen. In ihr wird nicht eine Grundgleichung aufgestellt, aus der man Bewegungen, Felder oder Ladungsverteilungen ausrechnen kann. Die Statistische Mechanik zeigt eine Methode auf, die Eigenschaften eines Systems von sehr vielen Teilchen aus den Eigenschaften der einzelnen Teilchen zu erklären. Dabei können diese Teilchen klassische Korpuskeln sein, Atome Elektronen, Photonen oder vieles andere. Wichtig ist nur, dass man ihre Eigenschaften spezifiziert sowie die Kräfte, die sie aufeinander ausüben. Auf diese Weise kommen natürlich auch Theorien wie die Klassische Mechanik oder die Quantenmechanik, die noch zu besprechen sein wird, ins Spiel, wobei man aber nicht die Bewegungsgleichungen für die etwa $10^{23}$ Teilchen, aus denen z. B. ein Gas besteht, zu lösen versucht. Das wäre schlicht unmöglich und auch unsinnig, denn für das Verhalten des Gases sollten wohl die Eigenschaften der Teilchen, nicht aber ihre speziellen Bahnkurven relevant sein.

Während in den durch eine Grundgleichung dominierten Theorien die Differenzialgleichung das mathematische „Arbeitspferd" ist, ist in der Statistischen Mechanik dieses der Begriff der Zufallsvariablen oder der Wahrscheinlichkeitsverteilung. Maxwell hatte ja schon eine solche Verteilung für die Geschwindigkeit der Teilchen eines Gases berechnet. Mit dieser konnte er angeben, wie groß die Wahrscheinlichkeit für ein Teilchen dafür ist, dass seine Geschwindigkeit in einem ganz bestimmten Intervall liegt. Multipliziert mit der Gesamtanzahl der Teilchen, gibt diese auch die Anzahl der Teilchen an, die irgendeine Geschwindigkeit in diesem Intervall haben.

Die bei praktischen Berechnungen zentrale Rolle, die die Grundgleichung jeweils in den betrachteten Theorien hat, wird in der Statistischen Mechanik von einer Wahrscheinlichkeitsverteilung eingenommen. Diese gibt an, wie groß bei gegebenem Makrozustand die Wahrscheinlichkeit für das Vorliegen eines Mikrozustandes ist. Ist diese nämlich einmal bestimmt, und zwar in Abhängigkeit von den äußeren Umständen, können alle weiteren Größen für das Gesamtsystem daraus berechnet werden. In diese zentrale Wahrscheinlichkeitsverteilung gehen im Wesentlichen nur die Annahmen über die Kräfte der Teilchen ein, abgesehen natürlich davon, dass die Art der Teilchen die mathematische Struktur der Wahrscheinlichkeitsverteilung bestimmt. Für ein Gas von klassischen Teilchen sieht diese anders aus als für ein Gas von Elektronen.

So gibt es also auch in der Statistischen Mechanik auch eine klare Hierarchie von Aussagen. Ist die zentrale Wahrscheinlichkeitsverteilung nach Maßgabe der physikalischen Umstände einmal formuliert, ist alles Weitere im Prinzip eine Frage der mathematischen Ausarbeitung, wobei allerdings die Berechnungen in der Praxis auch außerordentlich schwierig werden können oder sogar nur in Form von Näherungen möglich sind.

Ein solches Ziel, Eigenschaften und Verhalten makroskopischer Objekte wie Gase und Flüssigkeiten allein mithilfe der Eigenschaften der einzelnen Konstituenten zu erklären, wurde zum ersten Male verfolgt, als Daniel Bernoulli im Jahre 1738, wie im letzten Abschnitt berichtet, eine Beziehung zwischen dem Druck eines Gases und dem Quadrat der Geschwindigkeit der Teilchen aufstellte. Der Druck ist eine Größe, die einem makroskopischen Körper wie einem Gas zukommt, ja er ist ein Begriff, der erst bei dem aus den einzelnen Teilchen zusammen gesetzten System „Gas" auftaucht. Für einzelne Teilchen gibt es keinen Druck, für diese sind ganz andere Begriffe relevant wie z. B. die Geschwindigkeit. Und Bernoulli erklärte diese Eigenschaft „Druck" des komplexen, aus vielen Teilchen bestehenden Systems „Gas" durch die Eigenschaft „Geschwindigkeit" der Konstituenten. „Temperatur" ist solch ein anderer Begriff, einzelne Teilchen besitzen keine Temperatur, wohl aber ein Gas.

Bernoulli wird wohl nicht bewusst gewesen sein, dass er hier das große Thema der späteren Statistischen Mechanik einläutet. Und diese Thema hat große Bedeutung über die Statistische Mechanik hinaus, zeigt beispielhaft, was passieren kann, wenn man von der Einzahl zur Vielzahl geht: Neue Eigenschaften und Verhaltensweisen tauchen auf. Diese „emergenten" Eigenschaften sind auf der Ebene der Konstituenten begrifflich gar nicht fassbar und vorstellbar, können aber dennoch durch die Eigenschaften eben dieser Konstituenten erklärt werden.

Während also die Eigenschaften der Konstituenten im Wesentlichen nur durch die Kräfte, die sie aufeinander ausüben, bestimmt sind, zeigt das Gesamtsystem eine Fülle von Phänomenen, die man von vorne herein allein aus der Kenntnis der Wechselwirkung auf der mikroskopischen Ebene nicht erwartet hätte. Wasserdampf kann zu Wasser kondensieren, Wasser kann zu Eis gefrieren: Für alle Substanzen gibt es eine Fülle von verschiedenen Aggregatzuständen, die alle sehr verschiedenes Verhalten zeigen können. Ein System aus vielen einzelnen Konstituenten kann also ein ganz komplexes Verhalten zeigen. Letztlich verantwortlich für dieses komplexe Verhalten können aber nur die einzelnen Konstituenten sein, und da diese nur wenige Eigenschaften wie Masse oder Ladung haben, ist vor allem die Wechselwirkung zwischen den Konstituenten die Ursache für das komplexe Verhalten des gesamten Systems.

Die Statistische Mechanik stellt also eine ungeheure Reduktion der Komplexität dar, eine Erklärung eines sehr komplexen Verhaltens eines Viel-Teilchen-Systems durch eine einzige Formel für die Wechselwirkung zwischen den Konstituenten und sie zeigt beispielhaft, wie man die Emergenz von komplexen, ganz neuen Eigenschaften auf einfache Gesetze für die zu Grunde liegenden Einheiten zurückführen kann.

So ist die Statistische Mechanik ein sehr großes Gebiet der Physik und Chemie, in der Eigenschaften und Verhalten aller Materialien und Substanzen „aus einem Punkte", nämlich aus der Wechselwirkung zwischen den Konstituenten, verstanden werden wollen.

Wenn man diese Emergenz im Rahmen der Statistischen Mechanik in tätiger Weise erfahren hat, ist es auch nicht mehr undenkbar, dass Leben oder Bewusstsein auch „nur" eine Folge der Komplexität ist. Das wertet das Leben und die geistigen Fähigkeiten des Menschen nicht ab, sondern steigert nur noch die Bewunderung vor den Möglichkeiten der Natur.

Diese Phänomen der Emergenz beobachtet man auch, wenn man unter Konstituenten nicht Atome oder Moleküle versteht, sondern „Agenten", also Objekte, die Entscheidungen gemäß irgendeiner Strategie fällen, die für jede Situation eine bestimmte Handlung bereithält. Ein Gas von solchen Agenten ist dann eine Gesellschaft von Agenten, und bei Gesellschaften kann man wie bei Gasen ein sehr komplexes Verhalten beobachten. Hier erscheint die Komplexität natürlich noch viel größer. Eine Statistische Mechanik würde in diesem Kontext heißen, dass man versucht, komplexe Verhaltensmuster der Gesellschaft, eines Multi-Agenten-Systems also, durch Strategien der einzelnen Agenten zu erklären. Und analog zur Statistischen Mechanik der Physik würde man erwarten, dass selbst einfachste Strategien der Agenten zu sehr komplexem Verhalten der Gesellschaft führen können. Ein solcher Ansatz wird im Rahmen der so genannten Spieltheorie verfolgt, aber das ist wieder ein ganz anderes Feld (siehe z. B. Johnson 2001).

# 5

# Die Relativitätstheorien

Emmendingen, am 2.4.2008

Liebe Caroline,

nun habe ich Dir schon einen großen Überblick über drei große Gebiete der Physik gegeben: Klassische Mechanik, Elektrodynamik und Statistische Mechanik. In der Geschichte der Physik stehen wir nun am Ende des 19. Jahrhunderts. In dieser Zeit verstand man, die Bewegung von Objekten unter allen möglichen Umständen zu berechnen, die elektrischen und magnetischen Phänomene verlässlich zu deuten, und man lernte allmählich, die Erscheinungsformen der Materie auf die Eigenschaften der Einzelbestandteile zurückzuführen. Im 20. Jahrhundert sollten ganz neue Phänomenbereiche in den Blickpunkt geraten und der Gegenstand physikalischer Forschung sollte sich dabei stark erweitern.

Wenn wir heute die Welt der Dinge einteilen in eine Welt der größten Dimensionen, in denen es Sterne und Galaxien gibt, in eine Welt der kleinsten Dimensionen, der von Atomen und deren Bausteinen, und schließlich in eine Welt der mittleren Dimensionen, in der wir Menschen leben und agieren, dann waren es die Phänomene der mittleren Dimension, die in der klassischen Zeit der Physik bis Ende des 19. Jahrhunderts erforscht wurden. Nun aber, mit Beginn des 20. Jahrhunderts, begann man die Grenzen dieser Welt der mittleren

Dimensionen zu übertreten. Dieses erlebten die Zeitgenossen natürlich schleichend, aber im Nachhinein lässt es sich an bestimmten Ereignissen besonders gut festmachen. Ein einziger Mann, Albert Einstein, stößt in einem einzigen Jahr, nämlich 1905, sowohl in das Gebiet der kleinsten wie der größten Dimensionen vor.

Während er aber bei der Erforschung der Welt der kleinsten Dimensionen „nur" eine wichtige, allerdings auch nobelpreiswürdige Hypothese beisteuert, sind die Relativitätstheorien, die Spezielle und insbesondere die so genannte Allgemeine Relativitätstheorie, ganz allein sein Werk. Durch diese wurde unser Wissen über Raum und Zeit stark erweitert und eine neue Wissenschaft, die moderne Kosmologie, eben die Physik größter Dimensionen, entstand daraus.

Die Spezielle Relativitätstheorie erweitert unser Wissen über die Arena „Raum und Zeit", in der sich alle Naturvorgänge abspielen. Sie ist aber wie die Statistische Physik keine Theorie im Sinne unserer Diskussion im zweiten Brief, d.h. sie beginnt nicht mit bestimmten Grundgleichungen. An ihrem Ausgangspunkt steht aber ein Prinzip, aus dem alle weiteren Aussagen gefolgert werden können. Insofern kann man sie auch als „more geometrico" bezeichnen.

Die Allgemeine Relativitätstheorie ist hingegen wieder eine „richtige" Theorie in unserem Sinne, sie ist sogar eine Feldtheorie wie die Elektrodynamik und dieser ähnlich. Ihre Grundgleichungen sind auch Gleichungen für Felder wie die Maxwell-Gleichungen, und ich könnte sie Dir in noch kompakterer Form hinschreiben. Schwer zu sagen, welche Gleichungen schöner sind!

Relativitätstheorie und Quantenmechanik, auf die ich auch noch eingehen muss, genießen in der Öffentlichkeit ein großes Ansehen, für diese gilt aber im abgewandelten Sinne das, was Albert Einstein einmal über sich selbst sagte: „Alle lieben mich, aber keiner versteht mich." Die Formel $E = mc^2$ ist in der Öffentlichkeit wohl bekannt, man nutzt sie für alle möglichen Werbezwecke und selbst, wenn sie interpretiert wird, geht es meistens schief. Was die „Relativität" bei der Theorie bedeutet, ist den meisten nicht klar, und Leute, die sich sehr an Worte halten, denken oft, da würde einer Relativierung von physikalischen Gesetzen das Wort geredet.

Aber lass Dich von alledem nicht beirren und beeindrucken. Lese selbst, was es denn mit diesen Theorien auf sich hat. Ich hoffe, Du lernst sie ein wenig zu verstehen − dann wirst Du auf jeden Fall sehr beeindruckt sein....

# Die Konstanz der Lichtgeschwindigkeit

Mit der Klassischen Mechanik und der Elektrodynamik beherrschte man zu Beginn des 20. Jahrhunderts einen sehr großen Bereich von Phänomenen: Die Klassische Mechanik erklärte alles, was sich bewegt, die Elektrodynamik alles, was mit Elektrizität und Magnetismus zusammenhängt.

Ganz disjunkt waren diese Phänomenbereiche aber nicht, es gab eben auch Bewegung bei elektromagnetischen Erscheinungen, z. B. Ladungen, die strömten, oder elektromagnetische Wellen, die sich fortpflanzten, und zwar mit Lichtgeschwindigkeit. Und an dieser Nahtstelle zwischen den beiden Theorien entdeckte man bald Ungereimtheiten in dem zeitgenössischen Weltbild, deren Analyse zu einem viel tieferen Verständnis von Raum und Zeit führen sollten.

In den Köpfen der Physiker herrschte noch immer die Vorstellung von einem absoluten Raum und der absoluten Zeit. Und wenn wir ehrlich sind, diese Vorstellung haben wir im Alltag auch heute noch. Der Raum ist für uns, wie schon für Newton, ein Behälter für die gesamte Welt. „Die Zeit verfließt an sich und vermöge der Natur gleichförmig und ohne Beziehung auf irgendeinen Gegenstand". So hatte es Newton formuliert und so sieht es auch heute noch unser gesunder Menschenverstand.

Der absolute Raum war nach der Vorstellung der Physiker auch noch gegen Ende des 19. Jahrhunderts mit einer feinstofflichen Substanz gefüllt, die man Äther nannte. Das Licht und alle anderen elektromagnetischen Wellen stellte man sich als Wellen in diesem Äther vor, ganz so, wie Schallwellen eben periodische Verdichtungen und Druckschwankungen in der Luft sind. Maxwell hatte deshalb auch schon vorgeschlagen, die Bewegung der Erde nicht gegenüber der Sonne, sondern besser gegenüber dem Äther zu messen, also die Bewegung der Erde im absoluten Raum zu studieren. Die Bewegung der Erde durch den Äther müsste sich doch darin zeigen, dass Licht, welches von einer Quelle auf der Erde ausgestrahlt wird, je nach Ausstrahlungsrichtung, eine andere Geschwindigkeit haben müsste, denn der „Ätherwind", der der Erde entgegen bliese, würde wirken wie eine Flussströmung auf einen Schwimmer. Die Geschwindigkeit des Lichtes würde sich bei einem Ätherwind von vorne und von der Seite verringern, andererseits bei Rückenwind vergrößern. Mit einer geeigneten Anordnung von Spiegeln müsste man Licht solche Strecken durchlaufen lassen und aus den unterschiedlichen Geschwindigkeiten des Lichtes dann die Bewegung der Erde gegen den Äther bestimmen können.

Im Jahre 1881 wagte sich der deutschstämmige, amerikanische Physiker Albert Abraham Michelson an solch ein Experiment heran. Schon früh von dem Problem fasziniert, die Lichtgeschwindigkeit zu messen, kam er bei einem Aufenthalt in Potsdam am Astrophysikalischen Observatorium zu einem damals völlig unerwartetem Ergebnis: Die Lichtgeschwindigkeit war immer gleich groß, sie war unabhängig von der Strahlrichtung und von der Bewegung der Quelle. Im Jahre 1887 wiederholte Michelson mit seinem Kollegen Morley noch einmal dieses Experiment mit größerer Genauigkeit, aber mit dem gleichen Ergebnis. Und es gab noch andere Experimente, die eine Bewegung gegen den Äther feststellen wollten. Bei keinem konnte man einen Effekt sehen, der auf eine solche Bewegung hindeutete. Man musste zu komplizierten, zum Teil einander ausschließenden Annahmen über den Äther greifen, um solche Versuche zu erklären. Die Lage war alles andere als klar und durchsichtig.

Aber auch auf einer rein theoretischen Ebene machte man sich Gedanken über das Ergebnis des Michelsonschen Experimentes. Aus der Klassischen Mechanik kannte man das Prinzip, dass ein physikalisches Gesetz in allen Inertialsystemen die gleiche Form annehmen muss. Formuliert man also ein Gesetz in einem bestimmten Bezugssystem und formt man das Gesetz dann mathematisch so um, dass in ihm nur die Koordinaten eines sich dazu geradlinig-gleichförmig bewegenden Bezugssystems auftreten, so muss es die gleiche mathematische Form annehmen. Man nennt diese Eigenschaft von Gleichungen, wie schon auf S. 58 erwähnt, Galilei-Kovarianz. Die Transformationen von einem Bezugssystem zu einem dazu geradlinig-gleichförmig bewegten sind die berühmten Galilei-Transformationen, und die Newtonschen Gleichungen sind, wie auch ab S. 54 diskutiert, kovariant unter diesen Transformationen.

Noch im Jahre 1887 untersuchte so der Göttinger Physiker Woldemar Voigt in seiner Theorie der Optik bewegter Körper die so genannte Wellengleichung – die Gleichung also, der die elektromagnetische Wellen gehorchen müssen – darauf, wie diese in einem bewegten Bezugssystem aussehen und er benutzte dazu natürlich die Galilei-Transformationen für die Beziehungen der Koordinaten der beiden Bezugssysteme. Ausgehend davon, dass die Wellengleichung in dem Ruhesystem des Äthers gilt, stellte er fest, dass die Wellengleichung in dem sich dazu geradlinig-gleichförmig bewegenden Bezugssystem eine ganz andere Form annimmt. Sollte aber das Licht in allen Bezugssystemen die gleiche Geschwindigkeit haben, wie man vielleicht aus den Michelsonschen Experiment folgern müsste, so müsste sich eigentlich in dem bewegten Bezugssystem eine Wellengleichung der gleichen Form ergeben. Um dieses zu erreichen, änderte Voigt die Galilei-Transformation. Das Merkwürdige bei seinen neuen Transformationsregeln war, dass er auch die Zeitkoordinate transformieren musste, im bewegten Bezugssystem also eine andere Zeit einführen musste, d. h. eine, die anders vergeht als die absolute Zeit im ruhenden System. Er nannte sie „lokale" Zeit, kam aber nicht darauf, ihr den gleichen Rang zuzugestehen wie der absoluten Zeit.

Diese Arbeit fand kein großes Echo, erst später verstand man, dass er hier auf der richtigen Spur gewesen war. Hätte er nicht die Wellengleichung sondern die Maxwellschen Gleichungen, also die Grundgleichungen der Elektrodynamik selbst, seinen Überlegungen zugrunde gelegt, wäre er zu etwas anderen Transformationsformeln gelangt, solchen, die 1897 schon der irische Physiker Joseph Larmor und 1904 der niederländische Mathematiker und Physiker Hendrik Antoon Lorentz fanden.

Diese Transformationen der Koordinaten eines Bezugssystems in die Koordinaten eines dazu geradlinig gleichförmig sich bewegenden Bezugssystems weichen von der Form der Galilei-Transformationen der Newtonschen Mechanik ab, gehen aber in diese über, wenn die Geschwindigkeit $v$, mit der sich ein Bezugssystem gegen das andere bewegt, klein gegenüber der Lichtgeschwindigkeit $c$ ist. Wie bei den Voigtschen Transformationsformeln vergeht die Zeit in dem bewegten Bezugssystem nun anders, und zwar in Abhängigkeit von der Geschwindigkeit. Aber wie schon Voigt sah auch Lorentz darin eher ein technisches Problem.

Der französische Mathematiker Henri Poincaré untersuchte die mathematischen Eigenschaften dieser Transformationen und konnte sie als Drehungen in einem ganz bestimmten vierdimensionalen Raum der drei Raumkoordinaten und der Zeitkoordinate deuten. Er gab übrigens diesen Transformationen den Namen „Lorentz-Transformationen". Auch studierte er, wie sich elektromagnetische Größen unter den Lorentz-Transformationen verhalten und nahm noch vieles andere vorweg, was später beim Ausbau der Relativitätstheorie Einsteins erkannt wurde. Er formulierte 1904 erstmals in aller Schärfe das „Prinzip der Relativität", blieb jedoch wie Lorentz auch weiterhin der Vorstellung verhaftet, dass es einen Äther als Träger der elektromagnetischen Wellen geben muss, auch wenn es unmöglich sei, diesen zu entdecken.

Albert Einstein war in diesen Jahren als technischer Experte dritter Klasse am eidgenössischen Amt für geistiges Eigentum in Bern tätig. Er hatte eine unkonventionelle Karriere hinter sich. Oft wird erzählt, er sei ein schlechter Schüler gewesen. Das Gegenteil ist der Fall, und schon früh im Elternhaus zu selbstständigem Denken angeregt, hatte er sich im Gymnasium mit der „systematischen Erziehung zur Verehrung der Autoritäten" nicht abfinden können. Die Konflikte mit seinen Lehrern eskalierten schließlich so stark, dass er mit 15 Jahren die Schule verließ. Sein Plan, über eine Aufnahmeprüfung beim Polytechnikum Zürich dort als Student aufgenommen zu werden, ging trotz intensiver autodidaktischer Vorbereitung nicht auf, er fiel in den sprachlich-historischen Fächern durch. Man stellte ihm aber die Aufnahme in Aussicht, wenn er die letzte Klasse einer schweizerischen Mittelschule mit Erfolg besuchen würde. Eine solche Schule fand sich in Aarau, diese schloss er nach einem Jahr mit der Maturitätsprüfung als Bester ab und so konnte er sich dann im Oktober 1896, mit 17 Jahren, am Polytechnikum in Zürich immatrikulieren.

Nach dem Diplom im Juli 1900 bewarb er sich auf verschiedenste Assistentenstellen, aber ohne Erfolg, schlug sich dann einige Zeit als Hilfslehrer durch, bis er es zu der Stelle am eidgenössischen Amt für geistiges Eigentum in Bern gebracht hatte.

So trist sein Leben auch, von außen gesehen, zu sein schien – in seinem Kopf wälzte er die schwierigsten Probleme der damaligen Physik. Schon immer hatte er sich mit fundamentalen Problemen der damaligen Physik beschäftigt und während seiner Zeit als Hilfslehrer und vor allem als technischer Angestellter des Patentamtes hatten ihn diese nie losgelassen. Er hatte in seiner Freizeit intensiv daran gearbeitet und auch schon einige Arbeiten dazu in den *Annalen der Physik* publiziert. Im Jahre 1905 kommt er in allen seinen Fragen zu einer Lösung. Gerade 26 Jahre alt, veröffentlichte er in diesem Jahr fünf Arbeiten – und hatte damit etwas für die Ewigkeit getan: Alle fünf Arbeiten enthielten bahnbrechende Vorstellungen und haben die Physik nachhaltig beeinflusst, und zwar auf verschiedensten Gebieten. Das war ein Feuerwerk von neuen Ideen, wie es die Welt seit Newton nicht mehr erlebt hatte.

In zwei dieser Arbeiten entwickelte er das, was man bald die Relativitätstheorie nennen sollte, später aber genauer „Spezielle Relativitätstheorie", um sie abzuheben von der „Allgemeinen Relativitätstheorie", in der Einstein in den Jahren

1915/1916 eine allgemeine Feldtheorie für die Gravitation nach dem Muster der Elektrodynamik formulierte.

Es wird viel darüber diskutiert und gerechtet, wie viel Einstein von den Arbeiten Poincarés und Lorentz gekannt hatte. Tatsache ist, dass Albert Einstein in seiner Arbeit *Zur Elektrodynamik bewegter Körper* von 1905 mit einer einzigen genialen Idee Klarheit in die ganze Diskussion um den Äther und um „lokale" Zeiten brachte und die „unerträgliche" Asymmetrie beseitigte, die u. a. darin bestand, dass in der Klassischen Mechanik das Prinzip der Galilei-Kovarianz zu gelten hat, während die Grundgleichungen der Elektrodynamik kovariant unter Lorentz-Transformationen sind.

Er machte das Prinzip der Relativität für alle mechanischen wie elektromagnetischen Gesetze zur Voraussetzung und fügte das Postulat hinzu, dass „das Licht sich im leeren Raum stets mit einer bestimmten, vom Bewegungszustand des emittierenden Körpers unabhängigen Geschwindigkeit ausbreitet". Dahinter stand einerseits der Glaube an die Einheit der Natur – mechanische und elektrodynamische Gesetze müssen dem gleichen Prinzip der Relativität gehorchen: Bewegungsvorgänge, wie sie die Klassische Mechanik beschreibt, werden durch das gemeinsame Relativitätsprinzip genau so bestimmt wie die Eigenschaften von elektrischen und magnetischen Feldern. Das sollte zu ganz neuen Ansichten über Raum und Zeit führen. Andererseits fand Einstein mit dem Postulat der Konstanz der Lichtgeschwindigkeit genau den Punkt, von dem ausgehend sich nun alle Ungereimtheiten auflösten und sich alles fügte, sich ein viel tieferes Verständnis von Raum und Zeit anbot, woraus eine Fülle von überprüfbaren Vorhersagen folgte.

Der Begriff des Äthers wurde vollends überflüssig. Er hatte nirgendwo mehr einen Platz. Die elektromagnetischen

Wellen können sich offensichtlich im Vakuum ausbreiten. Alles andere wäre eine durch nichts gerechtfertigte Zusatzannahme. Unnötig wurde auch der Begriff des absoluten Raumes, in dem die Lichtgeschwindigkeit einen bestimmten Referenzwert besitzt, aus dem man die Geschwindigkeit des Lichtes in anderen Bezugssystemen zu bestimmen hat. Dieser Referenzwert für die Geschwindigkeit des Lichtes gilt eben in allen Bezugssystemen.

Das war wirklich eine ganz neue Sicht. Es gab jetzt nicht mehr eine absolute Ruhe, ein spezielles Bezugssystem, in dem der Äther ruht. Dafür gibt es nun eine absolute Geschwindigkeit, die Geschwindigkeit des Lichtes. Jeder Beobachter, wie immer er sich auch gegenüber der Lichtquelle bewegt, oder wie immer auch sich die Lichtquelle ihm gegenüber bewegt, misst stets die gleiche Lichtgeschwindigkeit. Das Etikett „absolut" kann also nicht mehr einem Bezugspunkt im Raume angeheftet werden, er gehört einer Geschwindigkeit, die allerdings unserer menschlichen Erfahrung in keiner Weise zugänglich ist.

## Raum und Zeit: Der Begriff der Gleichzeitigkeit

Die Spezielle Relativitätstheorie begeistert alle, die näher in sie eindringen, insbesondere durch ihre „Schönheit", wobei sich diese Schönheit dadurch zeigt, dass aus einer einzigen Annahme in mathematisch exakter Form eine Fülle von relevanten Folgerungen ableitbar sind, und das auch noch in überaus durchsichtiger und eleganter Weise. Die Annahme ist hier eben das Postulat, dass die Lichtgeschwindigkeit unabhängig vom Bewegungszustand der Quelle ist, und dies ist die einzige Annahme, wenn man die Gültigkeit des Relativitätsprinzips für alle Gesetze der Natur als gegeben voraussetzt. Man sieht hier wieder, wie solche Eckpfeiler einer Theorie in der Physik entstehen: Aufgrund experimenteller Ergebnisse fühlt man sich mehr oder weniger gezwungen, gewisse Schlüsse zu ziehen. Einzelne Experimente alleine können aber nie einen Beweis für eine allgemeine Aussage liefern. Sie können diese aber motivieren. Wenn man nun also die Unabhängigkeit der Lichtgeschwindigkeit von der Bewegung der Quelle postuliert, dann steht diese Behauptung im Einklang mit den Experimenten. Die Kunst besteht aber nun darin, gerade solche Behauptungen zu finden, die den Anfangspunkt einer ganzen Kaskade von logischen Folgerungen bilden können, mit denen ein großer Bereich von Phänomenen der Physik erklärbar wird. Es ist so, wie man den Anfang eines langen Fadens finden muss, mit dem man ein großes Stück des geistigen Bandes wirken kann.

Genau das war also die Leistung von Einstein und deshalb spricht man heute von der Speziellen Relativitätstheorie Einsteins, obwohl ja auch schon Lorentz und Poincaré viele Einsichten über die Transformationen von Raum- und Zeitkoordinaten gefunden hatten.

Die erste Folgerung, die man aus dem Postulat der Konstanz der Lichtgeschwindigkeit ziehen kann, ist die, dass beim Übergang von einem Bezugsystem zu einem geradlinig gleichförmig bewegten Bezugssystem die neuen Koordinaten sich aus den alten Koordinaten so ergeben, wie es gerade die Lorentz-Transformationen vorschreiben, d.h. die Lorentz-Transformationen können jetzt abgeleitet werden, müssen nicht mehr postuliert werden.

Da nun auch eine Theorie der Bewegung materieller Körper kovariant unter Lorentz-Transformationen sein sollte, musste man die Newtonsche Mechanik auch entsprechend verallgemeinern. Und in der Tat hat Einstein bald eine solche „relativistische Mechanik" formuliert, die für alle Geschwindigkeiten gültig ist, die aber für Geschwindigkeiten, die klein gegenüber der Lichtgeschwindigkeit sind, wieder in die Newtonsche Mechanik übergeht.

In ein paar Zeilen Mathematik folgt auch, dass man kein Signal oder Teilchen mit Überlichtgeschwindigkeit von einem Punkt A zu einem Punkt B senden kann. Denn wenn das möglich wäre, könnte man ein Bezugssystem finden, von dem aus man beobachten würde, dass das Signal bzw. das Teilchen in B ankommt, bevor es von A abgeschickt worden ist. Das Prinzip der Kausalität würde also verletzt. Daran wollen wir natürlich nicht rütteln.

Schließlich folgen sofort eine Vielzahl von Phänomenen, die uns zwingen, unsere Vorstellungen über die Zeit, so, wie wir sie uns durch unsere alltäglichen Erfahrungen gebildet haben, gründlich zu revidieren.

Da ist zunächst der Begriff der Gleichzeitigkeit, der in diesem Lichte diskutiert werden muss.

Wir betrachten dazu einen Zug, der mit einer bestimmten Geschwindigkeit von rechts nach links fährt (Abb. 6). In den

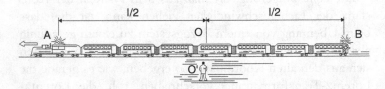

**Abb. 6** Zum Begriff der Gleichzeitigkeit: Zwei Beobachter O und O', die gleichzeitig zwei Blitze registrieren, herkommend vom Anfang bzw. Ende des Zuges, aber über die Reihenfolge der zwei räumlich getrennten Blitzeinschläge zu unterschiedlichen Urteilen gelangen. (nach K. Simonyi: *Kulturgeschichte der Physik,* Verlag Harri Deutsch, Thun, Franfurt)

Kopf und in das Ende des Zuges mögen Blitze einschlagen. Es gebe zwei Beobachter, die diese Blitze registrieren: Einer, der am Bahnsteig steht und einer, der in der Mitte des Zuges sitzt, sich also mit diesem Zug bewegt und gerade an dem auf dem Bahnsteig stehenden Beobachter vorbeifährt, wenn die Blitzsignale bei beiden eintreffen. Bei beiden treffen diese Signale also gleichzeitig ein. Sie sind ja beim Eintreffen der Blitze nicht weit von einander entfernt, der eine im Zug, der andere auf dem Bahnsteig, sie sind grob genähert, am gleichen Ort. Dann sollte der Begriff der Gleichzeitigkeit kein Problem darstellen, d. h. beide können behaupten, dass die Blitze bei ihnen gleichzeitig eingetroffen sind. Ob sie aber auch beide schließen können, dass die Blitze gleichzeitig am Anfang und am Ende des Zuges eingeschlagen sind, werden wir sehen.

Auf der Basis des Postulats, dass das Licht in allen Bezugssystemen die gleiche Geschwindigkeit hat, interpretieren sie nämlich ihre Beobachtungen jeweils wie folgt:

Der im Zug Sitzende sagt: Die Blitzsignale sind bei mir zur gleichen Zeit eingetroffen, diese mussten beide die gleiche Strecke zurücklegen, nämlich die Hälfte der Zuglänge. Da die Geschwindigkeit des Lichtes unabhängig von der Bewegung der Quelle ist, also auch davon, ob das Licht in Fahrtrichtung oder entgegen der Fahrtrichtung ausgesendet wird, muss das Licht der Blitze auch zur gleichen Zeit vom Anfang bzw. vom Ende an mich abgesandt worden sein.

Der am Bahnsteig Stehende sagt: Als die Blitze einschlugen, war der Zug noch nicht so weit, dass der im Zug sitzende Beobachter auf gleicher Höhe mit mir war; das Ende des Zuges war also weiter von mir entfernt als der Anfang. Da die Geschwindigkeit beider Signale gleich ist, muss das Blitzlicht vom Ende des Zuges mehr Zeit gebraucht haben, um zu mir zu gelangen, als das Blitzlicht vom Anfang. Das aber beide Signale gleichzeitig bei mir eintrafen, muss wohl das Ende des Zuges früher von einem Blitz getroffen worden sein als der Anfang. Die Blitze sind also nicht gleichzeitig eingeschlagen.

Wäre die Geschwindigkeit des Lichtes nicht(!) unabhängig vom Bewegungszustand der Quelle, wäre sie also für den am Bahnsteig stehenden nicht auch $c$, sondern gleich $c + v$, wenn sich die Quelle des Blitzlichts am Ende des Zuges befindet bzw. $c - v$ für die Quelle am Anfang des Zuges, so würde der am Bahnsteig stehende aus diesen Geschwindigkeiten und der Geschwindigkeit des Zuges auch auf gleiche Laufzeiten der Signale schließen und damit darauf, dass Blitze zur gleichen Zeit am Ende bzw. Anfang des Zuges eingeschlagen hätten.

Bei räumlich getrennten Ereignissen, wie hier bei einem Blitzschlag jeweils in das Ende und in den Anfang des Zuges, kommen also die beiden Beobachter zu verschiedenen Schlüssen bezüglich der zeitlichen Reihenfolge. Für den einen geschehen die Ereignisse gleichzeitig, für den anderen nacheinander, je nach Bewegungszustand. Da aber der Bewegungszustand von Beobachtern sehr verschieden sein kann und es einen ausgezeichneten Bewegungszustand für einen Beobachter nicht gibt, ist also der Begriff der Gleichzeitigkeit nicht universell zu gebrauchen. Plastischer ausgedrückt: Im Rahmen der Speziellen Relativitätstheorie gibt es kein universelles Jetzt, keine Weltuhr, die im ganzen Universum die Zeit angibt und damit keine Einigung über die Gleichzeitigkeit von räumlich getrennten Ereignissen für alle Beobachter, wie immer sie sich auch bewegen.

Die Bewegung eines Bezugssystems relativ zum anderen verursacht also diese unterschiedliche Auffassung von Gleichzeitigkeit. Bleibt man in einem einzigen Bezugssystem, so kann man schon dem Begriff der Gleichzeitigkeit einen

Sinn geben; man könnte überall Uhren aufhängen und diese synchronisieren. Einstein hat eine einfache Vorschrift für die Synchronisation zweier Uhren angegeben: Man schicke, wenn die Uhr A die Zeit $t_1$ anzeigt, einen Lichtstrahl von ihr nach Uhr B, dieser werde dort reflektiert und komme zur Zeit $t_2$ wieder zur Uhr A zurück. Unterstellt man, dass die Laufzeit $dt$ des Lichtes von A nach B die gleiche ist wie die von B nach A, dann ist also $dt = \frac{1}{2}(t_2 - t_1)$, und man muss die Uhr B nur so einstellen, dass sie die Zeit $t_1 + dt = \frac{1}{2}(t_1 + t_2)$ anzeigt, wenn der Lichtstrahl bei ihr ankommt.

# Raum und Zeit: Zeitdehnung und Längenkontraktion

Diese neue Sicht auf den Begriff der Gleichzeitigkeit – als Folgerung aus dem Einsteinschen Postulat, dass die Lichtgeschwindigkeit in allen Bezugssystemen den gleichen endlichen Wert hat – ist schon erstaunlich, aber weitere Schlussfolgerungen über den Charakter der Zeit und des Raumes sind ebenso zwingend wie verblüffend.

Der Effekt der Zeitdehnung ist dabei besonders prominent. Um diesen zu erklären, betrachten wir die so genannte Lichtuhr (Abb. 7): Zwei in einem bestimmten Abstand parallel angeordnete Spiegel, einen oberen und einen unteren, zwischen denen ein Lichtstrahl hin und her reflektiert wird. Da die Geschwindigkeit des Lichtes gleich $c$ ist, gilt also für die Zeit, die der Lichtstrahl benötigt, um jeweils den Weg zwischen den beiden Spiegeln zu durcheilen: Zeit = Weg/$c$, da „Weg = Geschwindigkeit mal Zeit" ist.

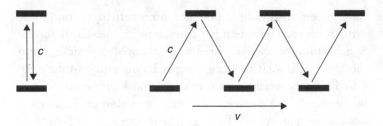

**Abb. 7** Ruhende (links) bzw. bewegte (rechts) Lichtuhr

Nun betrachte man die gleiche Lichtuhr, wenn sie sich mit einer konstanten Geschwindigkeit $v$ z. B. nach rechts bewegt. Wenn der untere Spiegel bei einer Reflexion des Lichtstrahls an einem bestimmten Orte ist, ist der obere Spiegel bei der folgenden Reflexion schon ein wenig weiter, nämlich die Strecke $v\,t$, nach rechts gewandert, und wenn der Lichtstrahl wiederum am unteren Spiegel ankommt, ist dieser um das Doppelte dieser Strecke nach rechts verschoben.

Natürlich gilt wieder Weg = Geschwindigkeit mal Zeit. Nun ist aber für den ruhenden Beobachter der Weg, den das Licht zurücklegen muss, um von einem Spiegel zum anderen zu gelangen, länger. Jetzt kommt die Annahme ins Spiel, dass das Licht in jedem Bezugssystem die gleiche Geschwindigkeit $c$ besitzt: Dann muss nach der Beziehung „Weg = Geschwindigkeit mal Zeit" mit dem Weg nun auch die Zeit, die das Licht braucht, um von einem Spiegel zum anderen zu gelangen, größer sein. Das bedeutet: Der ruhende Beobachter, der die sich bewegende Lichtuhr sieht, misst einen größeren Wert für die Zeit zwischen zwei Reflexionen als ein Beobachter, der relativ zur Lichtuhr ruht. Die Zeit, die man zwischen zwei Ereignissen misst, hängt also von der Bewegung der Lichtuhr relativ zum Beobachter ab. Mit dem Satz „bewegte Uhren gehen langsamer" fasst man dieses Phänomen zusammen.

Dieser Effekt der Zeitdehnung, auch Zeitdilatation genannt, zeigt sich in vielen Experimenten. Bei instabilen Teilchen, wie etwa bei Myonen, misst man für die Lebensdauer die mittlere Zeitspanne zwischen Erzeugung und Zerfall, also einen Wert, der davon abhängt, welche Geschwindigkeit diese Teilchen relativ zum Beobachter haben. Für Teilchen, die sich in Ruhe befinden, erhielte man etwa zwei Mikrosekunden für die Lebensdauer. Wenn die Teilchen sich im Beschleuniger mit einer Geschwindigkeit von 0,9985-mal der Lichtgeschwindigkeit relativ zum Messapparat bewegen, misst man 49,6 Mikrosekunden, in Übereinstimmung mit der Theorie.

Während sich die Zeit dehnt, wenn man diese in einem bewegten Bezugssystem beobachtet, schrumpft der Raum. Mit dem Satz „bewegte Maßstäbe sind kürzer" kann man sich diesen Effekt merken. Diese Längenkontraktion lässt sich allerdings nicht ganz so einfach plausibel machen wie die Zeitdehnung.

Mit Eigenzeit bezeichnet man die Zeit, die ein Beobachter an einer Uhr, die sich relativ zu ihm in Ruhe befindet, abliest. Entsprechend ist die Eigenlänge die Länge, die ein Beobachter mit einem Maßstab misst, der sich relativ zu ihm in Ruhe befindet. Eigenzeit und Eigenlänge sind also genau das, was man gemeinhin unter Zeit eines Prozesses bzw. Länge eines Objektes versteht. Hat der Beobachter nun von Uhr und Maßstab zwei identische Exemplare, und setzt er jeweils ein Exemplar von Uhr und Maßstab in Bewegung, so wird er also feststellen, dass die bewegte Uhr langsamer geht, der bewegte Maßstab kürzer ist, beides jeweils im Vergleich mit den in Ruhe verbliebenen Messinstrumenten. Zeitspannen von Ereignissen und Längen von Objekten sind also keine Invarianten, keine universellen Größen, sie verändern sich mit dem Bewegungszustand der Objekte relativ zum Beobachter.

Wie groß diese Veränderungen sind, lässt sich aus den Lorentz-Transformationen ablesen.

# Raum und Zeit: Das Zwillingsparadoxon

Die Dehnung der Zeit ist kein Effekt, den ein Beobachter der nur sein eigenes Bezugssystem betrachtet, feststellen kann. Er ergibt sich ja erst, wenn man den Verlauf der „eigenen" Zeit mit den Verlauf der Zeit eines bewegten Beobachters vergleicht. Da noch keiner von uns sich mit entsprechenden Geschwindigkeiten relativ zu irgendeinem anderen System mit einer eingebauten Uhr bewegt hat, hat auch noch keiner diesen Effekt erlebt. So haben wir erhebliche Schwierigkeiten, diesen zu akzeptieren, so stark ist unser Vorurteil.

Noch spektakulärer ist das so genannte Zwillingsparadoxon. Man stelle sich ein Zwillingspaar vor, nennen wir sie Peter und Paul. Paul fliege mit einer sehr schnellen Rakete in den Weltraum, kehre nach einiger Zeit um und wieder zurück zu Peter, der zu Hause geblieben ist. Während der Phasen, in der sich Paul mit konstanter Geschwindigkeit von Peter weg oder während der Rückkehr auf ihn zu bewegt, stellt jeder fest, dass beim anderen die Zeit langsamer vergeht, so, wie es die Merkregel „bewegte Uhren gehen langsamer" sagt. Beide müssen ja die gleichen physikalischen Phänomene sehen, es gibt kein ausgezeichnetes Bezugssystem. Da beide in diesen Phasen gleichberechtigt sind, wird man zunächst folgern wollen, dass die Zwillinge auch, wenn Paul nach der Rückkehr wieder neben seinem Bruder steht, gleich alt sein müssen. Das stimmt aber nicht, es gibt eine wesentliche Phase in der

Reise von Paul, in der nicht beide gleichberechtigt sind: In der Phase, in der Paul die Umkehr organisiert, muss er die geradlinig-gleichförmige Bewegung verlassen und eine andere geradlinig-gleichförmige Bewegung aufnehmen. Dazu muss er bremsen, umdrehen und wieder beschleunigen, aber diese Beschleunigungseffekte sind nicht der eigentliche Grund für den verblüffenden Effekt: Paul kann nach seiner Heimkehr einen Zwillingsbruder begrüßen, der nun älter ist als er selbst. „Reisen erhält jung" möchte man dazu sagen. Das trifft aber den Punkt nicht, denn Peter und Paul altern jeweils ganz normal nach den üblichen biologischen Gesetzen, es gibt nur eben keinen universellen Zeitverlauf. Jeder hat seine Zeit. Man braucht lange, um sich von der Denkgewohnheit, dass es einen universellen Zeitverlauf gibt, trennen zu können.

Wir wollen dieses Experiment etwas genauer betrachten: Peter und Paul könnten den Verlauf ihrer Zeit dem andern jeweils melden, indem sie z. B. nach jedem Jahr, das bei ihnen vergangen ist, ein Funksignal an den andern senden. Die Anzahl der Funksignale, die jeder von dem anderen empfängt, ist dann wohl ein Maß für die Zeit, die der andere „verlebt". Man kann allein mit der Regeln der Speziellen Relativitätstheorie leicht nachrechnen, dass Peter nach der Rückkehr von Paul weniger Signale empfangen hat als Paul. Er hat also auf diese Weise Paul langsamer altern gesehen (Abb. 8).

Dieses unterschiedliche Vergehen von Zeit für Peter und Paul erscheint zunächst paradox, da doch Peter wie Paul für den jeweils anderen die Zeit langsamer vergehen sehen, so lange sich Paul mit konstanter Geschwindigkeit relativ zu Peter bewegt. Der wesentliche Effekt muss also bei der Umkehr passieren, wenn also Paul plötzlich seine Geschwindigkeit ändert. In der Tat: Der „Blick" auf die Raumzeit, d.h. in welcher Form man Raum und Zeit beobachten und vermessen

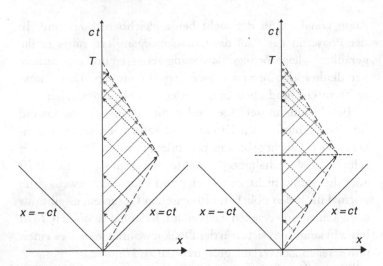

**Abb. 8** Raumzeit-Diagramm der Bewegung der Zwillinge für eine Reisegeschwindigkeit $v = 0{,}6\ c$. Peter bleibt zu Hause, seine Raumkoordinate $x$ änderte sich nicht, seine Zeitkoordinate wächst von 0 auf $T$. Pauls Koordinaten während seiner Reise liegen auf den gestrichelten Linien. Beide senden nach jedem Jahr ein Funksignal zum anderen. Linkes Bild: Berechnung der Trajektorien der Funksignale nach der Speziellen Relativitätstheorie: Peter registriert acht Signale von Paul, dieser ist also acht Jahre älter geworden. Paul registriert dagegen zehn Signale von Peter, dieser ist somit zehn Jahre älter geworden. Rechtes Bild: Berechnung unter der Voraussetzung, dass sich die Geschwindigkeiten wie in der nichtrelativistischen Physik addieren: Peter und Paul würden die gleiche Anzahl von Signalen empfangen und wären bei der Rückkehr von Paul gleich alt.

kann, hängt vom Bewegungszustand ab. Ändert man diesen, hat man auch einen anderen Blick auf die Raumzeit. Würde Paul kurz vor seiner Umkehr einen anderen Reisenden, der mit entgegengesetzter Geschwindigkeit an ihm vorbei fliegt, bitten, auch die Signale von Peter aufzufangen, um bei gegebener Zeit aus diesen unter Berücksichtigung der Laufzeiten zu berechnen, wie alt Peter nun gerade bei dem Vorbeiflug gewesen sei, so käme dieser auf ein viel größeres Alter als Paul es aus seinen Beobachtungen errechnete. Der Entgegenkommende „sieht" also Peter in ganz anderen Raumzeitpunkten als Paul und damit auch zu einer anderen Zeit. Es ist wie im dreidimensionalen Raum auch: Ein Autofahrer, der mir auf der Autobahn entgegenkommt, sieht ein ganz anderes Stück der Gegend als ich selbst. Wenn nun Paul wendet – wie auch immer – und den Bewegungszustand des Entgegenkommenden übernimmt, sieht er also plötzlich Peter auch in einer viel späteren Zeit als kurz vor der Wende und auch die Beobachtung, dass Peter nun für Paul auf der Rückreise langsamer altert, kompensiert das nicht ganz.

Einige Zeit war dieses Zwillingsparadoxon nur ein verblüffendes Gedankenexperiment. Im Jahre 1970 haben aber die Physiker Haefele und Keating diesen Effekt experimentell nachgewiesen. Sie besorgten sich zwei sehr genau gehende Uhren, ließen eine davon in Washington stehen und flogen mit der anderen, mithilfe von normalen Linienflugzeugen, um die Erde. In der Tat stellten sie fest, dass die in Washington gebliebene Uhr gegenüber der anderen in der Zeit weiter voran geschritten war, und zwar um einen Betrag, der im Rahmen der Messfehler mit der Theorie übereinstimmte.

Mit dem „Global Positioning System" (GPS), das Flieger, Segler und Autofahrer für die Navigation nicht mehr missen möchten, hat die Relativitätstheorie inzwischen den Alltag eines normalen Bürgers erreicht. Würde man bei der Bestimmung der Position aus den Laufzeiten der Signale von verschiedenen Satelliten nicht die Zeitdehnung der Relativitätstheorien (und zwar der Speziellen wie der Allgemeinen, auf die wir später eingehen werden) in Rechnung stellen, so würde sich in jeder Sekunde Messzeit ein Fehler von 13 cm in der Position ergeben. In kurzer Zeit würde damit der Fehler so groß, dass das System nutzlos wäre.

# Die Masse eines Körpers als Maß für dessen Energieinhalt

Die Resultate seiner Arbeit zur Elektrodynamik bewegter Körper führten Einstein zu „interessanten Folgerungen", die er in der fünften Arbeit dieses Wunderjahres darlegt. In dieser formuliert er die Formel: $E = mc^2$, wohl die berühmteste Formel, die auch immer mit der Atombombe in Beziehung gebracht wird. Ich will hier nicht seine Argumente darlegen, sondern einen anderen Aspekt erwähnen, auf den 1906 Max Planck hingewiesen hat.

Wenn man die Newtonsche Mechanik mithilfe des Einsteinschen Relativitätsprinzips erweitert zu einer so genannten, schon vorher erwähnten relativistischen Mechanik, so erhält man zwangsläufig einen Ausdruck für die kinetische Energie eines Teilchen der Masse $m$, der neben dem Impuls und der Masse des Teilchens auch noch die Lichtgeschwindigkeit enthält. Entwickelt man nun diesen Ausdruck in einer bestimmten mathematischen Weise in eine Reihe von Termen, so stellt man fest: Der erste Term lautet gerade „$mc^2$", der zweite entspricht dem Ausdruck für die kinetische Energie in der Newtonschen Mechanik, die weiteren Terme sind alle zu vernachlässigen, wenn die Geschwindigkeit des Teilchens klein gegenüber der Lichtgeschwindigkeit ist.

Man sieht hier nun ganz deutlich, wodurch die Energie eines Teilchens der Masse $m$ bestimmt ist: teils in Form von kinetischer Energie, teils in Form von Masse. Der Beitrag, der die kinetische Energie beschreibt, ist aus der Newtonschen Mechanik bekannt; der Beitrag, der von den Massen herrührt, ist neu. In der Klassischen Mechanik fällt es nicht auf, wenn man diesen Beitrag ignoriert: Im Gültigkeitsbereich dieser

Theorie ist die Masse eine strikt erhaltene Größe und konstante Beiträge zur Energie spielen hier keine Rolle, da man sowieso immer nur Energieunterschiede betrachtet.

Die Tragweite dieser Einsicht, dass die „Masse eines Körpers ein Maß für dessen Energieinhalt" ist, wie Einstein es in seiner dreiseitigen Arbeit formuliert, wurde bald klar. Die Energie, die bei Kernspaltung und Kernfusion frei wird, lässt sich einfach berechnen, indem man die Massen der Teilchen vor der Reaktion mit den Massen der Teilchen nach der Reaktion vergleicht und diese Massendifferenz mit $c^2$ multipliziert. Fusionieren so zwei Wasserstoffkerne und zwei Neutronen zu einem Helium-Kern so ergeben sich 4,03188 Atomeinheiten vor der Reaktion, jedoch 4,00153 Atomeinheiten für den fertigen Helium-Kern. Da eine Atomeinheit 1,66054 × $10^{-27}$ kg entsprechen, ergibt sich also eine Massendifferenz von etwa 5 × $10^{-29}$ kg. Diese ist sehr klein, mit $c^2$ multipliziert ergibt das immer noch einen sehr kleinen Energiebeitrag. Aber wenn nun sehr viele Wasserstoffkerne und Neutronen fusionieren, und dabei auch nur ein Gramm Masse in Energie in Form von Strahlung umgewandelt würde, erhielte man 25 Millionen Kilowattstunden an Energie.

Eine solche Fusion von Atomkernen findet ständig in unserer Sonne statt, ja, aus solchen Prozessen beziehen alle Sterne ihre Strahlungsenergie. Die Sonne verliert so pro Sekunde vier Millionen Tonnen an Materie. Dabei werden mit zunehmendem Alter der Sterne Atomkerne immer höheren Atomgewichts „gebacken", bis hin zum Eisen mit dem Atomgewicht 56. Dann ist der Punkt erreicht, an dem eine Fusion nicht mehr zu einem Gewinn von Strahlungsenergie führt. Solche Sterne verlöschen und geraten je nach Masse in ein bestimmtes Endstadium. Bei einem noch höheren Atomgewicht könnte man Energie in Form von Strahlung beim umgekehrten Prozess gewinnen, d. h. bei der Spaltung des Atomkerns. Das geht umso besser, je höher das Atomgewicht ist. So ist z. B. Uran mit dem Atomgewicht 235 ein wichtiges Spaltmaterial.

Die Idee, dass man die Masse in irgendeiner Form mit einer Energie in Beziehung setzen können sollte, wurde auch schon vor Einstein geäußert. Man hatte sich klar gemacht, dass die Beschleunigung eines elektrisch geladenen Teilchens mehr Energie benötigt als die eines neutralen: Ein bewegtes geladenes Teilchen entspricht ja einem Strom, dieser erzeugt ein Magnetfeld. Man wusste, dass auch ein Magnetfeld eine Energie besitzt und diese Energie muss ja irgendwo herkommen. Wieder war es Poincaré, der dem letztgültigen Ergebnis am nächsten gekommen war, er hatte schon klar ausgesprochen, dass der Trägheit auch eine Energie zugeordnet werden muss.

Später, als man den Aufbau des Atoms und auch des Atomkerns verstehen lernte, wurde diese Umwandlung von Masse in eine andere Form von Energie selbstverständlich. Ein Wasserstoffatom besteht aus einem Proton und einem Elektron. Die Masse des Wasserstoffatoms ist etwas kleiner als die Summe aus der Masse des Elektrons und Protons. Die Differenz steckt in der so genannten Bindungsenergie. Gehen Proton und Elektron also eine Bindung ein, so geht ein winziger Bruchteil ihrer Masse in Bindungsenergie über. (In eine Bindung muss man eben auch immer etwas investieren).

Eine vollständige Umwandlung von Strahlungsenergie kann man bei der Materialisierung von Photonen in einem starken Feld eines Atomkerns beobachten. Ein Photon kann darin mit einer bestimmten Wahrscheinlichkeit in ein Paar von Teilchen übergehen, in ein Elektron und ein Anti-Elektron (Positron). Voraussetzung ist natürlich, dass die Energie des Photons die Summe der Massen der beiden Teilchen, multipliziert mit $c^2$, übersteigt. Die Strahlungsenergie des Photons geht also vollständig über in „Massenenergie" und in die kinetische Energie, d. h. Bewegungsenergie von Elektron und von Positron.

Die Relativitätstheorie, von der bisher berichtet worden ist, ist keine Theorie für eine fundamentale Wechselwirkung wie es die Newtonsche Gravitationstheorie oder die Maxwellsche Elektrodynamik ist. Sie ist eine Theorie für den fundamentalen Zusammenhang von Raum und Zeit und für die Beziehung von Bezugssystemen, in denen physikalische Prozesse in gleicher Weise ablaufen. Unabhängig von allen Kräften bzw. Wechselwirkungen muss dieser Zusammenhang also gewahrt sein, alle Gesetze der Physik müssen somit so formuliert werden, dass dieser Zusammenhang gilt, und zwar am besten, wenn dieser an der Form der Gleichungen sofort erkennbar ist.

Die Maxwellschen Gleichungen haben in diesem Sinne in allen Bezugssystemen die gleiche Form, sind also, wie die Physiker dazu sagen, relativistisch kovariant. Geht man also von einem Bezugsystem zu einem dazu geradlinig-gleichförmig bewegten Bezugsystem über, führt man in diesem neuen Bezugsystem entsprechende Koordinaten ein, die über eine Lorentz-Transformation mit den Koordinaten des alten Bezugsystems zusammenhängen, und überlegt man sich noch, wie sich die elektrischen und magnetischen Felder im neuen Koordinatensystem aus den Feldern des alten Bezugssystems zusammensetzen, so stellt man fest: In den neuen Koordinaten und in den neuen Feldern sehen die so entstandenen Gleichungen genau so aus wie die Maxwellschen Gleichungen in dem alten Bezugsystem. Ob man nun das alte oder neue Bezugsystem benutzt, stets hat man es mit dem gleichen Satz von Gleichungen für die Felder zu tun.

In der Form, in der Maxwell und Hertz diese Gleichungen aufgeschrieben haben, sieht man das erst nach langer und mühsamer Rechnung. Es ist das Verdienst von Herman Minkowski und Max von Laue, die Maxwellschen Gleichungen mithilfe von geeigneten mathematischen Größen so zu formulieren, dass diese relativistische Kovarianz den Gleichungen sofort anzusehen ist. Damit wurde auch gleichzeitig ein Konstruktionsprinzip für relativistisch kovariante Gleichungen entdeckt. Solche Gleichungen zeichnen sich durch eine sehr verdichtete Information und daher verblüffende Kürze und Übersichtlichkeit aus. Die Maxwellschen Gleichungen lassen sich so auf der Rückseite einer Briefmarke notieren. Man ist schon sehr beeindruckt, wenn man bedenkt, dass man das ganze grundsätzliche Wissen über den Elektromagnetismus und damit die ganze Fähigkeit, elektrische und magnetische Phänomene zu beherrschen und vorher zu sagen, auf zwei kurze Zeilen verdichten kann.

# Grundlagen der Allgemeinen Relativitätstheorie: Das Äquivalenzprinzip

Wenn die Relativitätstheorie, wie sie bisher besprochen wurde, auch nicht zu einer Grundgleichung für eine Wechselwirkung, für das Wirken einer Kraft führt, ist sie dennoch eine Theorie im idealen Sinne. Sie hat einen klaren Ausgangspunkt: Das Relativitätsprinzip und die Unabhängigkeit der Lichtgeschwindigkeit vom Bewegungszustand der Quelle relativ zum Beobachter. Aus diesem folgt alles zwingend in mathematischer Strenge. Hier spürt man es wie auch bei den anderen großen physikalischen Theorien: Der immense Unterschied zwischen der Einfachheit der Annahmen beim Ausgangspunkt und der Fülle und der Bedeutung der Folgerungen – das ist es immer, was einen staunen lässt, und was man als „Schönheit" einer Theorie empfindet. Nur solche Annahmen können ja wohl Ausgangspunkt großer Theorien werden, die eine tiefliegende Eigenschaft der Natur betreffen. Und es zeichnet einen großen Physiker wie Einstein eben aus, dass er ein Gespür für die großen Fragen der Natur besaß und diese auch hartnäckig verfolgte.

So rückten auch bald nach der Relativitätstheorie andere Ungereimtheiten im Gebäude der Physik bzw. Knoten im geistigen Band der Theorien ins Zentrum seines Interesses. Bei der Frage, wie denn nun analog zur Maxwellschen Theorie eine relativistische Gravitationstheorie aussehen könnte, kam der ganze vorläufige Charakter der Newtonschen Theorie deutlich zum Vorschein. Newton und seine Nachfolger hatten noch eine Fernwirkung für die Gravitationskraft angenommen, wenn auch im Grunde wissend, dass das nicht das letzte Wort sein kann. Zwar hatte man inzwischen durch die Entwicklung der Elektrodynamik den Begriff des Feldes entdeckt und konnte nun von einem Gravitationsfeld reden, das durch eine Masse erzeugt wird. In diesem Feld erfährt dann eine andere Masse eine Kraft, eben genau so, wie eine elektrische Ladung ein elektrisches Feld erzeugt, in dem dann eine andere Ladung auch eine Kraft erfährt. Wie aber ändert sich das Gravitationsfeld mit der Zeit, wenn sich die Masse bewegt? Welchen Gleichungen muss das Gravitationsfeld genügen? So wie es die Maxwellschen Gleichungen für die elektromagnetischen Felder gibt, muss es doch wohl auch Gleichungen für das Gravitationsfeld geben. Wie sieht solch eine Feldtheorie für Gravitationsfelder aus? Grundgleichungen für das Gravitationsfeld zu finden, aus denen heraus sich auch der Ausdruck für die Newtonsche Gravitationskraft ergibt, das war das Ziel.

Zwei Überlegungen brachten Einstein auf die richtige Spur. Einmal hatte er bei der Verknüpfung des Relativitätsprinzips mit dem Postulat der Konstanz der Lichtgeschwindigkeit erlebt, wie fruchtbar Überlegungen darüber sein können, wie Gleichungen sich unter einem Wechsel des Bezugssystem verhalten oder verhalten sollten. Andererseits war ihm nie die merkwürdige Tatsache aus dem Kopf gegangen, dass die träge Masse, die bestimmt, welche Beschleunigung ein Körper unter Einwirkung einer Kraft erfährt, stets übereinstimmt mit der schweren Masse, die wiederum bestimmt, welche Kraft ein Körper in einem Gravitationsfeld erfährt. Diese Tatsache ist schon auf S. 37 ff. erwähnt worden. Sie hat zur Folge, dass im konstanten Schwerefeld der Erde z. B. alle Körper gleich schnell fallen würden, wenn nicht die Luft jedem Körper je nach Beschaffenheit einen anderen Widerstand beim Fallen entgegensetzte. Wir haben das ab S. 56 sogar explizit an der Bewegungsgleichung für einen fallenden Körper sehen können.

Kann solch ein universelles Fallen, ein gleiches Fallen für alle Körper unabhängig von ihrer Masse, einen tieferen Grund haben? Sind vielleicht träge und schwere Masse nur in der Klassischen Mechanik Begriffe mit unterschiedlicher Bedeutung? Kann man das Relativitätsprinzip in der Form verallgemeinern, dass auch das Bezugssystem, in dem der fallende Körper ruht, das fallende Bezugssystem sozusagen, in irgendeinem Sinne äquivalent zu einem Inertialsystem ist. Ein Beobachter in diesem Bezugssystem spürt ja keine Gravitationskraft mehr. Durch Übergang zum fallenden Bezugssystem ist die Gravitationskraft „wegtransformiert" worden.

Ein Beobachter in einer geschlossenen Kabine, der also nicht seine Umgebung beobachten kann und auch sonst keinen Eindruck aus der Umgebung erhält, kann nicht entscheiden, ob er sich in einer schwerelosen Umgebung befindet, oder ob er in einem Gravitationsfeld frei fällt. Und andersherum gilt auch: Wird der Beobachter in seiner Kabine gegen den Boden gedrückt, so kann er nicht sagen, ob er sich in einem Gravitationsfeld befindet, oder ob seine Kabine gerade in Richtung der Kabinendecke beschleunigt wird.

Diese Gedanken, die Einstein schon vor 1907 geäußert hat und die er später zu den „glücklichsten Gedanken seines Lebens" gezählt hat, wuchsen sich dann über die Jahre bis 1915 zu dem „Äquivalenzprinzip" aus und wurden zum Ausgangspunkt der Allgemeinen Relativitätstheorie. Ein wesentlicher Schritt war aber von den obigen glücklichen Gedanken bis zum Äquivalenzprinzip noch nötig: Dort hatte man angenommen, dass die Schwerkraft an jedem Ort gleich groß in Stärke und Richtung ist. Im Allgemeinen werden eine solche Kraft und damit das entsprechende Gravitationsfeld vom Ort und auch von der Zeit abhängen. Wenn man sich aber immer nur auf kleine Umgebungen eines Punktes in der Raumzeit beschränkt, die so klein sind, dass man das Gravitationsfeld dort als konstant in Größe und Richtung ansehen darf, dann könnte man fordern, dass man in jeder dieser kleinen Umgebungen das Gleiche wie in der obigen Betrachtung tun kann: Geht man durch eine Transformation der Koordinaten in das fallende Bezugssystem über, sollten das Gravitationsfeld bzw. eine Gravitationskraft nicht mehr auftauchen. Natürlich sieht diese Transformation dann von Umgebung zu Umgebung anders aus.

Eine solche Forderung formuliert man gerade im Äquivalenzprinzip: Für jeden Raumzeitpunkt in einem beliebigen

Gravitationsfeld ist es möglich, ein lokales, d. h. für diesen Raumzeitpunkt spezifisches (fallendes) Inertialsystem zu finden, so dass in einer genügend kleinen Umgebung dieses Punktes die Gesetze der Physik in gleicher Form gelten wie im Falle der Abwesenheit der Gravitation.

Ein fallender Beobachter soll danach also in der Natur die Gravitationskräfte gar nicht, aber sonst die gleichen Gesetze walten sehen wie ein Beobachter, der irgendwelchen Gravitationskräften ausgesetzt ist. Die anderen Kräfte werden also nicht durch die Gravitationskräfte berührt und die Gravitationskraft kann man auch durch Beschleunigungen simulieren.

Eine solche Annahme, zum Prinzip erhoben, hat schon erhebliche Konsequenzen.

Um z. B. Gleichungen für elektromagnetische Effekte in einem beliebigen Gravitationsfeld zu finden, wird man von den Maxwell-Gleichungen in einem Inertialsystem ausgehen und diese in ein beschleunigtes Bezugssystem transformieren. Die Beschleunigungen, die in den Koordinatentransformationen bei diesem Wechsel des Bezugssystems auftreten, müssen dann in irgendeiner Weise Gravitationskräfte oder Gravitationsfelder repräsentieren. Um zu verstehen, wie das gehen kann, muss man erst eine andere Entwicklung verfolgen, die sinnigerweise mit Euklid ihren Anfang nahm.

Wie schon im zweiten Brief angesprochen, hatte Euklid schon vor 300 v. Chr. gezeigt, wie man Aussagen über geometrische Objekte wie Punkte, Geraden, Ebenen oder Winkel aus einigen wenigen Postulaten ableiten kann. Ein jeder kennt solche Aussagen aus dem Mathematikunterricht in der Schule. Am anschaulichsten sind solche in einem zweidimensionalen Raum, in der Papierebene: Zwei Parallelen schneiden sich nie im Endlichen, die Winkelsumme in einem Dreieck ist immer gleich 180 Grad usw.

Nun gibt es auch Räume, in denen offensichtlich diese euklidischen Gesetze nicht gelten. Carl Friedrich Gauß hat sich als erster mit den Eigenschaften geometrischer Objekte in solchen Räumen beschäftigt und auch an die Möglichkeit gedacht, dass der Raum, in dem wir leben, nicht euklidisch ist. Das einfachste Beispiel für einen nicht euklidischen Raum ist die Oberfläche einer Kugel. Mathematisch ausgedrückt ist diese eine zweidimensionale endliche Mannigfaltigkeit. Da wir einen solchen Raum aus unserem dreidimensionalen Anschauungsraum überblicken können und wir sogar als Beispiel einen Globus mit seinem Netz von Längen- und Breitengraden vor Augen haben, fallen uns auch gleich die Unterschiede zu einem euklidischen Raum auf: Zwei Längengrade sind nun z. B. Parallelen, diese schneiden sich aber nun im Endlichen, nämlich am Nord- und am Südpol. Die Winkelsumme eines Dreiecks auf der Kugeloberfläche ist immer größer als 180 Grad. Als Beispiel braucht man sich nur ein Dreieck vorzustellen, das eine Ecke im Nordpol hat und von zwei Längenkreisen und einer Äquatorlinie begrenzt wird. Die beiden Winkel zwischen Längenkreisen und Äquator tragen alleine jeweils schon 90 Grad zur Winkelsumme bei.

Es gibt noch andere interessante zweidimensionale nicht euklidische Mannigfaltigkeiten, die unserer Anschauung zugänglich sind. Die Oberfläche eines Schwimmringes oder die einer Tasse mit einem Henkel usw. Ein großes Gebiet der Mathematik beschäftigt sich mit solchen allgemeinen Räumen, auch in beliebiger Dimension. Wir können uns immer nur zweidimensionale gekrümmte Oberflächen vorstellen, die in unseren dreidimensionalen Anschauungsraum „eingebettet" sind. Aber mathematisch macht es keine Schwierigkeiten, gekrümmte Räume beliebiger Dimension zu definieren und die Eigenschaften geometrischer Objekte in diesen Räumen zu untersuchen.

Alle Begriffe, die wir aus unserem Anschauungsraum kennen, erfahren dabei eine Verallgemeinerung. Der wichtigste Begriff in unserem Kontext ist der der Geraden oder geraden Linie. Eine gerade Linie ist definiert als die kürzeste Verbindung zwischen zwei Punkten. Auf der Kugel sind dies die so genannten Großkreise, z. B. Längengrade; allgemein nennt man sie „Geodäten". Breitengrade auf der Kugel sind keine Großkreise oder Geodäten. Jeder, der schon einmal von Europa nach USA geflogen ist, weiß, dass die Route nicht entlang eines Breitengrades sondern weit nach Norden z. B. über Grönland führt.

Alle diese Räume oder Mannigfaltigkeiten, die wir bisher betrachtet haben und als gekrümmt, als nicht flach bezeichnen, haben auch eine wichtige Eigenschaft, die uns fast selbstverständlich erscheint: Lokal, d. h. in einer kleinen Umgebung um einen Punkt, kann man den Raum als euklidisch betrachten. In unseren Stadtplänen finden wir ja nie einen Hinweis auf die Krümmung der Erdoberfläche. Wir können ein kleines Stück aus einem Globus ausschneiden und ohne nennenswerte Verzerrung auf den Tisch legen. Bei einem größeren, das z. B. einen halben Kontinent darstellt, ginge das nicht mehr.

Hier ist nun die Nahtstelle, an der ein Gedanke überspringt: Man setze die Oberfläche einer Kugel in Analogie zu der gekrümmten Raumzeit. So, wie man um jeden Punkt auf der Kugel lokal ein flaches Bezugssystem, eine Ebene, konstruieren kann, in dem die Gesetze der euklidischen Geometrie gelten, kann man um jeden Bezugspunkt der Raumzeit ein Inertialsystem, eine flache Raumzeit betrachten, in dem die Gesetze der Speziellen Relativitätstheorie gelten. So, wie man in jedem kleinen Gebiet auf der Erde die Krümmung vernachlässigen kann, in dem man den Bezugspunkt, den Ursprung des Koordinatensystems z. B. in die Mitte des Gebietes legt, so kann man also jederzeit die Gravitation durch Übergang in das entsprechende fallende Bezugssystem „wegtransformieren".

Eine „natürliche" Bewegung, d. h. eine kürzeste Verbindung, eine Geodäte in einer solchen gekrümmten Raumzeit entspricht dann offensichtlich dem Fallen eines Körpers im Gravitationsfeld. Man kann die Ursache für eine solche Bewegung also auch in einer Krümmung der Raumzeit statt in einer Gravitationskraft sehen. Man müsste somit die Formel für die Gravitationskraft in einem Ausdruck für die Krümmung wieder erkennen, und die Krümmung wäre es nun, die bestimmt sein müsste durch die Massen, die ja im bisher gültigen Bild die Gravitationskraft verursachen. Den Zusammenhang zwischen Massen und der Krümmung der Raumzeit galt es also zu finden.

Diese Sicht der Dinge war beeindruckend und radikal neu. Sie wäre aber unter Physikern keinen Pfifferling wert, wenn man sie nicht in mathematischer Form konkretisieren könnte, um sie mit Beobachtungen oder experimentellen Ergebnissen quantitativ überprüfen zu können.

Dazu musste man die Mathematik in gekrümmten Räumen beherrschen. Wie findet man ein Maß für die Krümmung, wie könnte man diese messen? Dabei kann man sich nicht immer auf die Anschauung berufen. Eine Kugeloberfläche können wir noch überblicken; das ist ein gekrümmter Raum, der in unserem Anschauungsraum eingebettet ist. Wie entdeckt aber ein Wesen, das nur auf der Kugeloberfläche lebt und sich eine dritte Dimension gar nicht vorstellen kann, dass seine Welt ein gekrümmter Raum ist? In der gleichen Situation sind wir doch: Wir kennen keinen Raum höherer Dimension, in dem unsere Welt eingebettet ist.

Gauß hatte schon 1827 in einer Arbeit gezeigt, wie z. B. solche zweidimensionalen Wesen auf einer Kugeloberfläche die Krümmung ihrer Welt durch eigene Messungen feststellen könnten. Riemann hat diese Ideen 1854 auf gekrümmte Räume beliebiger Dimension ausgedehnt. Die zentrale Größe dabei ist der Begriff des metrischen Tensors. Hier ist nicht der Ort, an dem man den mathematischen Begriff eines Tensors erklären könnte, aber soviel sei gesagt, ein Tensor ist so etwas wie ein Vektor höheren Grades oder höherer Stufe. Oder andersherum: Vektoren, also gerichtete Größen, wie wir sie in der Form von Kräften, Geschwindigkeiten oder elektromagnetischen Feldern kennen gelernt haben, sind spezielle Tensoren, nämlich Tensoren 1. Stufe. Der metrische Tensor ist ein Tensor 2. Stufe.

Während ein Vektor in der vierdimensionalen Raumzeit vier Komponenten hat, enthält der metrische Tensor der Allgemeinen Relativitätstheorie zehn Komponenten, und da diese alle natürlich vom Ort und von der Zeit abhängen können, spricht man von einem Tensorfeld. Diese zehn Komponenten des Tensorfeldes enthalten also nun in bestimmter Weise die Gravitationskräfte bzw. die entsprechenden Felder, z. B. die Erdbeschleunigung, wenn man den freien Fall auf der Erde betrachtet.

Die Analogie zu den Maxwellschen Gleichungen ist bestechend: Dort hat man es mit sechs elektromagnetischen Feldern, jeweils drei Komponenten des elektrischen und des magnetischen Feldes, zu tun und mit elektrischen Ladungen und Strömen als Quellen dieser Felder. Wie die Felder aussehen, die von gegebenen Ladungen und Strömen erzeugt werden, kann mit den Maxwellschen Gleichungen berechnet werden. In zweiten Brief sind diese Gleichungen notiert. Auch wenn sie einem als Laie sehr unverständlich erscheinen, man erkennt die typische Form einer physikalischen Grundgleichung: Auf der rechten Seite stehen die Verursacher, nämlich die Ladungen und Ströme, auf der linken Seite tauchen die Größen auf, die bestimmt werden sollen, nämlich die Felder.

In der Allgemeinen Relativitätstheorie entsprechen den elektromagnetischen Feldern die Gravitationsfelder, nur dass es nun zehn davon gibt. Statt der Ladungen und Ströme spielt nun ein allgemeiner, so genannter Energie-Impuls-Tensor die Rolle der Quellen für die Felder. Dieser enthält insbesondere die Verteilung der Massen, also die Verursacher der Krümmung bzw. der Gravitationskräfte.

Für die Gleichungen, die nun Quellen und Felder miteinander verbinden, erwartet man die gleiche Form: Auf der rechten Seite soll der Energie-Impuls-Tensor stehen, auf der linken Seite ein Ausdruck in den zu berechnenden Gravitationsfeldern. Diese Grundgleichung würde zusammen mit dem Äquivalenzprinzip die Grundhypothesen der Theorie ausmachen, deren Konsequenzen zu berechnen und mit beobachtbaren Phänomenen zu vergleichen wären.

Diese Gleichung ist von Albert Einstein schließlich 1915 aufgestellt worden. Jeder, der auch nur ein wenig Einblick in diese Theorie genommen hat, ist zutiefst beeindruckt davon, welch einen weiten und schwierigen Weg Einstein dabei gehen musste. Die Vorstellungen von Raum und Zeit mussten aufs Neue, nun auch im Hinblick auf beschleunigte Bezugssysteme hinterfragt werden und als er merkte, dass ihm die mathematischen Mittel fehlten, um seinen Ideen eine feste Form zu geben, musste er sich erst noch Kenntnisse in einem für ihn damals noch unbekannten Zweig der Mathematik aneignen.

Das alles ist in den einschlägigen Biographien (Fölsing 1993, Bürke 2004) über Einstein sehr gut dargestellt, wie auch die Anstrengungen anderer Physiker, die Newtonsche Gravitationstheorie zu einer relativistischen Theorie zu verallgemeinern. Im Nachhinein weiß man, wie meilenweit diese Ansätze der anderen von einer Lösung entfernt waren. Sie blieben den Gedanken verhaftet, dass man es nur mit einem Feld, dem Newtonschen Gravitationsfeld eben, zu tun hat und sie betrachteten die vierdimensionale Raumzeit immer nur als einen flachen Raum, in dem alle physikalischen Prozesse ablaufen.

In der Einsteinschen Theorie sind dagegen die Eigenschaften des Raumes, insbesondere die Krümmung, selbst eng mit gravitativen Kräften verknüpft, ja, ein Gravitationsfeld bedeutet eine Krümmung des Raumes: Eine Masse, genauer gesagt, ein Objekt mit einer Masse, krümmt den Raum und das bedeutet, dass, eine andere Masse sich auf einer Geodäten in diesem gekrümmten Raum bewegt, wenn keine anderen Kräfte wirken und diese andere Masse so klein ist, dass man die durch sie bewirkte Krümmung vernachlässigen darf. Beobachtern in anderen Bezugssystemen kommt diese freie Bewegung in einem gekrümmten Raum so vor, als wenn eine Kraft, eben eine Gravitationskraft auf diese Masse wirkt.

Schauen wir uns im Folgenden an, was diese allgemeine Theorie der Gravitation vorhersagt und wie das mit Beobachtungen und experimentellen Resultaten übereinstimmt.

# Folgerungen aus der Allgemeinen Relativitätstheorie

Drei berühmte Effekte, die von der Allgemeinen Relativitätstheorie vorhergesagt werden und heute als klassische Folgerungen aus dieser Theorie gelten, hatte Einstein schon im

Jahre 1907 im Visier, als er in einer Arbeit die ersten noch sehr rudimentären Ansätze für seine Theorie diskutierte.

Die erste Folgerung, die Einstein aus der Gleichwertigkeit von Gravitation und entsprechender Beschleunigung des Bezugssystems zog, hatte wieder etwas mit dem Gang von Uhren zu tun. Mit einiger Überlegung erhält man nun die Regel: Uhren in stärkeren Gravitationsfeldern gehen langsamer. Beobachtet man also in einem Gravitationsfeld einen periodischen Prozess mit einer Schwingung pro Sekunde von einem Punkt aus, in dem ein schwächeres Gravitationsfeld herrscht, so misst man für die Zeit einer Schwingung mehr als eine Sekunde. Das heißt auch, dass der Beobachter in der Zeit, die für ihn eine Sekunde bedeutet, keine vollständige Periode misst und damit eine kleinere Frequenz des Prozesses. Da z. B. Licht als elektromagnetische Welle, also als ein periodischer Vorgang angesehen werden kann, wird man für die Frequenz des Lichtes, das z. B. aus einem Atom von der Oberfläche der Sonne zu uns kommt, einen kleineren Wert messen als für den gleichen Prozess auf der Erde. Deshalb spricht man auch von der gravitativen Rotverschiebung, wobei „rot" hier für kleinere Frequenzen steht. Mit der Vorstellung, dass Licht auch als ein Strahl von Lichtquanten mit einer Energie proportional zur Frequenz angesehen werden kann – eine Vorstellung, die Einstein ja in einer Arbeit aus dem gleichen Jahr entwickelt hat und auf die wir ab S. 284 näher eingehen werden – kann man diese Rotverschiebung auch so interpretieren, dass die Lichtteilchen aus dem atomaren Prozess gegen die Schwerkraft (der Sonne) anlaufen müssen, deshalb Energie verlieren, womit sich auch ihre Frequenz erniedrigt.

In der ausgearbeiteten Theorie kann dieser Effekt der gravitativen Rotverschiebung in ein paar Zeilen aus dem Äquivalenzprinzip gefolgert werden. Im Jahre 1925 konnte er durch

Analyse des Lichtes, das vom Weißen Zwerg Sirius B kommt, nachgewiesen werden und im Jahre 1962 sogar im Gravitationsfeld der Erde. Heute spielt er eine bedeutende Rolle bei den durch Satelliten gestützten Navigationsgeräten. Wie schon ab S. 231 erwähnt, spielen hier Effekte der Speziellen wie Allgemeinen Relativitätstheorie eine Rolle. Die Bewegung der Satelliten alleine würde die Uhren in den Satelliten langsamer als die Uhren am Erdboden gehen lassen – nach der Speziellen Relativitätstheorie gehen ja bewegte Uhren langsamer. Andererseits spüren die Satelliten ein schwächeres Gravitationsfeld als die Beobachter am Erdboden, das alleine würde die Uhren in den Satelliten schneller als die Uhren am Erdboden gehen lassen. Wie groß der Effekt jeweils ist, hängt von der Geschwindigkeit der Satelliten und der Höhe der Bahnen ab. In einer Höhe von 3 000 km heben sich beide Effekte gerade gegen einander auf. Die Satelliten umkreisen unsere Erde aber in einer Höhe von etwa 20 000 km, hier ist der Effekt der Allgemeinen Relativitätstheorie sechsmal größer, insgesamt gehen also die Uhren im Satelliten schneller als die Uhren am Erdboden. Wenn eine Sekunde auf einer irdischen Uhr gezählt wird, sind in den Satelliten schon 0,44 Milliardstel Sekunden mehr vergangen. So gering uns das auch erscheint, dieser Gangunterschied der Uhren muss korrigiert werden, um ein satellitengestütztes Navigationssystem mit einer genügenden Genauigkeit zu erhalten.

Ein zweites Phänomen, auf das Einstein schon früh bei seinen Überlegungen zum Äquivalenzprinzip stieß, war das der Krümmung von Lichtstrahlen durch ein Gravitationsfeld. Für den Fall eines Lichtstrahls, der von einem Stern kommend dicht an der Sonne vorbeigeht, errechnete er einen Wert von 0,87 Bogensekunden und er schlug den Astronomen vor, diesen Effekt zu überprüfen, indem man bei einer

Sonnenfinsternis die Himmelsregion im Umfeld der verdeckten Sonne fotografierte und mit Nachtaufnahmen der Region vergleichen würde. Man müsste feststellen, dass die Orte am Himmel, an denen man die Sterne sieht, ein wenig auseinander rücken, wenn der Strahlengang jeweils an der Sonne vorbeigeht. Für eine solche Überprüfung nutzte er alle seine Beziehungen, der erste Weltkrieg setzte aber bald allen Bestrebungen ein Ende, erst im Mai 1919 konnte bei einer Beobachtung einer Sonnenfinsternis auf der Vulkaninsel Principe, im Golf von Guinea in Westafrika, eine Lichtablenkung bestätigt werden. Mit der ausgearbeiteten Theorie hatte Einstein inzwischen erkannt, dass der Lichtstrahl nicht nur um 0,87 Bogensekunden, sondern um den doppelten Wert abgelenkt werden müsste, und die experimentellen Resultate stimmten im Rahmen der Fehlerbalken hervorragend mit diesem Wert überein.

Dieser Test erlangte damals höchste öffentliche Aufmerksamkeit in den Medien, die Allgemeine Relativitätstheorie wurde zum Tagesthema und Einstein wurde zur öffentlichen Person.

In einem dritten Test wollte Einstein zeigen, dass mit der Allgemeinen Relativitätstheorie ein altes Problem beseitigt werden kann, das der noch unerklärten Diskrepanz bei der Berechnung der Periheldrehung des Planeten Merkur. Schon Newton hatte ja ausgerechnet, dass die Planeten die Sonne auf Ellipsen umlaufen. Als man später lernte, bei der Berechnung der Bewegung eines Planeten auch die Gravitationskräfte der anderen Planeten zu berücksichtigen, stellte man fest, dass die Umlaufbahn nicht genau eine Ellipse ist, sondern eine Ellipse, die sich langsam dreht. Der Planet kehrt also nicht direkt immer wieder zu dem gleichen Punkt zurück. Das Perihel, der jeweils sonnennächste Punkt also, der bei einem Umlauf erreicht wird, wandert allmählich auf einem Kreis um die Sonne, wandert also einen winzigen Betrag bei jedem Umlauf. Auch bei anderen Planeten gibt es diesen Effekt, beim Merkur ist er aber, da er der Sonne am nächsten kommt und seine Bahn am stärksten von der Kreisbahn abweicht, am größten und so konzentrierte er sich auf diesen Effekt beim Merkur.

Hier hatte man ihn auch schon beobachtet. Allerdings gab es eine Diskrepanz zwischen Theorie und Beobachtung von etwa 50 Bogensekunden pro Jahrhundert. Einsteins Idee war, dass gerade die Allgemeine Relativitätstheorie diese Diskrepanz erklären sollte und versuchte sich auch schon bald an diesem Problem und betrachtete es als Test schon bei seinen frühen Entwürfen der Theorie. In der ausgearbeiteten Theorie von 1915 wurde diese Berechnung der Periheldrehung des Merkurs zum Glanzstück und wurde auch als Bestätigung der endgültigen Gleichungen für den Zusammenhang zwischen Massen und der Krümmung der Raumzeit empfunden.

Wenn man in der Allgemeinen Relativitätstheorie die Bewegung eines Planeten um die Sonne berechnen will, muss man nur das Fallen des Planeten auf einer Geodäten in der durch die Sonne gekrümmten Raumzeit beschreiben. Man muss also erst den metrischen Tensor aus den Einstein-Gleichungen berechnen, dieser spielt dann in der Bewegungsgleichung für den Planeten die Rolle des Newtonschen Gravitationsgesetzes. Gleiches gilt für die Berechnung der Lichtablenkung an der Sonne, denn auch hier muss man eine Bahn berechnen, nämlich die Bahn des Lichtes.

Einstein musste bei diesen Tests seiner Theorie nicht unbedingt die Gleichungen für den metrischen Tensor exakt lösen, es reichten ihm bestimmte Näherungen. Im Gegensatz zu den Maxwellschen Gleichungen sind die Gleichungen für die Gravitationsfelder, die im metrischen Tensor zusammengefasst sind, nichtlinear, und zwar von der „übelsten" Sorte: Der metrische Tensor tritt in der Gleichung nicht nur auch quadratisch auf, sondern auch sozusagen im Nenner und in höheren Potenzen. Deshalb war man überrascht, als der Astronom und Physiker Karl Schwarzschild 1916 eine exakte Lösung dieser Einstein-Gleichung fand. Diese beschreibt den metrischen Tensor im Außenbereich eines einzelnen massiven Körpers wie der Sonne oder Erde. In der Tat entdeckte man in dieser Lösung wieder das Feld, das dem Newtonschen Gesetz für die Gravitationskraft entspricht. Insofern zeigte sich die Newtonsche Gravitationstheorie als Näherung der Einsteinschen Theorie für schwache Gravitationsfelder und für Geschwindigkeiten, die klein gegenüber der Lichtgeschwindigkeit sind.

Aber man stellte noch eine andere, verblüffende Eigenschaft dieser Lösung fest. Wären die Sonne oder die Erde nicht so groß wie sie sind, wäre jeweils ihre Masse auf einen Punkt konzentriert, würde nach der Lösung der metrische Tensor in einem bestimmten Abstand von diesem Punkt singulär werden, d. h. einige seiner Komponenten würden unendlich groß werden. Bei der Sonne würde das bei einem Abstand von 2,9 km, bei der Erde, die ja viel weniger Masse besitzt, bei einem Abstand von 0,88 cm gelten. Nun, bei Erde und Sonne liegen diese Bereiche stark im Innern und hier ist ja eine andere Form der Einstein-Gleichung zu lösen, nämlich eine, die die Massenverteilung in der Sonne oder der Erde – in Form eines Quellterms auf der rechten Seite der Gleichung – in Rechnung stellt. Sollte es aber Sterne geben, deren Masse auf einen so kleinen Raum konzentriert ist, dass Bereiche in einem solchen Abstand „blank" liegen, müsste man diese Singularität beobachten können, und merkwürdige Effekte müssten dabei auftreten.

Man spricht in diesem Zusammenhang von einer „Schwarz-schild-Singularität", einem „Schwarzschild-Radius" oder einem „Schwarzschild"- bzw. „Ereignis-Horizont".

Allerdings ist diese Singularität eine so genannte Koordi-naten-Singularität. Das heißt, dass am Schwarzschild-Radius nicht eine physikalische Größe wie etwa die Krümmung unendlich wird, sondern dass lediglich das gewählte Bezugsys-tem mit dem dazu gehörigen Koordinatensystem „versagt". Solch ein Phänomen tritt in gekrümmtem Räumen immer auf. Für jemanden, der sich nur die Verhältnisse in flachen Räumen vorstellen kann – und das können wir zunächst nur alle – ist das ungewöhnlich, aber, man muss sich nur einmal mit der Geometrie auf der Oberfläche einer Kugel vertraut machen, dann empfindet man es als selbstverständlich, dass man verschiedene „Karten" bzw. Bezugssysteme braucht, um in einem „Atlas" den gesamten Raum bzw. „Globus" darstel-len zu können.

Das bisher gewählte Bezugssystem, in dem der Bezugs-punkt im Mittelpunkt des Sterns liegt, „taugt" also nur etwas außerhalb einer Kugel mit einem bestimmten Radius, eben dem Schwarzschild-Radius, um diesen Punkt. Das Gleiche wird für ein Bezugssystem gelten, das ein Beobachter einfüh-ren würde, der sich in großem Abstand zu dem Stern und relativ zu ihm mehr oder weniger in Ruhe befindet. Führt man aber ein anderes Bezugssystem ein, eines, in dem sich z. B. der Bezugspunkt direkt auf den Mittelpunkt des Sterns hinzube-wegt, dann bleiben alle Koordinaten des metrischen Tensors am Schwarzschild-Radius endlich, es gibt keine Schwarz-schild-Singularität.

Die Tatsache, dass diese beiden Bezugssysteme so verschie-den sind, führt zu folgenden physikalischen Konsequenzen: Betrachten wir einen Physiker, der in großer Entfernung von diesem Stern, bei dem der Schwarzschild-Radius blank liegt, beobachtet, wie ein anderer Physiker auf diesen zufällt. Jeder berechne die Zeit, die der fallende Physiker benötigt, um das Zentrum zu erreichen. Für den Fallenden selbst würde das in endlicher Zeit geschehen, er wird auch nichts von dem Ereignishorizont spüren, denn er misst ja Raum und Zeit mithilfe seines fallenden Koordinatensystems. Für den außen stehenden Beobachter dauert es jedoch, bedingt durch die Schwarzschild-Singularität, unendlich lange, bis der fallende Physiker überhaupt den „Schwarzschild-Horizont" erreicht. Das heißt, für ihn erreicht der fallende Physiker den Schwarzschild-Horizont nie. Lichtstrahlen, die der fallende Beobachter aussendet, benötigen immer mehr Zeit, um den außen stehenden Beobachter zu erreichen. Für das Licht wird es sozusagen immer schwieriger, gegen das Gravitationsfeld anzulaufen; noch anders ausgedrückt: In der gekrümmten Raumzeit wird der Weg zum Beobachter immer länger. Irgendwann, wenn der fallende Beobachter am Horizont sein muss, registriert der außenstehende gar keine Signale mehr, es gibt gar keinen endlichen Weg mehr auf einer Geodäten von dem fallenden Beobachter zum außenstehenden.

Wegen der immer stärkeren Dehnung, die der außenstehende Beobachter für die Zeit in der Nähe des Ereignis-Horizontes feststellt, hat man solche Objekte auch „eingefrorene" Sterne genannt, bis 1968 der Name „Schwarze Löcher" von J. A. Wheeler eingeführt wurde, in Anspielung darauf, dass Licht oder andere elektromagnetische Strahlung nicht von ihnen entweichen können. Wheelers Arbeiten trugen damals zu einem großen Aufschwung der Allgemeinen Relativitätstheorie bei, viele seiner Schüler sind bedeutende und einflussreiche Physiker geworden. Wheeler zeigte unter anderem, dass ein genügend massiver Stern im Endstadium, wenn der Brennstoff für Kernfusionen zur Neige gegangen ist, zu einem Schwarzen Loch werden muss.

Da man ein Schwarzes Loch nicht direkt beobachten kann, kann man nur aus Indizien schließen, ob bei einem Phänomen ein Schwarzes Loch beteiligt ist. Im Zentrum der Milchstraße beobachtet man eine Quelle von Radiowellen, die nach heutiger Kenntnis ein supermassives Schwarzes Loch sein muss: Die Bahn eines Sterns in der Umgebung dieser Quelle kann man nur als Bahnbewegung um ein Schwarzes Loch interpretieren. Am deutlichsten machen sich Schwarze Löcher in Doppelsternsystemen bemerkbar, durch die Bewegung des Partners und durch die Materie, die das Schwarze Loch von dem Partner abzieht, was auch mit einer entsprechenden Röntgenstrahlung einhergeht. Es gibt heute eine eindrucksvolle Liste von gut untersuchten Schwarzen Löchern in der Milchstraße und auch außerhalb unserer Galaxis hat man schon solche Objekte entdeckt.

Ein weiteres Phänomen, das sich aufgrund der Allgemeinen Relativitätstheorie vorhersagen lässt, ist die Existenz von Gravitationswellen. Die Einsteinsche Gravitationstheorie hatte ja die Annahme einer Fernwirkung von Gravitationskräften überwunden. Änderungen des Gravitationsfelds an einem Ort breiten sich mit Lichtgeschwindigkeit aus; jede beschleunigte Masse muss nach der Theorie Gravitationswellen erzeugen, so, wie jede beschleunigte elektrische Ladung elektromagnetische Wellen erzeugt (s. S. 135ff.). Die Analogie zur Maxwellschen Elektrodynamik ist aber nicht ganz streng: Es gibt keine negativen Massen, wohl negative Ladungen und die Einsteinschen Feldgleichungen sind im Gegensatz zu den Maxwellschen Gleichungen nichtlinear. Das sorgt für gewisse Unterschiede in den Eigenschaften der Wellen, die es bei dem Versuch eines Nachweises zu berücksichtigen gilt.

Allerdings ist der direkte Nachweis solcher Wellen bisher nicht gelungen, zu schwach sind die Effekte dieser Wellen. Zwar müssten Sternexplosionen und Paare von massiven Sternen, die sich in geringem Abstand umkreisen, Quellen intensiver Strahlung sein, auf der Erde geht die Wirkung dieser Wellen aber bisher im Signalrauschen, bedingt u. a. durch Erderschütterungen, unter. Mit einer immer mehr verfeinerten Messtechnik hofft man aber eines Tages Gravitationswellen nachweisen zu können (z. B. http://geo600.aei.mpg.de/, http://www.ligo.caltech.edu).

Andererseits müsste solch ein Paar von einander umkreisenden Sternen durch die Abstrahlung von Gravitationswellen Energie verlieren. Dadurch müssten die Umlaufbahnen immer enger werden, und das könnte man unter Umständen beobachten. Das ist in der Tat geschehen. Durch mehrjährige Beobachtungen eines Paars von schnell rotierenden Neutronensternen, so genannten Pulsaren, konnten 1974 die amerikanischen Physiker Hulse und Taylor eine Änderung der Umlaufbahnen feststellen und zwar genau in der Größe, wie man sie aufgrund der Abstrahlung von Gravitationswellen vorhersagt.

So überzeugend die Tests der Allgemeinen Relativitätstheorie auch bisher verlaufen sind, irgendwann einmal wird man Phänomene beobachten können, die nicht mehr mit dieser Theorie erklärt werden können. Dass es auch für diese Theorie Gültigkeitsgrenzen gibt, sieht man schon daran, dass in ihr für bestimmte Situationen Singularitäten, d. h. unendliche Werte für bestimmte physikalische Größen, auftreten, so z. B. in den Zentren von schwarzen Löchern. Am berühmtesten aber ist eine Singularität in der Kosmologie, die als Urknall bezeichnet wird. Mithilfe der Allgemeinen Relativitätstheorie kann man ein Modell für die zeitliche

Entwicklung des gesamten Universums entwerfen. Vom heutigen Zustand ausgehend kann man mit diesem Modell die Entwicklung rückwärts verfolgen. Man stößt dabei auf die Tatsache, dass sich das Universum stets ausgedehnt hat und dass es einen frühen Zeitpunkt gegeben haben muss, in dem die Ausdehnung verschwindend klein, die Temperatur und Dichte der Materie aber unendlich groß gewesen sein muss. Ein unendlicher Wert für eine physikalische Größe hat aber keinen Erklärungswert, ist nur ein Signal, dass die Gültigkeitsgrenze vollends erreicht ist und dass eine allgemeinere Theorie vonnöten ist, um diesen Phänomenbereich richtig zu beschreiben. Offensichtlich fallen in der Nähe des Urknalls die Welten der größten und der kleinsten Dimensionen zusammen und man braucht, so, wie man für die Physik auf der atomaren Ebene eine Quantenmechanik braucht, nun eine Quantengravitation, um das Universum in einem sehr frühen Stadium richtig zu beschreiben. In diese Richtung wird heute heftig geforscht, es gibt verschiedene konkurrierende Ansätze (z. B. Kiefer 2007, Bojowald 2009). Es wird aber wohl lange dauern, bis man aus Beobachtungen oder experimentellen Ergebnissen eine allgemein akzeptierte Präferenz für eine bestimmte Theorie entwickeln kann.

# 6

# Quanten

Emmendingen, am 8.7.2008

Liebe Caroline,

ich hoffe, Du hast noch Mut, meine weiteren Briefe und Ausführungen zu lesen – nach diesem Kapitel über die Relativitätstheorien. Ich gebe zu, das ist nicht einfach gewesen. Mit dem Lesen der Kapitel alleine ist es wohl nicht getan, man muss schon einige Zeit darüber nachdenken und sich von manchen Denkgewohnheiten befreien. Wir haben eben keine Erfahrung mit Geschwindigkeiten, die in die Nähe der Lichtgeschwindigkeit c von etwa 300 000 km pro Sekunde bzw. 1,08 Milliarde Kilometer pro Stunde liegen; alle Geschwindigkeiten, mit denen wir uns relativ zu einem anderen Objekt unseres Alltags bewegen können, sind wesentlich kleiner, 1 000 km pro Stunde z. B. entsprechen nur einem Millionstel der Lichtgeschwindigkeit. Wenn man nicht ständig mit den Effekten, die dabei auftreten, umgeht, kann man bei der Diskussion einer neuen Situation nie spontan vorhersagen, was passieren würde. Man muss erst „rechnen", z. B. die Lorentz-Transformationen bemühen und aus dem Ergebnis schließen, was man beobachten würde.

Im Nachhinein erscheint es einem aber doch wohl plausibel, dass es irgendeine endliche maximale Geschwindigkeit geben muss. Unendliche Größen scheinen mir nur ein Konstrukt unseres Geistes zu sein, in der Natur erwarte ich sie nicht. Und dass dann diese maximale Geschwindigkeit eine besondere Rolle spielt, ist auch nicht überraschend. Die Lichtgeschwindigkeit c nimmt so die Rolle einer Fundamentalkonstante ein, einer festen Konstante in der Natur, an der alle Bewegungen in Raum und Zeit gemessen werden können. Bemerkenswert an dieser fundamentalen Größe der Natur ist allerdings, dass sie von unserer Erfahrungswelt so weit entfernt ist.

In diesem Kapitel werde ich Dir über die Entwicklung der Quantenmechanik berichten. Auch hierbei verlassen wir die Welt der mittleren Dimension, betreten ein für uns „entlegenes Gebiet" der Natur und werden so auch Probleme haben, Aussagen der Theorie und beobachtbare Phänomene anschaulich zu verstehen. Ja, es wird noch deutlicher werden, wie unangemessen unsere Vorstellungen und Bilder aus der Welt mittlerer Dimensionen werden können. Und wir werden dabei auf eine weitere Fundamentalkonstante stoßen, die für die Phänomene der Welt kleinster Dimension einen Maßstab darstellt so, wie es die Lichtgeschwindigkeit für Bewegungen tut. Diese Fundamentalkonstante ist das so genannte Plancksche Wirkungsquantum h. Das ist nun keine Geschwindigkeit, sondern eine „Wirkung", also eine physikalische Größe der Dimension Energie mal Zeit. Während man die Geschwindigkeit z. B. in km pro Stunde (km/h) angibt, misst man die Wirkung in Joule mal Sekunde (J s), und das Wirkungsquantum hat den Wert von etwa $6,6 \times 10^{-34}$ J s. Wegen des hohen negativen Exponenten sieht dieser Wert sehr klein aus. In der Tat ist das Plancksche Wirkungsquantum auch extrem klein gegenüber allen Wirkungen aus unserer Erfahrungswelt, in der Energien von einem Joule, Zeitspannen von einer Sekunde und damit Wirkungen von einem J s alltäglich sind. Wir sehen also auch hier wieder: Erst in einem für uns entlegenen Gebiet der Natur finden wir die fundamentalen Konstanten, absolute Größen, die Maßstäbe darstellen, und diese Maßstäbe sind für uns unvorstellbar groß bzw. klein.

Vielleicht beschleicht Dich jetzt ein Gefühl der Marginalität. Da bist Du nicht allein. Sigmund Freund hat von den drei Kränkungen der Menschheit gesprochen, die das Selbstbewusstsein der Menschen tief getroffen haben. Als erste Kränkung nannte er die Einsicht, dass die Erde nicht im Mittelpunkt des Universums steht. Die zweite sah er darin, dass der Mensch lernen musste, dass er sich durch die Evolution aus dem Tierreich entwickelt hat, es also gar keines speziellen Schöpfungsaktes bedurfte. Die dritte Kränkung fand nach ihm statt, als der Mensch merkte, dass er nur einen Bruchteil der Informationsverarbeitung in seinem Gehirn bewusst wahrnimmt, dass unser „Ich" also gar nicht Herr im eigenen Hause ist. Und nun stellen wir fest, dass auch die fundamentalen Konstanten der Natur „sehr weit weg" von unserer Welt sind, wir Menschen auch nur in einer unscheinbaren mittleren Dimension leben.

Andererseits, in der Komplexität sind wir „Spitze", insbesondere mit unserem Gehirn. Wir haben ein Bewusstsein unserer selbst, haben die Fähigkeiten, die Welt in allen Dimensionen zu entdecken, dabei über unsere Herkunft und Art weit hinaus zu wachsen. Mit der Quantenphysik zeigt sich das besonders deutlich, und wir haben den Eindruck, dass man da erst am Anfang steht. Lass mich erzählen, wie die Menschen sich auf den Weg in die Welt der kleinsten Dimensionen gemacht haben und welche „begrifflichen Abenteuer" sie dort zu bestehen hatten...

# Kathoden- und Röntgenstrahlen

Die Entwicklung der Physik war Ende des 19. Jahrhunderts an einem Punkte angelangt, an dem sich die Frage nach der Struktur der Materie immer stärker aufdrängte. Gibt es die Atome wirklich? Wie „sehen" sie aus? Woraus bestehen sie?

Chemiker wie Physiker konnten gut mit der Hypothese von der Existenz von Atomen arbeiten: Mit der Annahme von einzelnen Bausteinen der Materie ließen sich die Gesetze bei den chemischen Reaktionen erklären. Ja, auch die Phänomene der Thermodynamik, ja sogar die Entropie und die Irreversibilität bestimmter Prozesse passten in dieses Bild.

So natürlich diese Vorstellung von Atomen für uns heute ist, sie wurde damals dennoch nicht von allen Physikern akzeptiert. Man hatte ja noch kein Atom „gesehen", wie der Physiker und Philosoph Ernst Mach immer betonte, und als Positivist wies er alle gedanklichen Konstrukte, die nicht einer sinnlichen Wahrnehmung entsprechen oder auf unmittelbarer Anschauung beruhen, zurück. Diese Haltung kann man als ein heutiger Physiker gar nicht mehr nachvollziehen, haben wir doch inzwischen die Erfahrung gemacht, dass unsere sinnliche Wahrnehmung, ja auch unsere Begriffe, die wir daraus als Menschen im Rahmen der Evolution entwickelt haben, der Welt als ganzer gar nicht gerecht werden können, dass man damit nur die Oberfläche des möglichen Wissens über die Natur ergründen kann.

Wenn man sich die drei großen Gebiete der Physik, die bis zu diesem Zeitpunkt – sagen wir bis 1890 – entstanden waren, noch einmal vor Augen führt, – die Mechanik, die Elektrodynamik und die Thermodynamik bzw. Statistische Mechanik, dann muss man feststellen, dass man es auch schon in der Elektrodynamik mit Dingen zu tun hatte, die man nicht sehen, schmecken oder fühlen konnte: z. B. mit elektromagnetischen Wellen. Und die Hypothese über die Existenz von elektromagnetischen Wellen war auch im Rahmen einer Theorie entstanden, in der so etwas wie elektrische und magnetische Felder zunächst als gedankliche Konstrukte eingeführt worden waren, dann aber als real existierend anerkannt wurden, obwohl unsere Sinne keinen unmittelbaren Zugang dazu haben.

Um 1895 setzt nun eine Entwicklung ein, im Verlaufe derer man nicht nur zur Einsicht gelangt, dass es Atome wirklich gibt, sondern auch den Aufbau der Atome vollständig aufklären konnte. Man lernt die Natur in diesen atomaren Dimensionen kennen und muss feststellen, dass sie ganz anderen Gesetzen gehorcht. Die Anschaulichkeit, der Bezug zu Sinneswahrnehmung wird dabei noch geringer, ja, verschwindet eigentlich ganz. Es entsteht eine Theorie, die Quantenmechanik, die sogar prinzipiell nicht messbare Größen wie eine „Wahrscheinlichkeitsamplitude" enthält, aber dennoch ungeheuer erfolgreich die Phänomene beschreibt und vorhersagen kann. Der Weg von dem Phänomen bis zur Interpretation im Rahmen einer Theorie wird sehr lang, es gibt bald so genannte Theoretische Physiker, die gar nicht mehr experimentieren und sich nur mit den Problemen der Interpretation der Experimente im Rahmen von Hypothesen und Theorien beschäftigen. Eine ganz neue Sicht der Natur entsteht so; sie muss so entstehen, weil die Experimente sonst nicht konsistent zu erklären sind, und die Auffassung, dass das alles auf der Basis unserer „Anschauung" zu verstehen sein soll, wird als Anmaßung erkannt.

Das ist ein verschlungener Weg bis zur Entstehung der Quantenmechanik, der Physik atomarer Phänomene, auch Mikrophysik genannt. Ein Meilenstein auf diesem Weg ist die Aufstellung des Atommodells von Nils Bohr um 1913, und den Weg bis dahin wollen wir zunächst betrachten.

Dieses Atommodell gehört ja heute wohl zur Allgemeinbildung. Es soll hier kurz vorab skizziert werden, damit man es im Folgenden immer vor Augen hat, sonst verliert man die Übersicht bei der Schilderung der verschiedenen Etappen. Die Forscher früher hatten es da aber viel schwerer, sie tappten im Dunkeln und mussten mühsam die einzelnen Erkenntnisse auf dem Weg dahin ans Licht bringen.

Das Atom muss man sich wie ein winziges Planetensystem von atomarer Dimension vorstellen. Der Sonne entspricht der Kern des Atoms, über den man sich zunächst keine Gedanken macht. Den Planeten entsprechen Teilchen, die man Elektronen nennt und die man als punktförmig ansehen kann, weil man in allen bisher möglichen Experimenten noch keine innere Struktur erkennen konnte. So, wie die Planeten auf verschiedenen Bahnen um die Sonne kreisen können, können die Elektronen sich auf verschiedenen Bahnen befinden und damit auch verschiedene Energien besitzen. Das ist das grobe Bild, das man zunächst vor Augen haben muss. Das ist aber auch nur ein vorläufiges Bild. „Eigentlich" sind die Teilchen nicht wirklich kleine Materiekugeln, wie wir uns bei diesem Bild vorstellen, und die Bahnen sind keine Bahnen, bei denen man sagen kann, wo sich die Kugel zurzeit gerade befinden muss. Aber das soll uns jetzt nicht stören, für die folgenden Betrachtungen genügt dieses grobe Bild, erst viel später werden wir es hinterfragen und verfeinern.

Die Entstehung dieses Bildes begann in den so genannten vier goldenen Jahren der Physik von 1895–1898: Conrad Röntgen entdeckte 1895 die X-Strahlen, später auch Röntgenstrahlen genannt, Antoine Henri Becquerel 1896 stieß bei seinen Untersuchungen auf das Phänomen der Radioaktivität, Joseph John Thomson zeigte im Jahre 1897, dass die so genannten Kathodenstrahlen aus Teilchen bestehen, die Träger des elektrischen Stromes sind und auch deshalb bald Elektronen genannt wurden. Das Jahr 1897 gilt somit als Jahr der Entdeckung des Elektrons. Marie Curie fand schließlich 1898 die neuen Elemente Polonium und Radium, die besonders starke radioaktive Strahler waren. Es ging also immer um Strahlen, die irgendwie von einem Atom ausgingen. Und bei dem Versuch, diese Strahlen zu verstehen, lernte man etwas über das Atom.

Um zu verstehen, was diese Forscher untersuchten, muss man hier schon etwas erwähnen, was diese Forscher natürlich noch nicht wussten und was sich erst nach vielen Überlegungen und Irrwegen herausgestellt hat. Aber wir brauchen hier dieses Wissen schon jetzt, sonst würden wir die Übersicht verlieren, und wir wollen den mühsamen Weg der Wissenschaftler ja nicht nacherleben.

Das Atom besteht aus einem Kern und aus einer Hülle von Elektronen. Dabei ist der Kern gegenüber dem Durchmesser einer Elektronenbahn sehr klein, etwa 100 000-mal kleiner: Elektronenbahnen haben einen Durchmesser in der Größenordnung von $10^{-10}$ m, während ein Kerndurchmesser ungefähr $10^{-15}$ m misst. Man könnte sagen, das Atom ist ein sehr luftiges Gebilde, aber zwischen der Hülle und dem Kern ist nicht Luft – die besteht ja selbst aus Atomen – sondern nichts.

Elektronen tragen eine elektrische Ladung und man hat festgestellt, dass in diesem Bereich der atomaren Natur, den wir bisher betrachten, alle elektrischen Ladungen ein ganzzahliges Vielfaches dieser Ladung sind. Damit könnte man das Elektron als den Ursprung für das Phänomen Elektrizität ansehen und die Ladung des Elektrons als elektrische Elementarladung.

Man konnte aber auch bald den Atomkern besser auflösen und feststellen, dass dieser aus weiteren, bis dahin unbekannten Teilchen besteht, Protonen und Neutronen, wobei die Neutronen elektrisch neutral sind und die Protonen die gleiche elektrische Ladung besitzen wie die Elektronen, nur mit entgegengesetztem Vorzeichen. Dass dieser Kern überhaupt zusammenhält, obwohl die Protonen sich doch wegen ihrer gleichnamigen Ladungen alle abstoßen, war zunächst ein Rätsel. Da muss es wohl eine stärkere Kraft zwischen diesen Bausteinen des Atomkerns geben, die diese Abstoßung mehr als kompensiert. Aber davon später.

Wichtig hier ist nur, dass sich Atome durch die Anzahl der Elektronen in der Atomhülle sowie die der Protonen und Neutronen im Kern unterscheiden, und dass im Normalfall die Anzahl der Elektronen gleich der Anzahl der Protonen ist, so dass das Atom elektrisch neutral ist. Das einfachste Atom ist das Wasserstoff-Atom; es besitzt genau ein Proton und ein Elektron. Das Helium-Atom besitzt zwei Protonen, zwei Neutronen und zwei Elektronen, das Uran-Atom z. B. 92 Protonen, 146 Neutronen und 92 Elektronen, die auf vielen verschiedenen Bahnen den Kern umkreisen.

In einem Gas schwirren solche Atome, als einzelne Teilchen oder zu Molekülen zusammengebacken, herum, durch gegenseitige Stöße immer wieder aus der Bahn gelenkt. In einem festen Körper, in dem sich die Atome aber stets näher sind, müssen sie sich arrangieren. Jedes Atom beschränkt sich auf ein räumliches Revier, in dem es schwingen bzw. sich bewegen kann. Für die Atome von bestimmten Festkörpern, z. B. Metallen, ist es energetisch günstiger, ein oder mehrere Elektronen in einen gemeinsamen Pool abzugeben. Die Elektronen in diesem Pool sind nicht mehr an das Spenderatom gebunden, die Gesamtheit dieser freien Elektronen kann man auch als ein Elektronengas in dem festen Körper ansehen. In einem solchen Fall ist der feste Körper ein elektrischer Leiter; ein elektrisches Feld kann einen elektrischen Strom, einen Strom von Elektronen bewirken. Und wenn das elektrische Feld stark genug ist, können sogar Elektronen aus dem Körper herausgerissen werden. Dann entsteht eine Funkenentladung oder ein Blitz.

Solche Funkenentladungen hatte man inzwischen zu zähmen gelernt. Der Bonner Glasbläser und Inhaber einer Werkstatt für physikalische und chemische Apparate Heinrich Geißler hatte in Glasröhren an zwei voneinander entfernten

Stellen Drähte als Elektroden eingeschmolzen. So konnte man die Entladungen bei Füllungen mit verschiedenen Gasen studieren und stellte insbesondere fest, dass eine Verdünnung des Gases zu einem stärkeren Leuchten führt. Die Gasentladungsröhren, die Vorläufer unserer heutigen Leuchtstoffröhren, entstanden. Bei äußerster Verdünnung – d. h. bei einer Verdünnung, die man damals als „äußerst" bezeichnete – sah man aber nur noch an der Glaswand, die der Kathode, d. h. der negativen Elektrode gegenüber liegt, eine helle Phosphoreszenz, eine bläuliche Lichterscheinung, die sich noch verstärkte, wenn man die Kathode heizte. Dieser Effekt musste von irgendeiner Art Strahlung herrühren, denn ein zwischen Kathode und Glaswand platzierter Körper warf einen Schatten auf die Glaswand. Man sprach so seit 1876 von Kathodenstrahlen.

In vielen Labors experimentierte man mit diesen Kathodenstrahlen und versuchte die Natur dieser Strahlen aufzudecken. Heinrich Hertz hat sich sehr dieser Frage gewidmet und meinte, einwandfrei schließen zu können, dass die Kathodenstrahlen Vorgänge im Äther, angeregt durch die Entladung, widerspiegeln. Philipp Lenard, ein Schüler von Heinrich Hertz, stellte fest, dass die Kathodenstrahlen durch eine dünne Folie, die aus tausenden von Atomschichten besteht, fast ungehindert hindurch treten können, was, wie man später verstand, ein Hinweis auf die große Leere zwischen dem Atomkern und der Hülle von Elektronen war und außerdem auf die Kleinheit der Elektronen gegenüber dem Atom.

Als der französische Physiker Jean Baptiste Perrin im Jahre 1885 zweifelsfrei zeigen konnte, dass die Kathodenstrahlen durch ein Magnetfeld abgelenkt werden, musste man folgern, dass es sich bei diesen Strahlen um elektrische geladene Teilchen handelt, und zwar um negativ geladene, wie sich aus der Art der Ablenkung ergab. Der britische Physiker J. J. Thomson konnte schließlich durch einen raffinierten experimentellen Aufbau, bei dem die Teilchen durch ein magnetisches wie durch ein elektrisches Feld abgelenkt wurden, auch das Verhältnis von Teilchenladung zu -masse messen. Er erhielt dabei einen Wert, aus dem man schließen musste, dass die Teilchen der Kathodenstrahlen etwa 2 000-mal weniger Masse besitzen als ein ganzes Wasserstoff-Atom. Und das wichtigste war: Diese Eigenschaften waren unabhängig von dem Material der Kathode und von dem Restgas, das sich noch in der Röhre befand, die Teilchen der Kathodenstrahlen mussten wohl universelle Bestandteile der Materie, Bausteine eines jeden Atoms sein.

Die Bezeichnung „Elektron" war schon 1894 von George Johnstone Stoney und von Hermann von Helmholtz für das „Atom" der Elektrizität vorgeschlagen worden und so kann man von der Entdeckung des Elektrons im Jahre 1897 durch J. J. Thomson sprechen, der auch bald Ladung und Masse des Elektrons gesondert messen konnte.

Auch in Würzburg experimentierte man in dieser Zeit mit Kathodenstrahlen. Der Physiker Conrad Röntgen bemerkte dabei, dass die in einiger Entfernung von der Röhre zufällig liegenden Salze während der Strahlung zur Fluoreszenz angeregt wurden, obwohl, durch die Versuchsanordnung bedingt, weder Licht noch Kathodenstrahlen aus der Röhre an sie gelangen konnte. Bei Experimenten anderer Forscher muss dieses Phänomen auch aufgetreten sein, sie hatten dem aber wohl keine Beachtung geschenkt. Röntgen aber ging im November 1895 dieser Erscheinung nach. Er änderte den Abstand zur Röhre: Das machte keinen Unterschied. Er stellte verschiedene Gegenstände zwischen Röhre und den fluoreszierenden Salzen: An der Fluoreszenz änderte sich nichts. Als er aber seine Hand zwischen Röhre und ein Papier hielt, das mit solchen zur Fluoreszenz fähigen Salzen behandelt war, konnte er auf diesem Papier die Knochen seiner Hand als Schatten sehen, wobei sich der Ring an einem seiner Finger noch deutlich abzeichnete. Ihm war gleich klar: Er hatte eine neue Art von Strahlen entdeckt, sie wurden wohl von den Kathodenstrahlen angeregt, konnten mit diesen aber nicht identisch sein. Teile eines Körpers waren für diese neuen Strahlen in verschiedenem Maße durchlässig. Genauere Messungen zeigten: Reflexion und Brechung sowie eine Ablenkung durch ein Magnetfeld waren nicht zu beobachten.

Ende des Jahres 1895 machte Röntgen diese Entdeckung öffentlich, schnell ging die Meldung in alle Welt und sorgte für große Aufmerksamkeit und Staunen; der Nutzen für Anwendungen war offensichtlich. Schon im Januar 1896 fügte man in einer englischen Klinik einen gebrochenen Arm mithilfe eines Röntgenbildes wieder zusammen. Ich kenne keine Entdeckung, die so schnell nutzbringend angewandt wurde. Man wusste aber bei diesen Strahlen nicht, aus was sie bestehen und ahnte nicht, wie schädlich sie sein können. Ich kenne noch aus meiner Jugend die Röntgengeräte in Schuhgeschäften, mit denen man prüfen konnte, ob die neuen Schuhe auch passten. Man sah seine Fußknochen im Umriss der Schuhe. Heute weiß man, wie wohl dosiert man mit diesen Strahlen umzugehen hat, da sie ionisierend sind und somit Veränderungen in einem lebenden Organismus verursachen können.

Nachdem man den Aufbau des Atoms besser verstanden hatte, lernte man, dass es sich bei diesen Strahlen um elektromagnetische Wellen sehr hoher Energie und Frequenz handelt und man verstand auch, warum sie bei den Experimenten mit Kathodenstrahlen auftreten. Wir werden im nächsten Abschnitt darauf eingehen.

# Radioaktivität

Nach den Kathodenstrahlen und den Röntgenstrahlen entdeckte man bald eine weitere Sorte von Strahlung. Wie bei den Strahlen, die Conrad Röntgen entdeckt hatte, brauchte man auch bei diesen Strahlen einige Zeit, bis man verstand, woraus sie bestehen und warum sie entstehen. Wie wir bald sehen werden, eröffneten diese Fragen nach Ursprung und Art der Strahlen eigentlich die Forschungen zu dem Aufbau des Atoms und insbesondere auch des Atomkerns. Man kann so die goldenen Jahre 1895–1898, in denen alle diese Strahlen entdeckt und untersucht wurden, gewissermaßen als Vorabend der Quantenphysik auffassen.

Aber zunächst zu den Phänomenen, wie sie sich den Entdeckern darboten. Röntgen beobachtete, wie im letzten Abschnitt geschildert, eine Fluoreszenz, also eine Leuchterscheinung bei bestimmten Salzen, die in der Nähe der Kathodenstrahlröhre lagen, aber nicht direkt von den Kathodenstrahlen getroffen werden konnten. Viel spektakulärer war aber, dass er die Schatten seiner Handknochen auf einem mit fluoreszierenden Salzen behandelten Schirm sehen konnte. Schon am 20. Januar 1896 wurde auf einer Sitzung der französischen Akademie der Wissenschaften davon berichtet. Einer der Zuhörer war der französische Physiker Antoine Henri Becquerel, der sich damals mit den Fluoreszenzeigenschaften von Uransalzen beschäftigte, und sein erster Gedanke war, dass es wohl die fluoreszierenden Substanzen sein müssen, die die Röntgenstrahlen aussenden. Aber bald entdeckte er, dass die Uransalze, auch wenn sie gar nicht zur Fluoreszenz angeregt wurden, eine Strahlung aussenden, die die Fotoplatten schwärzt und sogar Gase ionisiert. Die Strahlen hatten also mit der Fluoreszenz nichts zu tun, sie mussten wohl vom

Uran selbst ausgehen und somit Strahlen ganz anderer Art sein. Die Röntgenstrahlen waren nicht einmal ein halbes Jahr bekannt, schon hatte man wieder eine neue Art von Strahlung entdeckt. Man nannte sie zunächst Uranstrahlen oder Becquerel-Strahlen.

Jetzt kommt das Forscher-Ehepaar Marie und Pierre Curie ins Spiel. Marie Curie stellte zunächst fest, dass die Intensität der Uranstrahlen wirklich proportional zum Urananteil der Uransalze zunahm und stellte sich bald die Frage, ob es nicht noch andere Substanzen gibt, von denen ähnliche Strahlen ausgehen. Bald fand sie, dass Substanzen, in denen das Element „Thorium" vorhanden ist, auch ähnliche Strahlen aussenden. Die Bezeichnung „Uranstrahlen" war offensichtlich zu eng, so prägte sie 1898 den Begriff „Radioaktivität" für dieses Phänomen.

Sie spürte nun, dass sie einer wichtigen Eigenschaft der Atome auf der Spur war. Da sie eigentlich Chemikerin war, lag es für sie nahe, den Kreis der auf radioaktive Strahlung zu untersuchenden Substanzen noch zu erweitern. Sie bat ihren Mann dabei um Mitarbeit, und mit einem unvorstellbaren Arbeitseinsatz prüften sie Unmengen von verschiedenen Mineralien auf die Intensität der Radioaktivität und fanden Proben, bei denen die Radioaktivität um ein Vielfaches höher war als durch den Thorium- oder Urananteil erklärbar war. Bald kam sie zu dem Schluss, dass in allen Proben ein winziger Anteil eines besonders stark strahlenden, bisher unbekannten Elements dafür verantwortlich sein musste. Sie nannten es „Polonium", nach dem Land Polen, der ursprünglichen Heimat Marie Curies. Und im gleichen Jahr 1898 entdeckten sie ein weiteres stark radioaktives neues Element, das sie „Radium" nannten.

Die Entdeckung dieser neuen, sehr starken radioaktiven Strahler führte dazu, dass man sich in vielen Universitäten

Europas und auch in Amerika verstärkt darum bemühte, die Natur und den Ursprung der Strahlen aufzudecken. Ein Schüler von J. J. Thomson, der junge Ernest Rutherford, hatte aber schon gute Vorarbeit geleistet. Noch als man nur von Uranstrahlen redete, hatte er in akribischen Untersuchungen am Cavendish Laboratorium in Cambridge festgestellt, dass die Strahlung, die vom Uran ausgeht, aus zwei ganz unterschiedlichen Anteilen besteht, die sich in Reichweite und Fähigkeit zur Ionisierung stark unterscheiden. Er nannte diese einfach nach den Buchstaben des griechischen Alphabets „$\alpha$-Strahlen" bzw. „$\beta$-Strahlen". Bald war man sich in den Kreisen der Forscher einig, dass es sich bei den „$\beta$-Strahlen" um Elektronen handeln musste. Die Natur der „$\alpha$-Strahlen" blieb zunächst unklar, man vermutete schon, dass es elektrisch geladene Atome, also Ionen sein mussten. Dass das tatsächlich so ist, und dass es Helium-Ionen sind, konnte Rutherford aber erst 1909 endgültig beweisen.

Neben diesen beiden radioaktiven Strahlungsarten entdeckte im Jahre 1900 der französische Physiker Villard noch eine dritte Art dieser Strahlung, die den durchdringenden Röntgenstrahlen ähnelte. Man nannte sie folgerichtig „$\gamma$-Strahlen".

So kannte man um die Jahrhundertwende drei Sorten von radioaktiven Strahlen sowie die Röntgenstrahlen. Lediglich die Natur der „$\beta$-Strahlen" war aufgeklärt, die Natur der anderen und der Ursprung aller vier Strahlen, d. h. ihr Erzeugungsmechanismus war unbekannt. Woher bekommen diese Strahlen ihre Energie? Bei dieser Frage unterstellte man natürlich, dass die Energie immer und überall erhalten bleibt. Klar war, dass alle diese Strahlen mit den Eigenschaften des Atoms irgendwie zusammenhängen mussten, aber man konnte nicht entscheiden, ob die Energie aus dem Atom selbst stammt oder ob das Atom nur Energie von außen benutzt und in irgendeiner Form weiter gibt.

Man sollte jetzt der Geschichte vorgreifen und eine Erklärung für all diese Strahlen liefern, so, wie sie sich später herausgeschält hat. Es wurde schon angemerkt, dass der Atomkern aus einer Anzahl von Protonen und Neutronen besteht. Dass es solche Bausteine des Kerns gibt, und dass es gerade zwei Typen davon gibt, muss man jetzt erst einmal hinnehmen. Die Protonen tragen eine positive elektrische Ladung, die Neutronen sind elektrisch neutral. Es war auch schon bemerkt worden, dass wegen der abstoßenden Kräfte zwischen gleichnamigen Ladungen eine solche Anhäufung von Protonen sofort auseinander fliegen müsste. Offensichtlich passiert das nicht, stattdessen sind in diesem Komplex auch noch die elektrisch neutralen Neutronen gebunden. Da müssen offensichtlich noch andere Kräfte als die elektromagnetischen zwischen Protonen und Neutronen wirken. Und da man von diesen Kräften bisher noch nie Notiz genommen hat, müssen diese „kurzreichweitig" sein, d. h. mit dem Abstand sehr schnell kleiner werden. Die elektromagnetische Wechselwirkung ist dagegen „langreichweitig", die Kräfte zwischen zwei elektrischen Ladungen werden zwar auch schwächer mit zunehmendem Abstand, aber das geht so langsam, dass man diese Kräfte auch noch über makroskopische Distanzen spürt, also auf Distanzen, die viel größer sind als das Atom. Und deshalb können wir sie in unserem Alltag spüren.

Diese neue Art von Kraft nannte man „starke" Kraft, weil sie eben viel stärker als die elektromagnetischen Kraft ist und man war sich bald darüber im klaren, dass man damit eine neue fundamentale Wechselwirkung der Natur postuliert hatte, eine Wechselwirkung von gleichem Kaliber wie die gravitative und die elektromagnetische Wechselwirkung, die man ja schon länger kannte. Das war ein ganz bedeutsamer Schritt. Gravitation und Elektromagnetismus kennen wir aus dem menschlichen Alltag. Ihre Wirkungen bleiben unseren

Sinnen nicht verborgen: Der Apfel fällt zu Boden, der Blitz schlägt ein. Newtonsche Mechanik und Maxwells Elektrodynamik sind Theorien mit einer ganz großen Erklärungskraft. Von gleichem universellem Charakter sollte die neue Kraft sein, obwohl sie nur auf ganz kleinen Distanzen wirkt und menschlichen Sinnen nicht zugänglich ist.

In der Tat war diese Hypothese eines neuen Typs von Kraft sehr fruchtbar. Man kann das erahnen, wenn man sieht, wie man sich damit rein qualitativ die Eigenschaften des Atomkerns vorstellen könnte.

So, wie das gesamte Atom aufgrund der elektromagnetischen Kräfte zusammenhält, können also nun die Protonen und Neutronen durch die starken Kräfte zu einem Atomkern zusammen gebunden werden. Und wie beim Atom als Ganzem gibt es verschiedene Bindungszustände mit einer jeweils charakteristischen Energie für den Atomkern. Damit kann man die Entstehung und die Natur der „γ-Strahlen" und der „α-Strahlen" plausibel machen.

Zunächst zu den „γ-Strahlen": Der Kern kann von einem höheren Bindungszustand, d. h. einem Bindungszustand mit höherer Energie, in einen niedrigeren übergehen und dabei elektromagnetische Strahlung abgeben. Das ist ein Prozess, den wir auch für das Atom im Bohrschen Atommodell (s. S. 291ff.) kennen lernen werden, die abgestrahlten elektromagnetischen Wellen erscheinen dort als Licht. Die Energie der γ-Strahlen ist wegen der viel größeren Energieunterschiede der verschiedenen Bindungszustände im Kern nur viel größer, deshalb erscheinen diese nicht als Licht sondern als Röntgenstrahlung (s. S. 148ff.).

„α-Strahlen" entstehen einfach dann, wenn der Kern nicht genügend stark gebunden ist und somit einen Teil der Protonen und Neutronen abwirft, um in eine stabilere

Konfiguration übergehen zu können. Ein Helium-Ion, bestehend aus zwei Protonen und zwei Neutronen, ist dabei ein Paket, das aus energetischen Gründen besonders gerne abgeworfen wird. „α-Strahlen" bestehen also aus Helium-Ionen. Bei dieser Überlegung könnten wir auch auf den Gedanken kommen, dass ein Kern vielleicht nicht nur ein Helium-Ion abdampfen kann sondern auch „mitten durch" brechen kann: Das ist die Kernspaltung.

Bei den „β-Strahlen" muss man wieder etwas ganz Neues einführen Die Natur dieser Strahlen war zwar schon bald aufgeklärt worden. Es sind Elektronen, aber wo kommen die her? Offensichtlich nicht aus der Elektronenhülle, dafür ist ihre Energie auch zu hoch. Also müssen sie irgendwie aus dem Kern kommen, aber da gibt es nur, wenigstens nach unserem bisherigem Bild, Protonen und Neutronen.

Ja, hier muss man nun schon wieder von einer neuen Kraft bzw. einer neuen Wechselwirkung reden. Und diese muss wieder kurzreichweitig sein, sonst hätten wir sie in der unseren Sinnen zugänglichen makroskopischen Welt schon beobachten müssen. Es ist die so genannte „schwache" Wechselwirkung. Nun könnte man vielleicht glauben, dass die Physiker es sich leicht machen. Immer wenn sie nicht weiter wissen, führen sie eine neue Kraft ein, und dann finden sie nicht einmal originelle Namen dafür. Nun, so häufig wie es jetzt aussieht, geschieht das wirklich nicht, und mit dem Einführen ist es nicht getan. Erst wenn man zeigen kann, dass diese Hypothese auch zu einer Theorie führt, die nicht nur das augenblickliche Problem löst, sondern viele experimentelle Phänomene erklärt, kann man davon sprechen, dass diese Einführung mehr ist als eine Verlegenheitslösung.

Und das ist in der Tat bei der starken wie bei der schwachen Wechselwirkung der Fall. Eigentlich ist es auch natürlich, dass die fundamentalen Kräfte, die die Natur bereithält, nicht alle von einem solchen Typ sein müssen, dass der Mensch sie alle in seinem unmittelbaren Erfahrungsbereich bemerken muss. Für die Natur ist der Mensch nicht das Maß aller Dinge.

Viele Teilchen der atomaren Welt – neben dem Elektron, Proton und Neutron, von denen ich bisher gesprochen habe, gibt es noch viel mehr – sind aber nicht stabil, sie zerfallen in andere Teilchen. Nur vom Proton und vom Elektron hat man bisher noch keinen Zerfall gesehen. Sonst wären wir auch nicht da und die Welt wäre nicht, wie sie ist. Aber das Neutron kann auch zerfallen, das freie Neutron zerfällt sogar sehr gerne. Von hundert freien Neutronen sind 50 nach etwa zehn Minuten schon zerfallen und zwar in ein Proton, ein Elektron und in ein so genanntes Neutrino. Nun sind die Neutronen im Kern nicht frei, in Anwesenheit der anderen Neutronen und der Protonen verhält sich jedes Neutron ein wenig anders, kann das Zerfallen aber unter bestimmten Umständen nicht lassen. Und so kann sich der Kern umwandeln in einen, der ein Neutron weniger, dafür ein Proton mehr besitzt, und das Elektron wird emittiert.

$\alpha$-Strahlen und $\beta$-Strahlen gehen also mit einer Kernumwandlung einher, $\gamma$-Strahlen mit einer Änderung des Bindungszustandes des Kerns.

Nun ist noch die Natur der Röntgenstrahlen zu klären. Röntgen selbst hat diese übrigens X-Strahlen genannt und so heißen sie auch jetzt in den meisten Ländern. Deren Natur und Ursprung zu erklären ist nun einfach: Wenn Kathodenstrahlen, also Elektronen, auf Materie geschossen werden, können diese Elektronen auch „nahe" bei einem Atomkern vorbei fliegen und durch die elektrostatische Anziehung abgelenkt werden. Eine Ablenkung aus einer Bahn durch Kräfte bedeutet aber auch eine Beschleunigung – das weiß man aus den Newtonschen Gesetzen, und aus der Maxwellschen Theorie folgert man weiterhin, dass beschleunigte Ladungen elektromagnetische Wellen aussenden. Genau so entstehen die X-Strahlen bzw. Röntgenstrahlen. Diese sind also elektromagnetische Wellen und, wie man sich weiter überlegen kann, wie die $\gamma$-Strahlen von besonders hoher Energie.

So lassen sich mit diesem Vorgriff und mit der Einführung zweier neuer fundamentaler Kräfte gleich die Natur und die Entstehung aller neuen Strahlen aus dem Atom erklären. Dabei ist der Aufbau des Atoms nur ganz grob skizziert worden, jetzt soll dieser genauer betrachtet werden, um deutlich zu machen, wie das Wissen darüber entstanden ist und wie man zu der Theorie gelangt ist, die alle dabei entdeckten Phänomene so vorzüglich beschreiben und vorhersagen kann.

## Wärmestrahlen

Von Kathodenstrahlen, Röntgenstrahlen, $\alpha$-, $\beta$- und $\gamma$-Strahlen war bisher die Rede, auch davon, wie man das Elektron entdeckt hat und wie später die $\alpha$- und $\beta$-Strahlen Anlass für die Einführung zweier neuer fundamentaler Typen von Kräften, der „starken" und der „schwachen" Kraft, geworden sind. Alle diese Strahlen, die die Physiker Ende des 19. Jahrhunderts beschäftigten, wiesen so auf die große Frage hin, die sich ihnen jetzt dringender als je stellte: Woraus besteht die Materie und welche Eigenschaften haben ihre Bausteine?

Eine noch andere Art von Strahlung sollte aber zum Schlüssel für die Erforschung der Materie werden, die Wärmestrahlung. Man hatte mit diesem Namen ein Phänomen belegt, das man schon länger kannte und das z. B. der Porzellanfabrikant Thomas Wedgwood schon 1792 beschrieben hatte: Alle

Körper werden bei Erhitzung rot, hellrot und schließlich weiß-
gelb, auch in größerem Abstand spürt man die Wärme, die sie
abstrahlen. Auch Sonnenstrahlen wärmen, sind also Wärmestrahlen, daraus folgt auch, dass Wärmestrahlen offensichtlich
durch den leeren Raum hindurch gehen. Zu der Zeit, als noch
nicht eindeutig klar war, dass Wärme einer regellosen Bewegung der Bausteine des Körpers entspricht, begünstigte die
Wärmestrahlung die Vorstellung von der Wärme als Substanz.
Sie konnte leicht als Strömen der Wärmesubstanz, der Calo-
ricum-Teilchen erklärt werden. Die Theorie von Wärme als
Bewegung stand dem Phänomen der Wärmestrahlung hilflos
gegenüber. Kein Wunder, denn, wie sich später herausstellte,
sind die Wärmestrahlen elektromagnetische Wellen, und bevor diese nicht entdeckt worden waren und man auch verstanden hatte, wie diese erzeugt werden, hatte man nicht die
geringste Chance, der Natur der Wärmestrahlen auf die Schli-
che zu kommen.

Nach der Entdeckung der elektromagnetischen Wellen
durch Heinrich Hertz im Jahre 1886 und der endgültigen
Akzeptanz der Maxwellschen Theorie war es bald klar: Wärmestrahlen sind elektromagnetische Wellen. Diese zerren an
den elektrischen Ladungen in dem Körper und verstärken so
die regellose Bewegung der Atome, erhöhen die Temperatur:
Der Körper, der Wärmestrahlen aufnimmt, erwärmt sich. Da
andererseits aber auch jede beschleunigte Bewegung der Ladungsträger zur Abstrahlung von elektromagnetischen Wellen
führt, sendet jeder Körper auch Wärmestrahlen aus. Und da
die Atome sich umso heftiger bewegen, je höher die Temperatur des Körpers ist, ist auch die Energie der abgestrahlten
Wellen umso größer, je höher die Temperatur ist.

Dieses Aufnehmen und Abgeben von elektromagnetischen
Wellen ist ein „Geben und Nehmen" zwischen dem elektro-

magnetischem Feld und Materie, ein kompliziertes Zusammenspiel. Aber es muss wohl so etwas wie ein Gleichgewicht geben, in dem sich Geben und Nehmen die Waage halten. Man ahnt, dass hier zum Verständnis der Wärmestrahlung die Thermodynamik wie die Elektrodynamik eine Rolle spielen müssen. In der Tat ist die Geschichte der Aufklärung dieses Phänomens ein typisches Beispiel dafür, dass Forschungen an der Nahtstelle zweier Gebiete oft zu ganz neuen Einsichten führen.

Aber schon bevor man die Elektrodynamik verstanden hatte, entdeckte man eine wichtige Eigenschaft der Wärmestrahlen. Der deutsche Physiker Gustav Robert Kirchhoff untersuchte, ob es einen Zusammenhang zwischen dem Emissions- und dem Absorptionsvermögen gibt und konnte 1859 feststellen, dass deren Verhältnis allein eine Funktion der Frequenz der Strahlung und der Temperatur des Körpers ist, also überhaupt nicht von anderen Eigenschaften des Körpers abhängt.

Das bedeutet zunächst: Bei gegebener Temperatur und Frequenz ist das Emissionsvermögen dem Absorptionsvermögen proportional. Das überrascht nicht und entspricht auch unserer Erfahrung: Eine schwarze Fläche absorbiert mehr Sonnenlicht als eine weiße, wird dadurch heißer, und emittiert so auch mehr Wärme. In heißen Ländern finden wir die Häuser weiß angestrichen, so absorbieren sie möglichst wenig Wärme und strahlen deshalb auch nicht so viel nach innen ab.

Folgenreicher war aber die Erkenntnis, dass das Verhältnis von Emissions- zu Absorptionsvermögen eine sehr allgemein gültige Funktion der Frequenz der Strahlung und der Temperatur des strahlenden Körpers ist. Um sich nun auf das Emissionsvermögen allein konzentrieren zu können, betrachtet man einen Körper, der alle auf ihn treffende Strahlung absorbiert. Einen solchen könnte man „schwarz" nennen, obwohl er uns nicht unbedingt schwarz erscheinen muss. Bei einem Hohlraum mit einer kleinen Öffnung wird z. B. praktisch jede Strahlung, die durch die Öffnung in den Hohlraum gelangt, irgendwann im Innern absorbiert. Das Absorptionsvermögen ist also gleich 1 zu setzen, dann ist es das Emissionsvermögen allein, das durch die gesuchte universelle Funktion beschrieben werden muss. Diese Öffnung ist also ein schwarzer Strahler, andere schwarze Strahler wären die Öffnung der Feuerungsklappe eines Ofens oder auch die Sonne. Die Bezeichnung „schwarz" steht in diesem Zusammenhang also nicht für die Farbe, sondern für die totale Absorption für alle Frequenzen.

Den Physikern war bewusst, dass diese Funktion, die die Energie der emittierten Strahlung in Abhängigkeit von der Frequenz und der Temperatur der Wände des Hohlraums beschreibt, eine sehr fundamentale Bedeutung haben muss, da sie ja nicht von der Natur des emittierenden Körpers abhängt. In einer solchen Strahlungsformel können deshalb neben der Frequenz und der Temperatur nur universelle physikalische Konstanten auftreten. Die Bestimmung dieser Funktion und eine Erklärung, wie man diese Funktion im Rahmen einer Theorie begründen kann, musste deshalb eine sehr lohnende Aufgabe sein.

Die ersten Ansätze, die Intensität der Wärmestrahlung als elektromagnetische Strahlung zu verstehen, waren zwar viel versprechend, aber nicht durchschlagend. Ludwig Boltzmann konnte 1894 das Gesetz des österreichische Physikers Josef Stefan begründen, nach dem die Energie der Strahlung, summiert über alle Frequenzen, proportional zur vierten Potenz der Temperatur ist. Wilhelm Wien formulierte ein so genanntes Verschiebungsgesetz, das besagt, dass die Frequenz, bei der die Intensität maximal ist, proportional mit der Temperatur anwächst. Je höher also die Temperatur, umso höher auch die Frequenz, mit der der Körper „leuchtet": Das Eisen wird bei Erhitzung erst dunkelrot, dann hellrot und schließlich weißrot. Die Sonne mit ihrer Oberflächentemperatur von etwa 6000 Kelvin leuchtet am stärksten im sichtbaren Bereich des Spektrums, bei 0,6 Mikrometer. Körper unseres täglichen Lebens besitzen eine um den Faktor 20 kleinere Temperatur, deshalb geben sie am intensivsten ihre Strahlung bei einer 20-mal kleineren Frequenz bzw., 20-mal größeren Wellenlänge ab, also bei etwa zehn Mikrometer, im infraroten Bereich des elektromagnetischen Spektrums. Deshalb wird im Sprachgebrauch auch häufig fälschlicherweise die Wärmestrahlung mit der Infrarotstrahlung gleichgesetzt. Heute kann sich fast jeder eine Infrarotkamera leisten, mit der er diese Strahlung messen und das Ergebnis in einem Bild festgehalten kann.

Wilhelm Wien fand aber auch eine erste Spur der gesuchten Funktion, nämlich einen mathematischen Ausdruck, der zumindest für kleine Frequenzen mit den experimentellen Ergebnissen übereinstimmte. Die britischen Physiker Raleigh und Jeans fanden andererseits 1900 eine völlig andere Formel, die auf der anderen Seite die Intensitätsverteilung sehr gut für große Frequenzen beschrieb.

Zu dieser Zeit hatte sich Max Planck schon in das Problem der Bestimmung der Strahlungsformel verbissen. Er war damals noch relativ unbekannt, hatte aber schon nach einem kurzen Intermezzo in Kiel als Nachfolger von Heinrich Hertz eine Professur in Berlin als Nachfolger von Kirchhoff erhalten. In seinen Forschungsthemen war er sehr von Rudolf Clausius beeinflusst, hatte 1879 in München mit einer Arbeit über Thermodynamik und Reversibilität promoviert und in den folgenden Jahren insbesondere den Entropiebegriff genutzt, um Fragen der physikalischen Chemie zu bearbeiten.

Diese Vertrautheit mit der Entropie sollte ihn zu einer gro-
ßen Entdeckung führen. Zunächst aber musste er sich eine
Vorstellung von den „Verursachern" der Strahlung machen.
Da die Intensität der Strahlung ja überhaupt nicht von der
Natur des Körpers abhing, war es eigentlich egal, welche
Vorstellung er sich von ihnen machte, wenn sie nur strahlten.
So stellte er sich den strahlenden Körper als eine Ansamm-
lung von Oszillatoren vor, von hin- und herschwingenden
Ladungen. Das waren die einfachsten Objekte, die nach der
Maxwellschen Theorie elektromagnetische Wellen aussenden.
Nun war es für ihn ein leichtes, mithilfe seiner Kenntnisse
der thermodynamischen Zusammenhänge zwischen Entropie, Energie und Temperatur die Entropie dieses „Gases" von
Oszillatoren auszurechnen. Er tat dies einmal für den Bereich
kleiner Frequenzen, ausgehend von dem Wienschen Gesetz,
und einmal für den Bereich großer Frequenzen, ausgehend
von dem Gesetz von Raleigh und Jeans. Natürlich stimmten
diese Ausdrücke nicht überein, aber auf dieser Ebene der
Entropie konnte er einen allgemeinen Ausdruck finden, der
zurückgerechnet auf die Intensität der Strahlung, im Bereich
kleiner und auch großer Frequenzen mit den beiden Gesetzen
von Wien bzw. Raleigh und Jeans kompatibel war, aber auch
für den Zwischenbereich eine definitive Aussage lieferte.

In der Sitzung der Deutschen Physikalischen Gesellschaft
zu Berlin am 19. Oktober 1900 stellte Planck diese Formel
vor. Einer der Zuhörer, der Experimentalphysiker Rubens,
verglich noch in der gleichen Nacht seine Messdaten mit der
Formel und fand bei allen Frequenzen eine gute Übereinstimmung. Auch andere Forscher bestätigten bald die Gültigkeit
der Formel.

Das war ein großer Erfolg, aber eine Formel macht noch
keine Theorie. Wie kann man diese Formel physikalisch be-

gründen, wie folgt sie aus der Thermodynamik und Elektrodynamik? Die Formel enthielt in der Tat neben der Frequenz und der Temperatur nur noch zwei unbekannte Konstanten. Welche Rolle spielen diese und woher kommen sie?

Nun begann für Max Planck ein quälender Prozess, in dem er seine Ansichten über die Grundlagen der Physik gründlich ändern musste. Er war von den Positivisten Mach und Ostwald beeinflusst und hatte sich schon mehrfach gegen die statistische Auffassung der Thermodynamik ausgesprochen. Die Interpretation der Entropie als Wahrscheinlichkeit, wie sie Ludwig Boltzmann gegeben hatte, verabscheute er. Aber genau diese Methode, bei der man die Entropie durch Abzählen der möglichen Zustände bei gegebener Energie berechnen kann, musste er schließlich anwenden, nachdem alle anderen Versuche zur Erklärung der Formel gescheitert waren. In einem „Akt der Verzweiflung", wie er es später in einem Brief gestand, griff er schließlich zu dieser Methode.

Ab S. 202 ist diese Methode ja kurz angedeutet worden. Dort hatten man im Rahmen eines einfachen Beispiels die Verteilung von zehn Bällen auf zwei Gebiete, die linke bzw. rechte Hälfte eines Kastens, diskutiert und berechnet, wie häufig jede gegebene Verteilung realisiert werden kann. Die Verteilung „fünf Bälle in der rechten, fünf in der linken Hälfte" kann man auf sehr viel mehr Weisen realisieren, als etwa die Verteilung „kein Ball in der rechten Hälfte", denn man kann ja auf viele verschiedene Weisen fünf Bälle aus zehn herausgreifen, um sie z.B. in die linke Hälfte zu geben und so immer andere Realisierungen zu erzeugen. Alle Bälle in die linke Hälfte geben, das kann man nur auf eine Weise tun. Wenn man nun annimmt, dass jede Realisierung gleich wahrscheinlich ist, ist die Wahrscheinlichkeit der Verteilung „fünf Bälle in der rechten, fünf in der linken" also sehr viel wahrscheinlicher als die Verteilung „kein Ball in der rechten Hälfte". Und da nach Boltzmann die Wahrscheinlichkeit die Entropie bestimmt, hat diese Verteilung auch die größere Entropie, ja, man kann auch leicht einsehen, dass sie auch die größte Entropie besitzt, und diese ist also bestimmt durch die Anzahl der Weisen, in denen man „fünf Bälle in der rechten, fünf in der linken" realisieren kann.

Eine ähnliche Rechnung machte nun Planck auf. An die Stelle der zwei Hälften eines Kastens tritt nun die viel größere Anzahl der Oszillatoren einer bestimmten Frequenz. Diese können alle eine verschiedene Energie besitzen so, wie in jeder Hälfte verschieden viele Bälle sein können. So, wie man in dem Beispiel nur von ganzen Bällen spricht, muss man hier auch, entsprechend einem einzigen Ball, ein kleinstes Energiepaket einführen, dem Planck die Energie $h\,v$ zuerkannte, wobei $v$ die Frequenz des Oszillators war und $h$ eine Konstante, die er „elementares Wirkungsquantum" nannte. Jeder Oszillator sollte also die Energie $1\,h\,v$, $2\,h\,v$, $3\,h\,v$, … haben können, so, wie in jeder Hälfte 1 Ball, 2 Bälle usw. sein können.

Diese Annahme, dass es ein kleinstes Energiepaket geben sollte, war nötig, damit man überhaupt die Abzählung machen konnte. Denn, gäbe es beliebig kleine Energiepakete oder Ballfragmente aufzuteilen, so wäre eine Aufteilung auf unendlich viele Arten möglich, die Berechnung wäre nicht durchführbar. Die Annahme war also zunächst nur eine „technische Annahme". Man konnte ja, nachdem man den Ausdruck für die Entropie gefunden hatte, die Größe der Energiepakete „gegen Null gehen" lassen, um so den „richtigen" Ausdruck zu bekommen. So eine vorübergehende Diskretisierung einer kontinuierlichen Größe zu Zwecken einer Berechnung war auch damals schon ein übliches und oft nützliches Rechenverfahren.

Zu seiner Überraschung erhielt Planck bei dieser Berechnung der Entropie nach der Boltzmannschen Methode genau den Ausdruck, den er bei seiner Interpolation gefunden hatte. Und die Überraschung wurde noch größer, als ihm bewusst wurde, dass sich der Grenzübergang zu beliebig kleinen Energiepaketen erübrigte. So, wie die Formel herauskam – mit der Annahme, dass die Energie der Oszillatoren nur in bestimmten Paketen von $h\,v$ abgegeben werden kann – war sie offensichtlich richtig, stimmte mit den Experimenten überein.

Auch wenn an der Herleitung der Formel später mit Recht einige Kritik geübt wurde und man heute diese Formel anders und eleganter ableitet, der wesentliche Punkt der ganzen Berechnung war, wie Planck selbst in einem Vortrag am 14. Dezember 1900 betonte, dass „die Energie des Oszillators als zusammengesetzt aus einer ganz bestimmten Anzahl endlicher gleicher Teile betrachtet wird". Und diese Einführung von Energiepaketen oder Quanten war neu, unerwartet und eine sehr kühne Hypothese.

Rückblickend wird heute der 14. Dezember 1900 als der Geburtstag der Quantenphysik bezeichnet. Aber die zeitgenössischen Physiker haben damals in keiner Weise die Plancksche Theorie sofort allgemein akzeptiert. Mit der Vorstellung von Energiequanten konnte man nun wohl eine wichtige, auch mit dem Experiment verträgliche Formel aus der Thermodynamik und der Elektrodynamik begründen, aber ehe man eine solche revolutionäre Idee akzeptierte, musste man mehr Argumente dafür sehen.

Die Konstante $h$, die Planck „elementares Wirkungsquantum" nannte und die nötig ist, um die Energie eines Quants mit der Frequenz zu verknüpfen, hatte er übrigens schon ein Jahr zuvor in einem anderen Zusammenhang eingeführt.

Damals hatte er schon erkannt, dass man mit dieser und einigen weiteren wie der Lichtgeschwindigkeit Einheiten für Länge, Masse, Zeit und Temperatur aufstellen kann, welche, wie er schrieb (Planck 1958), „unabhängig von speziellen Körpern und Substanzen, ihre Bedeutung für alle Zeiten und für alle, auch außerirdische Culturen notwendig behalten und welche daher als natürliche Maßeinheiten bezeichnet werden können".

Später sollte man mehr und mehr erkennen, dass diese Konstante die gesamte Physik atomarer Dimension beherrscht, und somit eine Signatur für die Quantenphysik ist, die mit der Planckschen Berechnung begründet wurde und zu ganz neuen Begriffen und Vorstellungen führte.

## Lichtquanten

Die Arbeit Plancks fand zwar einige Aufmerksamkeit, es war aber keineswegs so, dass die Physiker nun mit voller Begeisterung die Vorstellung von der Quantennatur der Energie der Oszillatoren übernahmen und den Eindruck hatten, dass sie damit einen Schlüssel hatten, mit dessen Hilfe sie bei den Fragen nach dem Aufbau der Materie entscheidend voran kommen konnten. Was waren denn eigentlich diese Oszillatoren, die die Quellen der Strahlung in der Materie sein sollten? Was sollte diese Quantelung ihrer Energie denn eigentlich bedeuten?

Erst fünf Jahre später sollten diese Überlegungen Plancks die ersten Früchte tragen. Es war das Jahr 1905, in dem Albert Einstein seine berühmten fünf Arbeiten veröffentlichte, und in der ersten dieser Arbeiten kam Einstein zu Überlegungen, die für die Konkretisierung der Vorstellung von Energiequanten relevant waren.

Der Ausgangspunkt dieser ersten Arbeit (Einstein 1905) war die Beobachtung, dass man sich gemäß der Maxwellschen Theorie die Energie der elektromagnetischen Wellen kontinuierlich über den Raum verteilt denkt, während man die Energie eines Körpers als Summe der Energien der einzelnen Atome und Elektronen auffasst. Dieser „tiefgreifende formale Unterschied" störte ihn. Wohl war ihm klar, dass das Konzept der elektromagnetischen Wellen sich bei der Erklärung unzähliger Experimente zur Brechung, Beugung und Reflexion des Lichtes und elektromagnetischer Wellen anderer Frequenzen elektromagnetischen Wellen vortrefflich bewährt hatte, aber es sei „wohl denkbar, dass die mit kontinuierlichen Raumfunktionen operierende Theorie des Lichtes zu Widersprüchen mit der Erfahrung führt, wenn man sie auf die Erscheinungen der Lichterzeugung und Lichtverwandlung anwendet".

Mit „Erscheinungen der Lichterzeugung und Lichtverwandlung" spielte er auf verschiedene Experimente zur schwarzen Strahlung an, insbesondere auf die Erzeugung von Kathodenstrahlen durch ultraviolettes Licht. Mit Kathodenstrahlen experimentierte man damals in vielen Labors; Thomson hatte ja gerade 1896 die Natur dieser Strahlen entschlüsselt und das Elektron entdeckt. Nun konnte man Kathodenstrahlen, also Elektronenstrahlen, auch erzeugen, indem man die Elektronen durch Bestrahlung mit geeignetem Licht aus dem Metall herausschlug.

Zwei Punkte fielen dabei auf. Zunächst: Das Licht musste eine genügend hohe Frequenz besitzen, sonst konnte man keine Elektronen nachweisen. Zweitens, und darauf war der Bonner Physiker Philipp Lenard gestoßen: Die Energie der austretenden Elektronen hing überhaupt nicht von der Intensität des einfallenden Lichtes ab, andererseits aber von der Frequenz des Lichtes, also von seiner Farbe.

Beides war im Rahmen der Maxwellschen Elektrodynamik nicht zu verstehen, diese sagte ganz andere Gesetzmäßigkeiten voraus. Das war einer der „Widersprüche der mit kontinuierlichen Raumfunktionen operierenden Theorie des Lichtes" bei einer Erscheinung der Lichtwandlung.

Einstein konnte natürlich nicht die Maxwellsche Theorie zurückweisen, dafür war sie viel zu gefestigt durch all die Erfolge in der Erklärung optischer und verwandter Phänomene, aber er kam auf den Gedanken, dass sich die optischen Beobachtungen nur „auf zeitliche Mittelwerte, nicht aber auf Momentanwerte beziehen", dass es bei dieser „Erscheinung der Lichtverwandlung" aber auf „Momentanwerte" ankommt, sie sich also nur mit Vorstellungen jenseits der Gültigkeitsgrenzen der Maxwellschen Elektrodynamik erklären lässt. Es musste „hinter" der Maxwellschen Elektrodynamik noch ein tieferes Verständnis der Phänomene des Lichtes geben.

So wagte er die Hypothese, dass das Licht „aus lokalisierten Energiequanten besteht, welche nur als Ganze absorbiert und erzeugt werden können". Denn damit sind die beobachteten Phänomene sofort plausibel: Bei der Bestrahlung der Metalloberfläche stoßen die Lichtquanten auf die Elektronen im Metall. Ist die Energie des Quants genügend groß, größer als eine bestimmte Energie, so kann beim Stoß dieses Quants mit einem Elektron auch genügend Energie übertragen werden, so dass dieses Elektron die Bindung an das Metall überwinden und daraus austreten kann. Und wenn die Energie des Quants proportional zur Frequenz des Lichts ist, so muss also auch die Frequenz genügend groß sein, damit Elektronen herausgeschlagen werden können.

Die Annahme, dass ein Quant auch so etwas wie eine Frequenz besitzt, und dass diese die Energie des Quants bestimmt, führt auch zur Erklärung des zweiten Punktes: Eine

Erhöhung der Intensität des Lichtes bei fester Frequenz kann jetzt nur bedeuten, dass der Strahl lediglich mehr Lichtquanten enthält. Die größere Energie verteilt sich also auf mehr Quanten, von denen jedes einzelne aber noch die Energie besitzt, die durch die Frequenz bestimmt ist. Reicht diese nicht dazu aus, dass ein Quant ein Elektron herausschlagen kann, so vermag das auch die Menge aller Quanten nicht. Nicht die Intensität, die Menge der Quanten, ist also entscheidend für die Lichtwandlung, sondern die Frequenz, die Farbe.

Die Beziehung zwischen Energie und Frequenz des Quants, die Einstein aus seinen Berechnungen und Vergleichen mit experimentellen Daten fand, war die gleiche, wie Planck sie für die Energiepakete der Oszillatoren gefunden hatte: Die Energie eines Lichtquants ergab sich ebenso als $h\,v$, wobei wieder $v$ die Frequenz und $h$ das Plancksche Wirkungsquantum ist.

Diese Einführung von Quanten für das Licht war ein großer Schritt. Planck hatte zwar postuliert, dass die Energie der Oszillatoren in der Materie gequantelt ist, d.h. nur ein ganzzahliges Vielfaches einer kleinsten Einheit $h\,v$ sein kann. Aber er hatte nie daran gezweifelt, dass man das elektromagnetische Feld in dem Hohlraum vollständig durch die Maxwellsche Theorie beschreiben können sollte. Einstein dehnte nun die Vorstellung von Quanten auch auf das elektromagnetische Feld aus.

„Eigentlich" besteht danach das Licht aus lokalisierten Energiequanten, und das kommt erst bei atomaren Prozessen zum Vorschein. Bei optischen Beobachtungen, bei Reflexion, Brechung, Beugung usw. misst und sieht man nur zeitliche Mittel aller Größen, diese können aber gut durch Wellen beschrieben werden.

Diese Idee war revolutionär, wie Einstein es selbst in einem Brief an seinen Freund Solovine genannt hatte. Die

Resonanz war allerdings verschwindend gering. Noch 1913 hatte Max Planck in einem Gutachten, in dem er Einstein überschwänglich lobte, hinzugefügt, „dass er in seinen Spekulationen auch einmal über das Ziel hinaus geschossen sein mag, wie z. B. in seiner Hypothese der Lichtquanten, wird man ihm nicht allzu schwer anrechnen dürfen. Denn ohne ein Risiko zu wagen, lässt sich auch in der exaktesten Naturwissenschaft keine wirkliche Neuerung einführen."

Die Arbeit fand erst 1916 einige Anerkennung, als der amerikanische Physiker Millikan genaue Messungen zu der Energie der emittierten Elektronen machte, wodurch die von Einstein in seiner Arbeit entwickelte Gleichung für diese Energie bestätigt wurde. Und den Nobelpreis bekam Einstein dafür erst 1922, aber nur für „die Entdeckung des Gesetzes des photoelektrischen Effektes". Dieses Gesetz beschrieb die Energie der herausgeschlagenen Elektronen in Abhängigkeit von der Energie des eingestrahlten Lichtes in mathematischer Form und war experimentell hinreichend geprüft. Die von Einstein gegebene Interpretation schien dem Nobelkomitee aber noch zu gewagt. Die vollständige Anerkennung der Ansicht, dass Licht aus teilchenartigen Energiepaketen besteht, erfolgte erst 1923 durch das Experiment von Compton, der die Streuung von Röntgenstrahlen an Elektronen studierte und die experimentellen Ergebnisse auch nur mit der Vorstellung erklären konnte, dass bei dieser Streuung Lichtquanten sehr hoher Energie mit Elektronen zusammenstoßen und dabei Impuls und Energie austauschen, wie man es von Teilchen erwartet. Seit 1926 nennt man die Lichtquanten Photonen.

Was ist damit gemeint, wenn man sagt, dass sich optische Beobachtungen nur auf zeitliche Mittelwerte beziehen? Um das zu verdeutlichen, muss man sich den berühmten Doppelspaltversuch aus der Optik vergegenwärtigen. Auf S. 144f.

ist das Beugungsmuster beschrieben worden, das man erhält, wenn man Licht durch einen genügend schmalen Spalt schickt. Auf einem Schirm hinter der Öffnung sieht man eine Folge von hellen und dunklen Streifen. Es gelangt eben Licht auch in den Raum, der durch geradlinige Strahlen von der Lichtquelle aus nicht erreichbar ist. Das war genau das Argument gegen die Ansicht von Newton: Wäre Licht ein Strom von Teilchen, wie es Newton behauptete, so würde genau hinter der Öffnung Helligkeit herrschen, daneben aber absolute Dunkelheit. Ein noch mehr beeindruckendes Beugungsmuster erhält man, wenn man Licht durch einen Doppelspalt, also durch zwei schmale Spalte mit geringem Abstand schickt.

Wenn man nun die Intensität der Lichtquelle immer weiter herunterfährt, und den Beobachtungsschirm durch ein bestimmtes modernes Nachweisgerät ersetzt, beobachtet man nur noch einzelne kleine Blitze, die auf ein Auftreffen von „irgendetwas" hindeuten, das „irgendwie" eine lokalisierte Einheit, also eine Art Teilchen, ein Lichtquant, ein Photon gewesen sein muss. Und zwar beobachtet man das Auftreffen zufällig mal hier, mal da, und auch dort, wohin ein Teilchen unserer üblichen Vorstellung eigentlich gar nicht gelangen kann. Wenn man nun lange wartet, dabei mit der Zeit immer mehr von dieser Art Teilchen auf dem Bildschirm auftreffen, sieht man allmählich, dass sich die Treffer in bestimmten Streifen häufen und dass diese genau die Streifen sind, die sich bei der Bestrahlung mit der ursprünglichen, starken Quelle sofort ergeben.

Die optischen Beobachtungen ergeben sich also tatsächlich erst im statistischen Mittel, wenn man zeitlich hintereinander viele Photonen einstrahlt. Das Gleiche ergibt sich natürlich, wenn man diese vielen Photonen auf einmal einstrahlt. Das Beugungsbild, das man so im Rahmen einer Wellentheorie des Lichtes ableiten kann, müsste sich also im statistischen

Mittel auch aus einer Theorie für Lichtquanten ergeben. Wellentheorie und Quantentheorie sind also in diesem Sinne kein Widerspruch.

Das Merkwürdige aber ist: Die Quanten werden zwar als Ganzes absorbiert, haben andererseits aber offensichtlich Eigenschaften, die wir bei allen Objekten, die wir gemeinhin als Teilchen bezeichnen würden, nicht kennen. Ein Lichtquant kann auf dem Beobachtungsschirm dort auftreffen, wohin ein normales Teilchen gar nicht gelangen kann.

Hier begegnen wir zum ersten Mal einem Phänomen, das ganz neu ist. Es gibt offensichtlich etwas in der Natur, auf das keiner unserer Begriffe passt. Lichtquanten müssen wir als einen ganz neuen Begriff verstehen, sie sind zwar irgendwie lokalisiert in Raum und Zeit, aber keine Teilchen im üblichen Sinne. Sie sind Objekte ganz neuer Art.

Hier kommt plötzlich der Gedanke auf, dass unsere Vorstellungskraft ja doch begrenzt sein kann. Und bei einigem Nachdenken erscheint das gar nicht unplausibel: Unsere Begriffe und Bilder haben sich ja im Laufe der Evolution nur im Umgang mit makroskopischen Objekten entwickelt. Wenn wir beginnen, in einen neuen Bereich der Natur vorzustoßen, der uns bisher verborgen war, müssen wir wohl damit rechnen, dass wir auch auf ganz neue Objekte mit ganz neuen Eigenschaften stoßen.

Hier sind wir an einem Punkt angelangt, an dem die ganze Reise von Galilei über Newton, Maxwell und Boltzmann auf einmal einen neuen Sinn bekommt. Sie war die notwendige Vorbereitung für diesen Durchbruch in eine neue Begriffswelt, für dieses Überschreiten unserer, durch die alltägliche Erfahrung geprägten Vorstellungen. Von nun an werden wir sehen, wie die Führung der Gedanken bei der weiteren Erforschung der Natur immer mehr die mathematische Sprache und Formulierung übernimmt, wir auf unsere Anschauung und Vorstellungskraft immer weniger vertrauen können.

## Das Bohrsche Atommodell

Die Konstante $h$, die Planck im Jahre 1899 eingeführt und „elementares Wirkungsquantum" genannt hatte, faszinierte viele Physiker. Sie musste irgendwie mit ganz fundamentalen Eigenschaften der Materie zusammenhängen. Bei Planck war es die Energie der Oszillatoren, bei Einstein die Energie der Lichtquanten, die über diese universelle Konstante in der Form $h\,v$ mit der Frequenz $v$ in Beziehung gesetzt wurde. So hoffte man zunächst, dass man diese Konstante aus anderen atomaren Größen berechnen können würde, wenn man das Atom besser verstanden hatte, und es gab auch einige interessante Ansätze dazu.

Es sollte sich aber bald zeigen, dass es sich genau anders verhält. Das Plancksche Wirkungsquantum ist nicht zu erklären, sondern es ist die fundamentale Größe, die alle anderen atomaren Größen bestimmt. Wir werden später sehen, dass sie in der fundamentalen Gleichung, die die Quantenmechanik definiert – dem Pendant der Maxwellschen sozusagen – schon vorkommt und dass sie somit auch in allen Gleichungen, die daraus abgeleitet werden, erscheint und damit eine Signatur für Quantenphänomene darstellt. Durch sie kann man streng zwischen Quantenphysik und Nicht-Quantenphysik, also Klassischer Physik, unterscheiden. In Dimensionen, die der Größe eines Atoms entsprechen, macht sich die Quantelung der Energie offensichtlich bemerkbar. Je größer die Objekte werden, je mehr solcher atomaren Teilchen sie enthalten, um so weniger bemerkbar wird diese Eigenschaft der Natur sein, so als ob der Zahlenwert des Wirkungsquantums gegenüber anderen relevanten Größen immer unbedeutender und bei den makroskopischen Objekten unseres Alltags verschwindend klein wird, eben praktisch gleich Null ist, so dass alle Quanteneffekte verschwinden. In der Klassischen Mechanik, in der Elektrodynamik kennt man kein Wirkungsquantum.

Die Natur ist eigentlich auf ihrer eigenen mikroskopischen Ebene quantenhaft. Wir Menschen sind aber Objekte der makroskopischen Ebene, sehr komplexe Systeme aus sehr vielen mikroskopischen Teilchen bestehend, und können unmittelbar gar nicht auf den Grund sehen, auf dem die Natur ihr eigentliches Wesen treibt. Mit der Klassischen Physik, also mit der Klassischen Mechanik, der Elektrodynamik und der Thermodynamik hatte man bisher nur die Gesetzmäßigkeiten formulieren und erklären können, die die „eigentliche Natur" der Natur gar nicht widerspiegeln, sondern sich erst „im Mittel", wie Albert Einstein schon vorausahnte, für makroskopische Objekte und Phänomene ergeben.

Diese Sicht sollte sich aber erst allmählich heraus stellen. Noch hatte man damals – wir befinden uns in der Verfolgung der Geschichte der Physik ja erst in den Jahren um 1910 – das Atom nicht verstanden. Die Vorstellung, dass Atome wirklich existieren, obwohl man sie nicht sehen kann, setzte sich zwar immer mehr durch, aber wie man sich ein Atom vorstellen sollte, das war noch umstritten.

Es gab verschiedene Modelle. Einige versuchten die Plancksche Vorstellung von Oszillatoren weiter auszubauen, die meisten aber bevorzugten das „Rosinenkuchen"-Modell von J. J. Thomson: Elektronen befinden sich wie Rosinen in einem „Kuchen" von elektrisch positiver Materie. Das trug der Vorstellung Rechnung, dass irgendwie Elektronen im Atom vorhanden sein mussten und dass das Atom elektrisch neutral sein sollte.

Ein entscheidender Fortschritt gelang Ernest Rutherford im Jahre 1911 mit seiner Arbeitsgruppe in Manchester. Er experimentierte intensiv mit $\alpha$-Strahlen, hatte schon erkannt, dass diese aus Helium-Ionen bestehen, und studierte nun sehr genau, was mit ihnen beim Durchgang durch eine Folie, also durch Materie passiert. Ein studentischer Mitarbeiter machte ihn eines Tages darauf aufmerksam, dass die $\alpha$-Teilchen manchmal ungewöhnlich stark abgelenkt wurden. Er überzeugte sich davon und kam nach langer Überlegung zu dem Schluss, dass nicht ein Rosinenkuchen-Modell, sondern eher ein planetarisches Modell das Atom richtig beschreibt: Die positive Ladung ist nur auf einen sehr kleinen Punkt in der Mitte des Atoms konzentriert. Die Elektronen umkreisen diesen Kern wie Planeten, ihre Anzahl ist jeweils so groß, dass ihre gesamte negative Ladung die positive Ladung des Kerns kompensiert. Wenn also $Z$ Elektronen mit der elementaren Ladung $-e$ den Kern umkreisen, so ist die Ladung des Kerns gerade $Z\,e$. Die elektrostatische Anziehung zwischen den Elektronen und dem Kern hält das Atom zusammen.

Wenn nun ein $\alpha$-Teilchen bei den Rutherfordschen Experimenten auf ein Atom trifft, wird es die 1 000-mal leichteren Elektronen kaum merken, die Atomkerne auch selten, meistens wird es durch die große Leere zwischen Kern und Elektronen einfach hindurch schießen. Aber manchmal kommt es einem Kern doch so nahe, dass die elektrostatische Abstoßung zwischen den beiden positiven Ladungen, nämlich Helium-Kern und Atomkern, merklich zum Tragen kommt. Die Ablenkung der Bahn des $\alpha$-Teilchens kann man aber nach den Gesetzen der Mechanik und Elektrodynamik berechnen und Rutherford entwickelte auch eine Formel, die die Anzahl der $\alpha$-Teilchen angibt, die in einen bestimmten Raumwinkel gestreut werden.

Diese Rutherfordsche Streuformel wurde experimentell glänzend bestätigt, das war ein überzeugendes Argument zu Gunsten des planetarischen Atommodells. Damit unterschied man nun in einem Atom zwischen dem Kern und einer „Hülle" von Bahnen, auf denen die Elektronen um den Kern kreisen. Natürlich tritt auch die elektrische Ladung des Kerns $Z\,e$ in der Formel auf, denn die Ablenkung ist ja umso größer, je größer die Ladung des Kerns ist und man verstand auch bald, dass es die Ladung des Kerns und damit die Anzahl der Elektronen ist, die die chemischen Eigenschaften einer Substanz bestimmen.

Diese Situation fand der 26-jährige dänische Physiker Nils Bohr vor, als er im November 1911 nach Manchester zu Rutherford kam. Er ließ sich schnell von dem planetarischem Atommodell Rutherfords überzeugen, sah aber auch deutlich, dass damit noch einige Probleme einhergingen. Da die Coulombsche Anziehungskraft zwischen Atomkern und Elektron die gleiche mathematische Form hat wie die Newtonsche Gravitationskraft zwischen Sonne und Planet, mussten die Bahnen der Elektronen wie die Bahnen der Planeten aussehen, nämlich Ellipsen sein. Aber über die Größe dieser Ellipsen gab es keinen Anhaltspunkt. Das Modell lieferte also keine Aussage über die Größe der Atome. Ein zweiter Punkt war aber viel bedeutender: Ein Elektron wird ja auf seiner Bahn um den Atomkern stets beschleunigt und würde nach den Regeln der Maxwellschen Elektrodynamik ständig Energie in Form von elektromagnetischen Wellen abstrahlen. Bei einem solchen Energieverlust könnte die Bahn gar nicht stabil bleiben, das Elektron würde sehr bald in den Kern stürzen.

Etwas Entscheidendes musste also an dem Modell noch fehlen – oder es war alles ganz anders. Nun lag die Idee nahe, dass das Wirkungsquantum eine wichtige Rolle bei der Klärung dieser Ungereimtheiten spielen könnte, es gab aber keinerlei Hinweise darauf, wie das geschehen könnte.

Andererseits gab es noch eine weitere Forderung an die gesuchte Lösung. Und hier muss die Spektroskopie, ein damals großes experimentelles Arbeitsgebiet, erwähnt werden. In diesem Arbeitsgebiet misst man die Intensität des von einer Substanz ausgestrahlten bzw. absorbierten Lichts in Abhängigkeit von der Wellenlänge oder Frequenz. In einer solchen Intensitätsverteilung, auch einfach Spektrum genannt, sieht man bei verschiedensten Frequenzen Intensitätsmaxima, die in einer bestimmten Darstellung als Linien erscheinen. Jede Substanz hat bei für sie charakteristischen Frequenzen solche Intensitätsmaxima, also Linien im Spektrum, und offenbart damit mehr oder weniger deutlich seine spezifische Eigenart, d. h. innere Struktur, stoffliche Zusammensetzung, usw. Die Spektren können bei größeren Atomen oder Molekülen sehr komplex werden und man konnte sie damals nur als Fingerabdruck oder Strichcode einer Substanz nutzen, nicht aber verstehen, warum sich bei einer Substanz gerade ein ganz bestimmtes Spektrum ergibt.

Einige wenige Spektren schienen aber doch sehr übersichtlich zu sein, das Spektrum des Wasserstoff-Atoms zum Beispiel, und es gab verschiedenste Formeln dafür, bei welchen Frequenzen dieses Spektrums die Linien erscheinen. Am prominentesten war die Formel, die der schweizerische Schullehrer Balmer entwickelt hatte. Die Frequenzen der Linien ergaben sich einfach als Differenz zweier Ausdrücke von der Form $R/n^2$, wobei $n$ eine ganze Zahl war und $R$ eine bestimmte Konstante.

Das Aufstellen solcher Formeln für eine Abfolge von Linien in einem Spektrum war natürlich reine Zahlenakrobatik, ein „Hineinlegen" einer mathematischen Struktur, ohne zu wissen, ob es überhaupt einen Grund für diese Struktur gibt. Man hatte damit noch nichts verstanden. Oft genug führt solch ein „Hineinsehen einer Struktur" in die Irre, man schieße z. B. nur mit einer Schrotflinte auf eine Leinwand, in den meisten Fällen wird man aus den Einschüssen eine Figur herauslesen können. Im besten Falle allerdings ist man mit einer solchen Spekulation auf der richtigen Fährte, und genau so war es hier. Bohr soll viele Jahr später erzählt haben: „Als ich die Balmer-Formel sah, war mir die ganze Sache sofort klar".

Ich stelle mir mal vor, wie er gedacht haben mag: Man muss ja beide Seiten der Balmer-Formel nur mit dem Planckschen Wirkungsquantum multiplizieren, dann besagt diese Gleichung: Die Energie eines Planckschen Energiepakets $h\,v$ ist gleich der Differenz zweier Energien, die sich jeweils als $hR/n^2$ oder auch $-hR/n^2$ darstellen. Kann es da nicht so sein, dass das Atom sich stets in bestimmten diskreten stabilen Energiezuständen befindet, aber von einem Zustand zu einem anderen wechseln kann, indem es den Energieunterschied als Energiepakete abstrahlt? Die Zustände des Atoms wären somit durch die Energie $-hR/n^2$ charakterisiert, wobei $n = 1, 2,$ 3 usw. sein kann.

Die verschiedenen Energiezustände entsprechen vermutlich den verschiedenen Bahnen der Elektronen, bzw. des Elektrons, denn das Wasserstoff-Atom hat nur ein Elektron. Für $n = 1$ ergibt sich die Bahn mit der niedrigsten Energie und auch mit dem kleinsten Radius. Je größer die ganze Zahl $n$ wird, umso größer werden Energie und auch Radius der Bahn. Man hat also wirklich ein kleines Planetensystem vor Augen, nur dass es jetzt bevorzugte Bahnen mit bestimmten Radien und Energien gibt. Die Energien könnte man also aus

der Balmer-Formel ablesen, aber welche bevorzugten Bahn-
radien sich daraus ergeben, und woher diese Bevorzugung
kommt, das musste man noch erkennen.

Das war nun das eigentliche Problem. Die glänzende Idee,
die Bohr dazu hatte, kann man leider in diesem Rahmen nicht
gut beschreiben. Grundlage war aber ein so genanntes Korrespondenzprinzip; er forderte: Wenn ein Elektron von einer
Bahn sehr hoher Energie in die nächst niedrigere springt, so
soll die Frequenz des abgestrahlten Energiepakets mit der
Frequenz übereinstimmen, die sich für solche Bewegungen
aus Rechnungen der Klassischen Mechanik ergeben. Die
klassische Physik soll also im Grenzfall sehr großer Atome
wieder gelten. Damit konnte er dann wirklich die Radien der
bevorzugten Bahnen bestimmen. Außerdem zeigte sich, dass
dann für alle bevorzugten Bahnen der Drehimpuls, eine physikalische Größe, die auch in der Klassischen Mechanik ein
gutes Maß für eine Drehbewegung darstellt, ein Vielfaches des
Planckschen Wirkungsquantums ist.

Nun kann man die ganze Argumentation umkehren: Man
behauptet zunächst, dass es nur ganz bestimmte Bahnen für
das Elektron im Wasserstoff-Atom gibt, nämlich nur solche,
für die der Drehimpuls ein Vielfaches des Planckschen Wirkungsquantums ist. Daraus ergeben sich die erlaubten Bahnen
und Energiezustände. Dann postuliert man, dass ein Elektron
auf einer solchen Bahn entgegen den Gesetzen der Elektrodynamik keine Energie abstrahlt, es sei denn, dass es spontan von
einer Bahn höherer Energie in eine Bahn niedrigerer Energie
springt. Dabei wird dann die Energiedifferenz in Form eines
Energiepaketes $h\nu$ abgestrahlt. Daraus ergeben sich die möglichen Frequenzen des abgestrahlten Lichtes und die Form
des beobachteten Spektrums. Entsprechendes gilt für den
umgekehrten Prozess: Ein Atom kann ein Energiepaket der

Form $h\,v$ absorbieren, allerdings nur dann, wenn diese Energie gerade so groß ist, dass mit ihr ein Elektron gerade auf eine Bahn höherer Energie springen kann. Damit hatte Bohr das planetarische Atommodell weiter konkretisiert und zwar so, dass man, zumindest zunächst für das Wasserstoff-Atom, das Spektrum erklären konnte.

Aber zu welchem Preis! Welche horrenden Behauptungen musste man dazu aufstellen: Woher kommt diese Bedingung für den Drehimpuls? Wieso strahlt das Elektron nicht auf den bevorzugten Bahnen? Was steckt hinter diesen spontanen Sprüngen? Woher weiß ein Elektron, wohin es springen soll? Eine Frage – die nach dem Spektrum – war beantwortet, drei und mehr neue Fragen taten sich damit auf. Das erinnert daran, wie jemand über einen seiner Kollegen lästert: „Er hatte die Gabe, aus einem kleinen Problem zwei große zu machen."

So ist es nicht verwunderlich, dass nur wenige Physiker die Bohrschen Vorstellungen mit Begeisterung aufnahmen. Hingegen sind Aussagen überliefert wie die vom Planck-Schüler Max von Laue (Jammer 1966): „Das ist Unsinn, die Maxwellschen Gleichungen gelten unter allen Umständen." Albert Einstein war etwas vorsichtiger und meinte (Jammer 1966): „Sehr merkwürdig, da muss etwas dahinter sein." In der Tat steckte etwas dahinter.

## Atombau und Spektrallinien

In normalen Zeiten hätte das Bohrsche Atommodell sicherlich ein größeres Echo in den Kreisen der Physiker hervorgerufen, aber wenige Monate, nachdem Bohr mit seinem Modell an die Öffentlichkeit gegangen war, brach der erste Weltkrieg aus.

Der wissenschaftliche Austausch ging zwar weiter, für viele Forscher bedeuteten die politischen Ereignisse aber auch einen bedeutenden Einschnitt in ihrem Leben. Die Arbeit an der Wissenschaft, an einer langfristigen Entwicklung der ganzen Menschheit, musste hintangestellt werden, stattdessen musste man im Streit einzelner Nationen eine Position beziehen oder ausfüllen.

Dennoch begannen sich bald die Konturen des Bohrschen Atommodells zu schärfen. Eigentlich hatte dieses bisher ja nur die Balmer-Formel für die Spektrallinien des Wasserstoff-Atoms erklären können und die wesentliche Annahme dabei war, dass es für die Elektronen, die den Atomkern umkreisen, nur ganz bestimmte Bahnen bzw. Energiezustände gibt. Schon wieder schien man also auf diskrete Energiestufen zu stoßen, so, wie Planck bei der Wärmestrahlung und Einstein bei der Lichterzeugung durch Kathodenstrahlen. Konnte man nicht auch irgendwie auf andere Weise nachweisen, dass es diese Energiestufen wirklich gibt und das Herauslesen aus der Balmer-Formel mehr ist als Kaffeesatz-Leserei?

In der Tat gelang dieser Nachweis schon 1914 den Berliner Physikern James Franck und Gustav Hertz, der übrigens ein Neffe von Heinrich Hertz, dem Entdecker der elektromagnetischen Wellen, war. Sie experimentierten wie viele andere damals auch mit Kathodenstrahlen in gasgefüllten Glaskolben und interessierten sich insbesondere dafür, was bei dem Stoß der Elektronen des Kathodenstrahls mit den Atomen des Gases passiert. Wenn die Annahme von den diskreten Energiezuständen stimmt, muss ein von der Kathode ausgehendes Elektron, das auf ein Elektron aus der Atomhülle eines Gasatoms stößt, dieses in einen Zustand höherer Energie versetzen können, wobei es die entsprechende Energiedifferenz zu spendieren hat. Erhöhte man also langsam die Energie der

Kathodenelektronen, so müsste man genau dann, wenn die Energie ausreicht, um ein Atomelektron des Gases auf eine höhere Bahn zu heben, den entsprechenden Energieverlust der Kathodenstrahlen beobachten können. In der Tat konnten Franck und Hertz dieses einwandfrei nachweisen. Sie konnten sogar auch noch die Rückkehr des Elektrons auf die niedrigere Bahn beobachten. Das dabei emittierte Licht hatte genau die Frequenz, die der Energiedifferenz der beiden Bahnen entspricht.

Aber auch von theoretischer Seite kam Unterstützung und Mitarbeit beim Ausbau des Modells. In München lehrte und forschte zu der Zeit Arnold Sommerfeld. In Göttingen war dieser durch den berühmten Mathematiker Felix Klein stark geprägt worden und bei seinen ersten Stationen als Professor für theoretische Physik in Clausthal und in Aachen war er angetreten, zu zeigen, was mathematische Methoden in den Ingenieurswissenschaften zu leisten vermögen. In München hatte er sich aber von seinem Schüler Peter Debye für die Atomphysik interessieren lassen und das Bohrsche Atommodell erweckte sofort sein Interesse. Sein Gespür für mathematische Zusammenhänge muss ihm wohl gesagt haben, dass die Strategie, aus den Spektrallinien Eigenschaften der Elektronenbahnen herauszulesen, noch gar nicht ausgeschöpft war. Bohr hatte schon die Idee geäußert, dass es zu jeder der diskreten Energien nicht nur eine kreisförmige Bahn, sondern mehrere, eigentlich unendlich viele elliptische Bahnen geben müsste. Ja, dass vielleicht die Energien dieser Bahnen nicht alle ganz gleich sein und es somit eine Aufspaltung der Spektrallinien geben müsste, wenn man ganz genau hinschaut. Der amerikanische Physiker Albert Michelson hatte eine solche Aufspaltung schon 1892 mit einem hoch empfindlichen Spektrometer gesehen. Zu einer mathematischen Ausarbeitung dieser Idee fehlten aber Bohr die mathematischen Fähigkeiten.

Für Sommerfeld war das genau das richtige Problem. Er konnte in der Tat bald aus dem Muster der Spektrallinien folgern, dass es zu einer bestimmten Energie mehrere Bahnen geben musste. Diese waren alle mehr oder weniger flache Ellipsen, im Extremfall eben ein Kreis, und er führte zur Unterscheidung ein Maß für die Elliptizität ein, das er mit dem Buchstaben „$l$" bezeichnete. Es zeigte sich in den Spektren, dass auch diese Quantenzahl nur diskrete, und sogar nur endlich viele Werte haben kann. Zu einer diskreten Energie mit Quantenzahl $n$ gab es somit auch nur endlich viele, genauer gesagt $n$ Bahnen mit unterschiedlicher Elliptizität, und zwar konnte die Quantenzahl $l$ nur die Werte 0, 1, ..., $n-1$ annehmen.

Aber bald musste man zu diesen beiden Quantenzahlen $n$ und $l$ noch eine weitere hinzufügen. Das zeigte sich insbesondere, wenn man Spektren von Atomen studierte, die sich in einem äußeren homogenen Magnetfeld befinden. Diese neue Quantenzahl charakterisierte nun nicht mehr die Form der Bahn, sondern die Orientierung der Ebene, in der die Bahn verläuft, und zwar in Bezug zur Richtung des Magnetfeldes. Auch für diese gab es offensichtlich nur einige wenige diskrete Möglichkeiten, deren Anzahl genau durch $2\,l + 1$ bestimmt war. Man nannte das Richtungsquantelung. Die Zahl $m$, die man zur Charakterisierung der Orientierung einer Bahnebene relativ zur Richtung eines Magnetfeldes einführte, konnte nur eine ganze Zahl zwischen $-l$ und $+l$ sein, das sind ja genau $2\,l + 1$ Möglichkeiten.

Das Bild, das man nun vor Augen hatte, war also dies: Jeder Energiezustand, charakterisiert durch die Zahl $n$, auch Hauptquantenzahl genannt, kann durch $n$ Bahnen verschiedener

Elliptizität, charakterisiert durch die Quantenzahl $l$ mit $l = 0$, 1, ..., $n$–1, realisiert werden. Jede dieser Bahnen konnte wiederum $2\,l + 1$ Orientierungen im Raum, haben. Für $n = 1$ gibt es so nur eine Bahn mit $l = 0$, für $n = 2$ aber schon eine Bahn mit $l = 0$ und drei Bahnen mit $l = 1$, also insgesamt vier verschiedene Bahnen, für $n = 3$ gibt es noch weitere fünf Bahnen mit $l = 2$, also insgesamt neun. Man kann leicht nachrechnen, dass es so zu einem Zustand charakterisiert durch die Zahl $n$ gerade $n^2$ mögliche Bahnen für Elektronen um den Atomkern gibt.

Drei Zahlen waren es also, durch die man die Bahn eines Elektrons um den Kern spezifizieren musste. Noch heute werden diese auf aller Welt mit den Buchstaben $n$, $l$, und $m$ bezeichnet. In der später von Heisenberg und Schrödinger entwickelten Quantenmechanik, einer „richtigen" Theorie mit einer Grundgleichung, aus der dann alles andere folgt, ergab sich das gleiche Bild, wenn auch auf ganz andere Weise. Nur dass man dort nicht mehr von Elektronenbahnen reden konnte, sondern allgemeiner von Elektronenzuständen, in denen das Elektron eine bestimmte Energie besitzt.

Diese Quantelung der Energie, auch die der Elliptizität und schließlich auch noch die Quantelung der Orientierung der Bahnebenen bezüglich der Richtung eines von außen angelegten Magnetfeldes, und auch noch die „Springerei" von einer Bahn in die andere – alles das musste man einfach hinnehmen. Es war merkwürdig, unanschaulich, unerklärlich, aber es musste wohl irgendetwas dahinter stecken, zu deutlich sah man die Signatur dieses Bildes in den Spektrallinien, wenn man nur gelernt hatte, sie richtig zu interpretieren. Wir bewundern heute den Mut, den die Physiker damals hatten, aber sie stießen ja auch in eine ganz neue Welt vor und da ging es wohl nicht ohne zunächst willkürlich erscheinende Annahmen. Man hoffte, dass eine zukünftige Theorie alle diese merkwürdigen Annahmen in einem neuen Licht erscheinen lassen und den Widerspruch mit der klassischen Physik auflösen würde. Die Annahmen waren schließlich auch keine wilden Spekulationen, denn es orientierte sich schließlich alles an experimentellen Aussagen, höchstens der Effekt des „Mann im Mond", dass man also Strukturen sieht, die eigentlich gar keine sind, hätte einem ein Schnippchen schlagen können.

Aber die Richtungsquantelung z. B. wurde 1922 in dem berühmten Experiment von Otto Stern und Walter Gerlach bestätigt. Stern hatte die Technik der Erzeugung von Molekularstrahlen sehr verfeinert und sie konnten so sehr genau beobachten, dass ein dünner Strahl von Silberatomen, durch ein inhomogenes Magnetfeld geschickt, in drei verschiedene Teilstrahlen aufgespalten wurde. Ohne Richtungsquantelung hätte der Strahl eine homogene Verbreiterung erfahren müssen. Dass es gerade drei Teilstrahlen waren, lag daran, dass ein Elektron mit der Quantenzahl $l = 1$ im Silberatom die Eigenschaften des Atoms dominiert.

Eine ähnliche Aufspaltung von Spektrallinien, allerdings bei Atomen in einem homogenen Magnetfeld, hatte schon 1896 der Holländer Peter Zeemann beobachtet. Damals konnte man diesen Effekt noch gar nicht einordnen, man hatte ja noch nicht einmal gelernt, zwischen Atomkern und Hülle der Elektronen zu unterscheiden. Bei einfachen Atomen ließ sich dieser Effekt jetzt auch leicht durch die Richtungsquantelung erklären. So schien sich das Bohrsche Atommodell immer mehr zu festigen, „es musste etwas dran sein".

Arnold Sommerfeld fasste seine ganze Kunst, aus Mustern in den Spektrallinien auf den Atomaufbau zu schließen, im Jahr 1919 in seinem Buch *Atombau und Spektrallinien* zusammen. Dieses wurde bald zur „Bibel" der Atomphysiker und man sprach so auch bald von dem Bohr-Sommerfeld-schen Atommodell.

Der so genannte anomale Zeemann-Effekt trotzte allerdings noch der Erklärung durch das bisher gewonnene Bild vom Atom. So nannte man den Zeemann-Effekt, also die Aufspaltung von Spektrallinien, bei größeren Atomen, also solchen mit mehreren Elektronen, im Magnetfeld. Dieser wuchs zu einer echten Herausforderung für das Bohr-Sommerfeldsche Atommodell aus, in irgendeiner Weise musste es wohl noch erweitert werden.

Alfred Landé, zeitweise Assistent des großen Mathematikers David Hilbert in Göttingen, 1914 promoviert bei Sommerfeld, wagte sich 1921 an dieses Problem, und kam zu Formeln, die mit dem Experiment nur dann übereinstimmten, wenn er zwei wichtige Neuerungen einführte. Wann immer $l^2$ in der Formel auftauchte, musste man dieses durch den Ausdruck $l(l+1)$ ersetzen. Für kleine Quantenzahlen $l$ machte das schon einen großen Unterschied. Aber was noch spektakulärer war: Manchmal musste er für den Drehimpuls, der ja nach der Quantisierungsregel von Bohr ein ganzzahliges Vielfaches vom Wirkungsquantum, also $h$, $2h$, $3h$, … sein kann, eben auch ein $+\frac{1}{2}h$ oder $-\frac{1}{2}h$ einsetzen. Das ganze war natürlich sehr unbefriedigend und wirkte nicht sehr überzeugend.

Auch Sommerfeld studierte den anomalen Zeemann-Effekt, entnahm dem Muster aber die Anregung, eine vierte Quantenzahl einzuführen. Diese konnte nichts mit der Bahn des Elektrons zu tun haben, musste nur eine Eigenschaft eines Elektrons selbst sein. Was könnte das sein, wenn man sich das Elektron nur als kleine Kugel vorstellt? So sprach er von einer „verborgenen Rotation" des Elektrons. Einem seiner Assistenten, Werner Heisenberg, gab er den Auftrag, diese Idee weiter zu verfolgen, und dieser kam ebenfalls, unabhängig von Landé, zum Ergebnis, dass sich die Spektrallinien beim anomalen Zeemann-Effekt gut erklären lassen, wenn diese vierte Quantenzahl halbzahlige Werte, also $\pm\frac{1}{2}$, $\pm\frac{3}{2}$, $\pm\frac{5}{2}$ usw., annimmt. Landé kam ihm aber mit einer Veröffentlichung darüber zuvor, was Heisenberg dazu veranlasste, eine sehr gewagte und schließlich nicht haltbare Erklärung für einen Zusammenhang zwischen Rotation des Elektrons und den halbzahligen Werten der neuen Quantenzahl zu entwickeln und zu veröffentlichen.

Wir staunen heute über den Mut und die Sicherheit, mit der die Physiker damals genau die richtigen Schlüsse aus der Analyse der Spektren gezogen haben. Welch eine aberwitzige Vorstellung, dass so ein Teilchen wie das Elektron, das ja unvorstellbar klein ist und sicher nicht als kleine Kugel oder Murmel zu betrachten ist, auch noch rotieren soll und zwar mit einem Drehimpuls, der genau ein halb mal dem Wirkungsquantum beträgt, denn das stand letztlich hinter den Werten $\pm\frac{1}{2}$, $\pm\frac{3}{2}$, $\pm\frac{5}{2}$ usw. für die neue Quantenzahl. Das wirkte doch alles sehr weit hergeholt und diente ja nur dazu, eine Formel für ein Spektrum zu finden. Verstanden hatte man damit eigentlich nichts.

Und doch war man auch mit dieser vierten Quantenzahl auf der richtigen Fährte. Im Jahr 1925 haben die holländischen Physiker Uhlenbeck und Goudsmit diese Rotation des Elektrons tatsächlich experimentell bestätigt. Und sie stellten auch fest, dass mit diesem „Spin" ein Drehimpuls von genau einem halben Wirkungsquantum einhergeht.

So war man nun 1925 bei vier Quantenzahlen für die Charakterisierung des Zustands eines Elektrons in einem Atom angekommen: Drei beschreiben die Form und die Lage der Bahn, die vierte die „Stellung des Spins", d. h. die Richtung der Drehachse des Elektrons. Bei einem Atom mit einem Elektron

kann man so leicht auf den Zustand des ganzen Atoms schließen, bei einem Atom mit mehreren Elektronen werden die
Eigenschaften des gesamten Atoms von den Quantenzahlen
aller einzelnen Elektronen abhängen.

Das Bohr-Sommerfeldsche Atommodell, diese Vorstellung
von speziellen Bahnen der Elektronen eines Atoms um seinen
Kern, die stabil sind, obwohl die Gesetze der klassischen Elektrodynamik etwas anderes sagen, gilt heute mit Recht als ein
Meilenstein auf dem Weg zu einer „wirklichen" Theorie für
den Aufbau eines Atoms. Es ist die letzte Station auf diesem
Weg, in der man noch unbefangen mit klassischen, anschaulichen Begriffen wie Elektronenbahnen argumentiert. Bald
sollte man merken, dass solche Begriffe nicht mehr ausreichen, um die Natur in atomaren Dimensionen zu verstehen.
Und lange sollte es noch dauern, bis man auch das akzeptierte
und verstand.

## Das Pauli-Prinzip

Das Bohrsche Atommodell war unter den Händen Sommer-
felds zu einer detaillierten Vorstellung über ein Atom ausgebaut worden. Einerseits war es leicht, sich die möglichen
Bahnen der Elektronen vorzustellen: Es waren eben wie bei
den Planeten Ellipsen verschiedener Größe, Form und Lage,
außerdem konnte das Elektron sich noch um sich selbst drehen, besaß also einen Spin. Dass aber alle diese Bestimmungs-
stücke für ein Elektron in einem Atom dabei gequantelt sind,
d. h. dass es nur ganz bestimmte Größen, Formen, Lagen
wie auch Eigendrehungen geben sollte, das musste man zunächst einfach hinnehmen. Man konnte es nicht verstehen,
d. h. man konnte es nicht aus physikalischen Grundgesetzen

der Klassischen Mechanik und Elektrodynamik ableiten. Es fehlte, leider, das geistige Band. Man hoffte, eine zukünftige Theorie würde dieses irgendwann liefern und diese Theorie musste weit über die Klassische Mechanik hinausgehen.

Die Suggestionskraft dieses Bildes von den Elektronen, die einen Atomkern umkreisen, war aber sehr groß; auch heute taucht es überall als Logo oder Symbol auf, wo man auf ein Atom oder auf radioaktive Strahlung hinweisen will. In der Tat stellen sich die meisten Physiker auch heute noch, zunächst jedenfalls, ein Atom immer auf diese Weise vor, auch wenn man inzwischen weiß, dass dieses Bild so nicht ganz stimmt.

Dass das Bohr-Sommerfeldsche Bild von einem Atom nur ein vorläufiges Modell sein konnte, sah man auch daran, dass man die Übereinstimmung mit den experimentellen Daten nur für einfache Atome, eigentlich nur für das Wasserstoff-Atom zeigen konnte. Bald wurde klar, dass, wie Heisenberg es in seiner berühmten Arbeit von 1925 (Heisenberg 1925) formulierte, „die Reaktion der Atome auf periodische wechselnde Felder sicherlich nicht durch die genannten Regeln beschrieben werden kann und dass schließlich eine Ausdehnung der Quantenregeln auf die Behandlung der Atome mit mehreren Elektron sich als unmöglich erwiesen hat".

Bevor aber dieses Modell ganz in die Krise geriet und schließlich im Rahmen der ersehnten Theorie in einem ganz anderen Lichte erscheinen konnte, gab es noch zwei wesentliche Entdeckungen, die das Modell weiterhin zu stützen schienen, aber eigentlich weit darüber hinaus deuteten und in ihrer Tragweite für unser Verständnis der Natur erst später besser verstanden wurden.

Diese Entdeckungen waren theoretischer Art und waren eigentlich weitere ad hoc Annahmen. Wie das mit solchen

Annahmen ist: Die Fruchtbarkeit solcher Annahmen zeigt sich
in ihrer Erklärungskraft, und je größer diese ist, umso wahrscheinlicher ist es, dass man damit eine Eigenschaft der Natur
trifft, auch wenn man dies noch nicht begründen kann.

Die erste dieser Entdeckungen stammte von Wolfgang
Pauli und sollte zu einem endgültigen Verständnis des periodischen Systems der Elemente, d. h. der verschiedenen Atome,
führen. Man hatte ja schon lange eine Ordnung in der Menge
der verschiedenen, inzwischen bekannten Elemente gesucht,
man hatte entdeckt, dass es Gruppen von Elementen mit ähnlichen chemischen Eigenschaften gibt, wie etwa die Alkalimetalle oder Halogene. Zur ersten Gruppe gehören z. B. Natrium
und Kalium, zur zweiten Chlor und Brom. Schon 1869 hatte
der russische Chemiker Mendelejew und unabhängig von ihm
der Deutsche Lothar Meier eine charakteristische Periodizität
der chemischen Eigenschaften gesehen, wenn man die Elemente nach ihrem Atomgewicht sortierte. Mendelew hatte
damals schon in einem solchen Muster Lücken entdeckt und
geschlossen, dass es dort noch neue Elemente zu entdecken
gilt. Diese periodischen Muster in den chemischen Eigenschaften mussten ihren Grund in dem Aufbau der Atome haben
und auch Bohr hatte sich deshalb intensiv damit beschäftigt.
Nun, da die möglichen Bahnen der Elektronen bekannt waren, müsste man herausfinden, auf welchen Bahnen sich bei
einem bestimmten Element nun wirklich wie viele Elektronen
befinden, und das musste irgendwie den Aufbau eines Atoms
bestimmen. Man versuchte natürlich zunächst wieder, das aus
den Spektren abzulesen, aber das erwies sich als sehr schwierig
und wenig zwingend. Bis schließlich Anfang 1925 Pauli das
Problem mit einem Schlag löste. Er entdeckte, dass mit einer
simplen Annahme sich ein klares Konzept für den Aufbau der
Elektronenhülle eines Atoms ergibt. Diese Annahme war: Jede
der möglichen Elektronenbahnen kann nur von höchstens

zwei Elektronen besetzt sein, und wenn das so ist, müssen diese bezüglich ihres Spins noch verschieden sein. Es gibt also in einem Atom nicht zwei Elektronen, die bezüglich ihrer Bahneigenschaften und der Art der Eigendrehung d. h. bezüglich ihrer vier Quantenzahlen gleich sind. Jede Kombination von Quantenzahlen kann also nur höchstens einfach besetzt sein. Diese Annahme hat sich als äußerst fruchtbar erwiesen. Später erkannte man, dass sie aus einem sehr allgemeinen Prinzip, das man dann Pauli-Prinzip nannte, folgt, und mit diesem Prinzip hat man noch viele Eigenschaften von Festkörpern und sogar auch von Sternen erklären können.

Für den Aufbau der Elektronenhülle bedeutet die Annahme konkret, dass bei einem Atom mit z. B. drei Elektronen diese nicht alle auf der Bahn niedrigster Energie mit $n = 1$ den Kern umkreisen können. Es gibt ja nur eine solche Bahn und diese kann nur zwei Elektronen, mit entgegengesetzter Eigendrehung, fassen. Das dritte Elektron muss also auf einer Bahn höherer Energie den Kern umlaufen. Im „Grundzustand" des Atoms, d. h. im Zustand niedrigster Energie ist das eine der Bahnen mit $n = 2$.

Natürlich könnte das dritte Elektron, ja, es könnten sogar alle drei Elektronen auf irgendwelchen anderen Bahnen höherer Energie und Quantenzahlen den Kern umkreisen. Das Atom wäre dann in einem „angeregten" Zustand. Die Elektronen können aber durch Abgabe von Energie in Form elektromagnetischer Strahlung auf Bahnen niedrigerer Energie springen. Im Grundzustand des Atoms ist kein Sprung eines Elektrons auf eine Bahn niedrigerer Energie mehr möglich, weil diese schon alle besetzt sind. Der Grundzustand ist der normale Zustand eines Atoms, es sei denn, es würde durch elektromagnetische Strahlung genügend hoher Energie ständig angeregt.

Bei einem Atom mit drei Elektronen befinden sich im Grundzustand somit zwei Elektronen auf der Bahn mit

$n = 1$ und ein Elektron auf einer Bahn mit $n = 2$. Wenn man die Bahnen mit fester Hauptquantenzahl $n$ zu dem Begriff „Schalen" zusammenfasst, würde man sagen, dass bei einem solchen Atom, das übrigens Lithium genannt wird, im Grundzustand die erste Schale besetzt ist während die zweite gerade ein Elektron enthält.

Geht man zu Atomen mit mehr Elektronen über, so werden diese weiteren auch zunächst auf Bahnen mit $n = 2$ den Kern umkreisen, bis diese Schale „voll" ist. Das passiert beim Neon, einem Atom mit $2 + 8 = 10$ Elektronen, denn die zweite Schale kann ja nur acht Elektronen fassen. Beim nächsten Atom, beim Natrium mit elf Elektronen, muss dann im Grundzustand ein Elektron auf der Bahn mit $n = 3$ den Kern umlaufen. Alle anderen zehn werden auf Bahnen mit $n = 1$ bzw. $n = 2$ den Kern umkreisen.

So kann man sukzessive das chemische Element mit der nächst höheren Elektronenzahl betrachten und sich klarmachen, auf welcher der möglichen Bahnen das neue Elektron sich im Grundzustand befinden muss. Es gibt dabei zwar einige Unregelmäßigkeiten, weil es manchmal energetisch günstiger ist, dass man schon eine neue Schale zu besetzen anfängt, bevor man die vorherige ganz gefüllt hat. Aber das soll uns hier nicht beschäftigen. Wichtiger ist, dass man jetzt versteht, warum manche Elemente chemisch so ähnlich reagieren. Die Edelgase He, Neon, Argon z. B. zeichnen sich dadurch aus, dass ihre Schalen alle voll besetzt sind, die Alkalimetalle wie Natrium und Kalium, dass sie gerade ein Elektron auf der äußersten besetzten Schale besitzen, die Halogene wie Chlor und Brom, dass ihnen gerade ein Elektron für die Vollbesetzung der Schale fehlt. Die chemischen Eigenschaften erklärt sich aus der Elektronenkonfiguration, insbesondere aus der Besetzung der äußeren Schalen.

Die zweite, sehr einflussreiche Behauptung stellte ein junger Doktorand namens Louis de Broglie auf. Er stammte aus einer alten französischen Adelsfamilie, die schon Minister, Gesandte und auch Physiker hervorgebracht hatte. Durch seinen Bruder wurde das Interesse für Physik bei ihm geweckt, in dessen Privatlabor arbeitete er insbesondere an dem Fotoeffekt und so begann er sich für die von Einstein postulierte Quantennatur des Lichtes zu interessieren. Ihn störte, dass die Energie $E$ des von Einstein einführten Lichtteilchens von einer Frequenz $v$ abhängt, es gilt ja $E = h\,v$. Dabei enthält doch eine reine Teilchentheorie zunächst nichts, was einer Frequenz entspräche. Nun machte Louis de Broglie aus seiner Not eine Tugend: Wenn ein Lichtteilchen ein so allgemeines Objekt ist, dass ihm neben dem Teilchencharakter auch eine Frequenz zukommt, sollte dann nicht Ähnliches auch für Elektronen gelten? Sollte man diesen nicht auch eine Frequenz zuordnen können? Mit den Quantenzahlen kommen für die Elektronen im Atom ja auch ganze Zahlen wie beim Phänomen der Interferenz des Lichts ins Spiel.

Das war eine kühne Idee, und er konkretisierte diese auch gleich, indem er für die Frequenz $v$ eines Elektrons eine Formel herleitete. Dazu brauchte er nur die Gleichung zwischen Energie $E$ und Impuls $p$ eines Lichtteilchens $E = p\,c$, die er aus der Relativitätstheorie kannte, nutzen, um die Beziehung $E = h\,v$ in $p\,c = h\,v$ umzuschreiben. Eine solche Beziehung zwischen Impuls und Frequenz postulierte er nun für Elektronen, nur dass jetzt der Impuls auf andere Weise mit der Energie zusammenhängt, nämlich in der in der Klassischen Mechanik üblichen Weise.

Lichtteilchen und Elektronen werden so als verschiedene Ausprägungen von allgemeinen Objekten, von Quanten, gesehen. Aus irgendeinem Grunde sehen wir bei den Phänomenen der Interferenz und Beugung eher den Wellen-charakter der Lichtteilchen, bei der Lichterzeugung durch Kathodenstrahlen, die Einstein studierte, den Teilchencharakter. Bei den Elektronen kannte man bisher nur Phänomene, die den Teilchencharakter zeigten. Aber müsste man dann nicht auch Experimente finden, bei denen die nach de Broglie berechnete Frequenz des Elektrons zum Vorschein kommt? Gibt es Beugungseffekte mit Elektronen, also „Elektronen-wellen"?

In der Tat, die ersten Experimente, bei denen dieser Effekt eindeutig und überzeugend herausgekitzelt wurde, waren die von Davisson und Germer im Jahre 1927, aber schon in den Jahren 1921–1923 muss man solche Phänomene beim Durchgang von Elektronenstrahlen durch einen Spalt gesehen haben, hatte diese aber nicht als solche erkannt.

Diese Idee, dass sich nun auch Elektronen wie Lichtteilchen als verschiedene Ausprägungen eines Quants verstehen lassen, entspricht natürlich ganz unserer Vorstellung von einer Einheit der Natur. Unterstützt wird diese noch von einer anderen Beobachtung, die de Broglie machte. Er kannte die Optik als Teil der Elektrodynamik sehr gut, und wusste, wie man die Interferenz und Beugung von Licht im Rahmen der Theorie elektrodynamischer Wellen erklären kann. Er kannte aber auch das, was wir heute die Strahl-Näherung nennen. Bei bestimmten Phänomenen, bei denen Beugung und Interferenz keine Rolle spielen, kann man den Wellencharakter des Lichtes ignorieren und nur mit Lichtstrahlen argumentieren, ja, man kann das alte Newtonsche Bild von Lichtkorpuskeln nutzen, die Lichtstrahlen stellen dann deren Flugbahnen dar. Beim Strahlengang einer Linse, einer Brille oder in einem Fernrohr, und überhaupt im Alltag macht man das so – geometrische Optik nennt man das Gebiet.

Obwohl also das Licht zunächst „eigentlich" aus Wellen besteht, kann man es in vielen Fällen als ein Teilchenstrom betrachten, wobei hier die Teilchen wirklich als klassische Teilchen verstanden werden. Und man kann diesen Übergang von der einen Betrachtungsweise in die andere im Rahmen der Theorie nachvollziehen, d. h. man vernachlässigt in den Gleichungen gewisse Terme, die in dem betrachteten Zusammenhang sehr klein werden. Die verbleibenden Gleichungen lassen sich dann mit der Teilchenvorstellung schlüssig·interpretieren. Man sieht also hier, dass die Gleichungen, die die Theorie begründen, die Leitung über unsere Vorstellungen übernehmen.

Nun kann man mit de Broglie fragen: Könnte nicht auch die Klassische Mechanik, in der es auch um Flugbahnen von klassischen Teilchen geht, nur so etwas wie die geometrische Optik, also eine Art „geometrische Mechanik" sein? Wird sie sich vielleicht später einmal als so etwas wie eine Strahl-Näherung einer allgemeinen Wellentheorie entpuppen? Dann wäre es doch nicht verwunderlich, wenn ein Elektron dadurch, dass man auch ihm eine Frequenz zuordnen kann, irgendwie verriete, dass es auch „eigentlich" durch eine Wellentheorie beschrieben werden sollte. Konkretisieren konnte de Broglie diese fantastische Idee nicht, aber hier setzte der österreichische Physiker Schrödinger an, und das wird uns noch sehr beschäftigen.

Die Impuls-Frequenz-Beziehung für ein Elektron warf aber auch ein neues Licht auf die Bedingung, die Nils Bohr in seinem Atommodell für die Stabilität der Elektronenbahnen aufgestellt hatte. Stellte man nämlich diese Beziehung von de Broglie in Rechnung, so bedeutet die Bohrsche Bedingung für die Stabilität von Elektronenbahnen, dass die Wellenlänge eines Elektrons, die man aus seiner Frequenz ja schnell bestimmen kann, mit dem Umfang der Bahn in einer ganz bestimmten Beziehung stehen muss. Umfang der Bahn und Wellenlänge müssen zueinander passen, d. h. der Umfang der Bahn kann nur eine ganze Anzahl von Wellenlängen lang sein. So war zwar beides merkwürdig und unverstanden, die Bohrsche Bedingung wie die de-Broglie-Beziehung, aber es passte zusammen.

## Die Geburt der Quantenmechanik

So gab es immer mehr Annahmen und Ideen, die überraschend erfolgreich waren bzw. auf tiefere Zusammenhänge hinzuweisen schienen. Jeder neue Aspekt ließ die Formulierung einer ganz neuen Theorie für die Eigenschaften der Atome notwendiger erscheinen. Es wurde immer deutlicher, dass man mit der Klassischen Mechanik und Elektrodynamik die Prozesse auf atomarer Ebene nicht beschreiben konnte. Die Quantisierung der Energie bei den Lichtteilchen, bei den Planckschen Oszillatoren und schließlich bei den Atomen in Form der Energiestufen, das zeigte alles in eine Richtung, und in der neuen Theorie müsste diese Quantelung einen bedeutsamen Aspekt darstellen.

Einen ganz radikalen Ansatz für eine solche Theorie wagte im Jahr 1925 Werner Heisenberg. Er war Assistent bei Sommerfeld gewesen und nach seiner Promotion im Jahre 1923 zu Max Born nach Göttingen gegangen. Er misstraute dem so anschaulichen Bild von den Bahnen der Elektronen im Atom. Diese seien doch prinzipiell unbeobachtbar und man müsse eine Theorie aufbauen, in welcher nur Beziehungen zwischen experimentell messbaren Größen vorkommen. Das waren eben nur die Schwingungsfrequenzen und die zugehörigen Amplituden, wie man sie aus den Spektren ablesen kann.

Das war ganz im Sinne der philosophischen Schule um Ernst Mach, und auch Albert Einstein hatte bei der Begründung seiner Speziellen Relativitätstheorie sich von solchen Gedanken leiten lassen. Er hatte die Vorstellung von einer absoluten Zeit, einer Weltzeit sozusagen, verworfen, da man diese prinzipiell nicht messen kann. So kam es zu der Situation, die immer wieder zitiert wird: Als Heisenberg in einem Vortrag seinen Ausgangspunkt, in einer Theorie nur beobachtbare Größen aufzunehmen, besonders deutlich formulierte, Einstein ihn aber deswegen heftig kritisierte, erwiderte Heisenberg: „Ich dachte, dass gerade Sie diesen Gedanken zur Grundlage Ihrer Relativitätstheorie gemacht hätten." Worauf Einstein die denkwürdige Aussage machte: „Vielleicht habe ich diese Art von Philosophie benützt, aber sie ist trotzdem Unsinn. Oder ich kann vorsichtiger sagen, es mag von heuristischem Wert sein, sich daran zu erinnern, was man wirklich beobachtet. Aber vom prinzipiellen Standpunkt aus ist es ganz falsch, eine Theorie nur auf beobachtbare Größen gründen zu wollen. Denn es ist ja in Wirklichkeit genau umgekehrt. Erst die Theorie entscheidet, was man beobachten kann." (Heisenberg 1969). In der Tat, für einen, der die Gesetze der Physik nicht kennt, sind experimentelle Resultate nur eine Ansammlung von Zahlen, er kann keinerlei Information daraus entnehmen. Erst mit den Augen eines Physikers und mit dem Wissen über die Fragestellung des Experimentes kann er die Resultate deuten. Dabei kann es passieren, dass er manches eben doch nicht sieht, weil er noch keine „Theorie", kein Sensorium dafür hat. So hatte z. B. Ampère nicht bemerkt, dass ein zeitlich veränderliches Magnetfeld einen elektrischen Strom erzeugt, obwohl dieses in seinen Experimenten unzählige Male passiert ist.

Es wäre nun vermessen, wollte man versuchen, hier den Ansatz von Heisenberg zu erklären. Interessant ist, dass er dabei mathematische Größen einführen musste, die für ihn ganz neu waren, in der Mathematik aber schon wohl bekannt waren, und die heute jeder Physikstudent spätestens im ersten Semester lernt. Es sind dies die Matrizen, sozusagen verallgemeinerte Zahlen. Heisenberg entwickelte mühsam die Regeln für die Multiplikation solcher Matrizen und war überrascht, dass es bei einer solchen Rechenoperation auf die Reihenfolge ankommt. Für Zahlen gilt ja z. B. $2 \times 3 = 3 \times 2$, aber für zwei Matrizen A und B gilt eben nicht im Allgemeinen $A \times B = B \times A$, man spricht hier von der Nichtvertauschbarkeit der Faktoren. Heisenbergs Mentor Max Born und einer seiner Schüler, Pascual Jordan, erkannten sofort die neuen Heisenbergschen Größen als Matrizen, nachdem ihnen Heisenberg von seiner Arbeit erzählt hatten, und in kurzer Zeit entwickelten sie gemeinsam eine Theorie, in der alle Größen, die man aus der klassischen Mechanik kennt wie Orte, Impulse und Energien, zu Matrizen wurden, wobei die Zahlen, die in diesen Matrizen auftauchten, die Matrixelemente also, mit prinzipiell beobachtbaren Größen korrespondierten. Die Beziehung zwischen diesen Matrizen spiegelten die Gesetze der Mechanik wider, deshalb wurde diese erste Form der Quantenmechanik auch als Matrizenmechanik bezeichnet. Die Anwendung dieser Theorie auf einfache Probleme lieferte korrekte Resultate und Pauli konnte so gar mit dieser Theorie die Bohrschen Resultate für das Wasserstoff-Atom reproduzieren.

Diese Rechnungen waren allerdings äußerst mühsam und nicht immer durchsichtig, so blieben viele Physiker zunächst noch sehr reserviert bei der Aufnahme dieser Ideen. Aber ein noch völlig unbekannter englischer Mathematiker, Paul Dirac, wurde bei einem Besuch Heisenbergs in Cambridge von dessen Ideen sehr angeregt, insbesondere merkte er bei der Nichtvertauschbarkeit der Faktoren auf. Er erinnerte sich, dass er so etwas Ähnliches in der Klassischen Mechanik für eine andere mathematische Operation, bei der so genannten Poisson-Klammer, gesehen hatte. Er entdeckte, dass man die klassischen Gleichungen der Mechanik, in einer speziellen, von Hamilton entwickelten Form, nur in der Weise zu verallgemeinern hat, dass man statt der üblichen Größen entsprechende Matrizen einführt. So erschien die neue Mechanik noch deutlicher als Erweiterung der Klassischen Mechanik – ein starkes Indiz dafür, dass man mit ihr auf dem rechten Wege war.

Aber es gab noch einen anderen Physiker, der sich anschickte, eine neue Theorie für die atomaren Prozesse zu entwickeln. Erwin Schrödinger, 1887 in Wien geboren, war 14 Jahre älter als Heisenberg und Pauli, hatte schon einige Arbeiten veröffentlicht und 1921 einen Lehrstuhl für Theoretische Physik in Zürich erhalten. Er hatte sich viel mit mathematischen Gleichungen im Zusammenhang mit Wellen beschäftigt. So fielen bei ihm die Ideen von Louis de Broglie auf fruchtbaren Boden. Er war überzeugt, dass Elektronen „eigentlich" Wellen mit einer Frequenz sind, die mit dem Impuls der Elektronen über die de Broglie-Beziehung zusammenhängt. Nur erscheint für uns der Teilchencharakter aus irgendeinem Grund im Vordergrund zu stehen. Als er diese Vorstellung einmal sehr engagiert in Zürich vortrug, wurde er von einem Zuhörer gefragt, wo denn seine Wellengleichung sei. Das muss für ihn wohl der letzte Anstoß für eine Suche nach einer solchen gewesen sein. Nach einigen Versuchen, die zu nichts führten, gelang ihm schließlich im Januar 1926 der Durchbruch: Er fand eine Gleichung, in der die anziehende elektrostatische Kraft zwischen dem Atomkern und einem Elektron auftrat, die aber tatsächlich vom Typus einer Wellengleichung war und aus der er die Bohrschen Energieniveaus ausrechnen konnte. Die stabilen Energieniveaus ergaben sich dadurch, dass man nur bestimmte Lösungen als in der Natur realisierbar zuließ, und zwar aus sehr plausiblen Gründen. Man kannte solch ein systematisches „Herauspicken" von Lösungen aus einer großen Schar aus den Berechnungen der Eigenfrequenzen einer schwingenden Saite. Auch hier führt eine Randbedingung, dass nämlich die Saite dort, wo sie eingespannt ist, nicht schwingen kann, zu der Tatsache, dass die Saite nur mit ganz bestimmten „eigenen" Frequenzen, einer Grundfrequenz und deren Obertönen, schwingen kann. Zudem hatten die Mathematiker diese Technik der Berechnung von Eigenfrequenzen, allgemeiner Eigenwerte, gerade sehr verfeinert und zwei bedeutende Mathematiker dieser Zeit, David Hilbert und Richard Courant, hatten diese Methoden gerade in einer großen Monografie *Mathematische Methoden der Physik* ausführlich dargelegt.

Dieser Ansatz für eine neue Theorie der Quantenphänomene machte gleich großen Eindruck, die Resonanz bei den Physikern war unvergleichlich viel stärker als bei der Heisenbergschen Matrizenmechanik. Zwar war auch hier noch vieles unklar, z. B. was war denn nun wirklich die Bedeutung der Funktion, die der Wellengleichung genügen soll? Schrödinger nannte sie $\psi(r)$, und so wird sie auch heute noch in aller Welt genannt. Sie beschrieb eine Welle, aber was schwingt dort wirklich? Der mathematische Apparat, den man benutzen musste, die Theorie der partiellen Differenzialgleichungen, kannte man aus der Elektrodynamik und die Schrödingersche Gleichung, die dann bald nur noch Schrödinger-Gleichung hieß, war vom gleichen Schlage wie die Maxwell-Gleichungen, die ja der Ausgangspunkt der gesamten Elektrodynamik sind. Man konnte sich also gut vorstellen, dass die Schrödingersche Gleichung auch zur Grundgleichung einer Theorie, der Theorie der Quantenphänomene, avancieren könnte.

Nun hatte man also zwei Ansätze, zwei Rechenverfahren, mit denen man das Bohrsche Spektrum der Energiestufen eines Wasserstoff-Atoms bestimmen konnte. Mathematisch schienen sie grundverschieden zu sein, und sie wiesen jeweils auf einen ganz anderen konzeptionellen Hintergrund hin. Es gab bei jedem Physiker starke Vorlieben für die eine oder andere Form der neuen Theorie, aber ehe die Diskussion darüber so richtig aufflammte, konnte Schrödinger zeigen, dass beide Ansätze doch mathematisch äquivalent sind. Bei einem gegebenen Problem konnte man aus der Schrödingerschen Gleichung die Gleichungen für die Heisenbergschen Matrizen ableiten. Umgekehrt konnte man aus den Heisenbergschen Gleichungen für die Matrizen die Schrödingersche Gleichung ableiten. Ein großer Streit über die „richtige" Theorie erübrigte sich also, dafür entstand eine umso heftigere Diskussion um die Interpretation, insbesondere um die Bedeutung der Wellenfunktion $\psi(r)$.

Für Schrödinger und viele andere lag es zunächst nahe, dass diese Funktion, genauer ihr Absolutquadrat $|\psi(r)|^2$ eine Materieverteilung beschreibt, dass das Elektron also wirklich so etwas ist wie ein Materie- oder Energieknubbel, von denen ich schon im ersten Brief gesprochen hatte oder wie eine kleine Ladungswolke. Offensichtlich schienen die Vorstellungen der Klassischen Physik doch nicht so „weltfremd" in diesem für menschliche Dimensionen so weit entferntem Gebiet der atomaren Phänomene zu sein.

Diese Meinung stieß aber beim Heisenberg-Lager, vor allem bei Bohr und bei Heisenberg selbst, auf große Ablehnung. Es ranken sich viele Geschichten um die Diskussion von Schrödinger und Bohr über diesen Punkt, hier sollen sie nicht wiederholt werden, jede Gemeinschaft hat ihren Fundus von Geschichten, den sie sich immer wieder erzählt. So, wie

man früher am Lagerfeuer die Taten der Vorfahren memorier-
te, gibt es auch viele Geschichten aus der Zeit der Entstehung
der Quantenmechanik, die sich Physiker immer wieder beim
Tee oder beim Kaffee erzählen und an die nächste Generation
weiter geben. Heute kann man sie zuhauf im Internet finden.

Die Diskussion nahm eine überraschende Wendung, als
Max Born zusammen mit dem jungen Mathematiker Nor-
bert Wiener, der später als Begründer der Kybernetik bekannt
wurde, eine ganz andere Interpretation der Wellenfunktion
$\psi(r)$ vorschlug: Das Quadrat des Absolutbetrags, $|\psi(r)|^2$, hat
nichts mit einer Verteilung von Ladung oder Materie zu tun,
es ist eine Wahrscheinlichkeitsdichte, ein Maß für die Wahrscheinlichkeit, dass sich das Elektron am Ort $r$ befindet. Zu
dieser Hypothese geleitet worden waren Born und Wiener
durch eine Arbeit Einsteins, der, um seine Vorstellung von
Lichtquanten plausibel zu machen, das Quadrat des elektromagnetischen Feldes als Wahrscheinlichkeitsdichte für das
Auftreten des Photons ausgelegt hatte (Born 1954).

Damit war aber nun eine ganz neue Situation entstanden, die
Entfernung zur Klassischen Physik wurde plötzlich riesengroß.
Zwar hatte man mit Wahrscheinlichkeitsmaßen in der Physik
seit langem zu tun, in der Statistischen Mechanik hatte man
ja mit großem Erfolg Methoden entwickelt, die Beziehungen
zwischen z. B. dem Druck, der Temperatur und dem Volumen
eines Gases aus dem Gesetz für die Kräfte zwischen den Teilchen des Gases zu erklären. Dabei waren die grundlegenden
Größen auch Wahrscheinlichkeitsdichten für das Auftreten
von Teilchen in einem Volumen, aber alle diese Wahrscheinlichkeitsgrößen waren nur aus Mangel an Information eingeführt worden. Und es zeigte sich bei solchen Systemen wie
bei den aus sehr vielen Atomen oder Molekülen zusammen-
gesetzten Gasen, dass man mit diesem Mangel „leben" kann,

man benötigt nicht die Kenntnis der Orte und Impulse aller Teilchen zu jeder Zeit. Die makroskopisch messbaren Größen wie Druck, Temperatur oder Energie eines Gases ergeben sich im statistischen Mittel, direkt oder indirekt.

Was sollte der Grund für die Einführung von Wahrscheinlichkeitsgrößen in der neuen Theorie für die Elektronen in einem Atom sein, für die Wellenmechanik bzw. Quantenmechanik? Mangel an Information? Wo würde diese denn schließlich zu entdecken sein?

Natürlich rieben sich viele Physiker an diesem Gedanken, und manche hielten diese Entwicklung für einen Irrweg. In diesem Zusammenhang wird immer wieder der Ausspruch von Einstein zitiert: „Gott würfelt nicht." Damit griff er in eine Diskussion ein, die bald heftig aufgebrandet war und bis heute nicht ganz beendet ist. Ist die Welt im Grunde wirklich deterministisch? Müssen wir nicht Zufall und Denken in Wahrscheinlichkeiten nur bei einem Mangel an Information einführen? Woher käme denn solch ein Mangel?

Man sollte sehen, dass die neue Theorie noch weitere solcher tiefen Probleme aufwarf. Die heile Welt der klassischen, anschaulichen Physik war endgültig zerbrochen.

## Die Unbestimmtheitsrelation

Die neue Theorie war wirklich ganz anders, formal wie konzeptionell. Aber sie stellte damals das einzige Verfahren dar, das die Beobachtungen atomarer Prozesse erklären und vorhersagen konnte. Alle Versuche, die Strahlung, die von den Atomen ausging, durch die klassische Physik, also durch Mechanik, Elektrodynamik und Thermodynamik zu erklären, waren gescheitert. Vom Standpunkt der neuen Theorie, der

Quantenmechanik, war es sogar evident, dass alle solche Versuche scheitern mussten: Die Klassische Physik ist eine Physik, in der das Plancksche Wirkungsquantum $h$ nicht vorkommt, sie beschreibt sozusagen eine Welt, in der diese fundamentale Konstante den Wert Null hat, und deshalb ist sie blind für alle Prozesse auf atomarer Ebene.

Es ist im Nachhinein erstaunlich, wie eine Theorie, die so fremdartig und mathematisch so andersartig ist als alles, was man bisher kannte, alleine auf der Basis von Beobachtungen und Experimenten geradezu erzwungen worden ist.

Alle anschaulichen und direkt messbaren Größen der Mechanik, wie „Ort", „Impuls" oder Energie eines Teilchens, wurden in der neuen Theorie durch mathematische Operatoren dargestellt. Diese „operieren" auf der Wellenfunktion $\psi(r)$, das heißt, sie führen eine mathematische Operation auf ihr aus. Das kann eine simple Multiplikation sein, wie z. B. unter bestimmten Umständen beim „Orts-Operator", aber auch eine Differenziation sein wie z. B. beim „Impuls-Operator". Diese Operatoren bewahren jeweils den Rest der Bedeutung der Begriffe Ort bzw. Impuls. Mithilfe dieser kann man z. B. das, was man in Bezug auf eine Lokalisation im Raume bei einem Elektron im Atom messen kann, ausrechnen. Ebenso wird die Energie in der neuen Theorie durch einen Operator dargestellt, in Analogie zur Klassischen Mechanik lässt er sich aus den Orts- und Impulsoperator zusammensetzen.

Die Folge dieser Verallgemeinerung war verblüffend, zunächst schien es nur eine formale mathematische Angelegenheit zu sein: Übt man zwei Operationen nacheinander aus, dann hängt das Ergebnis davon ab, in welcher Reihenfolge die Operatoren auf die Wellenfunktion angewandt werden. Wendet man also z. B. erst die Operationen „Multiplikation mit $r$" und dann die Operation „Differenziation" an, dann

ergibt sich etwas anderes als wenn man erst die „Differenziation" und dann die „Multiplikation mit *r*" ausgeübt hätte.
Die Reihenfolge der Operationen kann man in der Regel also
nicht vertauschen, für zwei Operatoren A und B gilt nicht
A × B = B × A, so wie 2 × 3 = 3 × 2 ist. Das entspricht genau dem, was Heisenberg bei seinen Matrizen entdeckt hatte,
diese kann man auch als Operatoren auffassen.

Den Unterschied im Ergebnis kann man durch den so genannten Kommutator A × B − B × A angeben, und natürlich enthielt der Ausdruck für diesen Kommutator wieder das
Plancksche Wirkungsquantum. Das sollte aus Konsistenzgründen auch so sein, denn für den Fall, dass das Wirkungsquantum den Wert Null hat, sollte das Ergebnis wieder mit
der Klassischen Physik vereinbar sein, der Kommutator also
verschwinden, die Operatoren wieder vertauschbar sein.

Diese Nichtvertauschbarkeit der Operatoren war aber
nicht nur eine zunächst kurios erscheinende mathematische
Angelegenheit, sie führte auch zu einem ganz tiefgreifenden
Wandel in unserem Verständnis der Natur. Aus der Gleichung
für den Kommutator ließ sich nämlich eine Gleichung für beobachtbare Größen ableiten, die auch etwas Prinzipielles über
die Beobachtbarkeit der Natur auf atomarer Ebene aussagt.
Diese Gleichung heißt heute „Unschärferelation", oft auch
Unbestimmtheitsrelation, im englischen *uncertainty-relation*.
Man hat in der Frage nach dem richtigen Namen für diese Relation lange zwischen verschiedenen Alternativen geschwankt,
denn man musste die Bedeutung dieser Gleichung erst verstehen lernen.

Um zu verstehen, was in der Quantenmechanik mit dem Begriff Unschärfe gemeint ist, muss man etwas ausholen, indem
man sich zunächst erst einmal vor Augen führt, wie man ein
Messresultat angibt. Eine Messung kann z. B. systematisch fal

sche Werte liefern. Das wollen wir hier ausschließen, aber auch dann ist eine Messung nie ganz genau. In der Praxis heißt das, dass man immer wieder ein etwas anderes Resultat bekommt, wenn man eine Messung mehrere Male wiederholt und genau hinschaut. Das liegt an vielen unkontrollierten Einflüssen auf das Messgerät, z. B. Temperaturschwankungen und Ähnlichem. Im Messresultat darf man das Maß dieser Streuung der Messwerte natürlich nicht unterschlagen, denn es ist ja auch ein Maß für die Genauigkeit der Messung und dafür, wie ernst man diese zu nehmen hat. Man berechnet deshalb aus den Daten einen Mittelwert, aber auch ein Maß für die Streuung der Messwerte um diesen Mittelwert, die „Varianz". Als Resultat der Messung gibt man dann immer neben dem Mittelwert auch die Varianz an, bzw. ein so genanntes Vertrauensintervall, das man aus der Varianz berechnen kann. In einer grafischen Darstellung des Messergebnisses wird dieses Intervall als Fehlerbalken eingezeichnet, und je größer dieser ist, umso ungenauer und weniger brauchbar ist das Messergebnis.

Man kann sich also vorstellen, dass es einen wahren Wert für die zu messende Größe gibt, dass eine einmalige Messung aber immer einen Wert liefert, der irgendwie daneben liegt. Die Differenz zwischen dem momentanen Messwert und dem wahren Wert bezeichnet man als Messfehler. Da man den wahren Wert nicht kennt, weiß man natürlich auch nicht, wie groß bei einer Messung der Messfehler ist. Gerade deswegen muss man ja eine Messung häufiger wiederholen, in der Hoffnung, dass sich die Messfehler herausmitteln und der Mittelwert eben dem wahren Wert so nah wie möglich kommt.

Wenn man diese Vorstellung mit den Begriffen der Mathematischen Statistik präzisiert, so erkennt man, dass in dem oben erwähnten Vertrauensintervall, das man aus den wiederholten Messungen berechnen kann, der wahre Wert der Messgröße mit einer bestimmten Wahrscheinlichkeit liegen muss. Will man von einer Übereinstimmung mit den Aussagen einer Theorie reden, so muss in diesem Intervall mit der gleichen Wahrscheinlichkeit auch der theoretische, vorhergesagte Wert liegen. An diese „statistische Unschärfe" eines Messresultats wird natürlich selten gedacht, wenn man nicht gerade Experimentator oder Statistiker ist. Man redet meistens einfach von einem Messresultat und meint dann immer das, was wir hier den wahren Wert der Messgröße genannt haben.

Ich erwähne das alles aber hier nur, damit wir die „Unschärfe" der Quantenmechanik streng gegen diese „statistische Unschärfe" abheben können und deutlicher sehen, dass durch die „Unschärfe" der Quantenmechanik eine ganz neue Eigenschaft der Natur ans Licht kommt. Denn in der Klassischen Mechanik oder Elektrodynamik kann man immer nur einen einzigen wahren Wert für eine Messgröße voraussagen. In den Grundgleichungen dieser Theorien treten keine Wahrscheinlichkeitsverteilungen auf, alles folgt deterministisch aus den Anfangs- oder Randbedingungen. Die Streuung der Messwerte ist nur eine Folge von Messfehlern.

Das ist nun ganz anders in der Quantenmechanik. Deren Grundgleichung, die Schrödinger-Gleichung, ist ja eine Gleichung für eine Wahrscheinlichkeitsamplitude. Als solche wird ja die Wellenfunktion interpretiert, und das Quadrat ihres Absolutbetrags $|\psi(r)|^2$ beschreibt die Wahrscheinlichkeitsdichte für den Ort $r$ des Elektrons. Löst man die Schrödinger-Gleichung, so erhält man also nur eine Aussage darüber, mit welcher Wahrscheinlichkeit das Elektron an diesem oder jenem Ort zu finden wäre. Es gibt also nun für den Ort ein Kontinuum von möglichen „wahren" Werten, und es gibt neben der Streuung der Messwerte, bedingt durch die Unzulänglichkeit der Messvorrichtung, noch eine Streuung der „wahren" Werte.

Natürlich kommt einem sofort der Gedanke, dass diese Theorie dann wohl noch nicht vollständig ist, dass sie in irgendeiner Form noch erweitert werden muss, um diesen Zufallscharakter ablegen zu können. Genau so wurde auch immer wieder argumentiert, aber bisher hat man keine solche Vervollständigung gefunden, schlimmer noch, man hat immer mehr experimentelle Indizien dafür gefunden, dass die Natur in „ihrem innersten Wesen" genau so ist wie es diese Form der Quantenmechanik beschreibt. Wir werden darauf noch näher eingehen. Untersuchen wir aber zunächst, was aus diesem Ansatz folgt.

Man kann mithilfe der Wellenfunktion und des Ortsoperators genau berechnen, was sich für den Mittelwert und für die Varianz der „wahren" Werte ergeben muss, und zwar genauso wie in der Statistik, nur dass jetzt $|\psi(r)|^2$ als Wahrscheinlichkeitsdichte für die Größe $r$, den Ort des Elektrons, steht. Und die Varianz ist genau das, was man in der Quantenmechanik die Unschärfe nennt. Es ist aber nützlich, die „Unschärfe" hier als eigenen Begriff einzuführen, um in Erinnerung zu behalten, dass hier, anders als in der Statistik, die Wahrscheinlichkeitsverteilung erst aus einer grundlegenderen Größe, der Wahrscheinlichkeitsamplitude abgeleitet ist.

Wie für den Ort kann man auch für die anderen Größen, die man aus der Klassischen Mechanik kennt und die hier in der Quantenmechanik zu Operatoren werden, die Unschärfe berechnen, so z. B. für den Impuls, die Energie oder den Drehimpuls. Alle diese Größen sind eindeutig bestimmt durch den Zustand des Elektrons, und je nach Zustand können sie größer oder kleiner sein. Sie können auch ganz verschwinden, dann ist offensichtlich die entsprechende Größe scharf messbar, man erhält bei jeder Messung, abgesehen von den statistischen Fehlern, den gleichen Wert, es gibt nur einen wahren Wert.

Man muss jetzt erst einmal innehalten und sich klarzumachen versuchen, was für ein neues Konzept diese Unschärfe ist, die einem aufgezwungen wird bei der Beschreibung des Elektronzustandes durch eine Wellenfunktion bzw. Wahrscheinlichkeitsamplitude. In unserem Alltag, in unserer makrophysikalischen Erfahrungswelt gehen wir selbstverständlich davon aus, dass jede Größe prinzipiell beliebig genau messbar ist, die Streuung bei wiederholten Messungen ist nur eine Folge der Umstände bzw. stochastischer Einflüsse. In der Natur sollte es „mit rechten Dingen zugehen", alles deterministisch ablaufen, alles seinen Grund haben.

In der Welt der Atome scheint das ganz anders sein. Das wäre nicht ganz so fremdartig, wenn es Zustände gäbe, in denen alle Unschärfen verschwinden, alle Größen prinzipiell scharf messbar wären und wir so zumindest einen kleinen unbefangenen Blick in die Mikrowelt werfen und sehen könnten, wie sie „wirklich" ist. Aber das genau verbietet die Heisenbergsche Unschärferelation: Je kleiner man die Unschärfe einer Größe wie z. B. die des Ortes durch Manipulation des Zustandes macht, umso größer wird die Unschärfe einer „komplementären" Größe. Eine zum „Ort" komplementäre Größe ist gerade der „Impuls", und genau sagt die Unschärferelation, dass das Produkt beider Unschärfen immer gleich oder größer als $h/4\pi$ ist, wobei $h$ das Plancksche Wirkungsquantum ist. Wieder sehen wir, wie diese Konstante $h$ eine wichtige Beziehung der Quantenmechanik kontrolliert und wie alle Quanteneffekte verschwinden würden, wenn diese Konstante gleich Null wäre, also verschwände.

Wie gesagt, ist die Heisenbergsche Unschärferelation eine Folge der Gleichung für den Kommutator, in ein paar Zeilen lässt sie sich aus dieser ableiten, insofern ist die Unschärferelation eine direkte Folge der Nichtvertauschbarkeit der Operatoren, und diese liegt in der mathematischen Natur von Operatoren. Nach dieser Relation können die Unschärfen nicht für alle Messgrößen verschwinden, es gibt immer Messgrößen mit mehreren möglichen wahren Werten, und man kann vorher nicht angeben, welcher dieser Werte denn schließlich bei einer Messung realisiert wird.

Heisenberg hat diese Folgerung aus der Nichtvertauschbarkeit der Operatoren als erster im Jahre 1927 gezogen und sich auch gleich Gedanken gemacht, was denn diese Gleichung zu bedeuten hat. Auf der Solvay-Konferenz noch im Jahre 1927 hat er darüber vorgetragen und sich heftige Diskussion mit Albert Einstein geliefert. Dieser mochte nicht akzeptieren, dass „Gott würfelt", und ersann immer neue Gedankenexperimente, mit denen er die Unschärferelation als nicht vereinbar mit den bisher akzeptierten Naturgesetzen entlarven wollte. Es wurde klar, dass hier eine radikale Änderung der „Weltanschauung" drohte, dass bisher nicht bewusst gewordene Vorstellungen über „Realität" und „Kausalität" zur Disposition gestellt wurden.

## Schrödingers Katze

Mit der Quantenmechanik hatte sich eine bisher nie da gewesene Konstellation ergeben. Diese Theorie erklärte einerseits den Aufbau der Atome und die atomaren Phänomene hervorragend, und auch heute noch ist sie im Rahmen sehr weit gesteckter Gültigkeitsgrenzen die einzige Theorie, die die Beobachtungen atomarer Prozesse, auch quantitativ und dabei höchst präzise, erklären kann. Andererseits war aber klar, dass diese mathematische Theorie mit dem bisher entwickelten Bild von der Welt nicht vereinbar war. Was sie wirklich bedeutete: Das war noch völlig unklar. Diese Kluft zwischen „Erklärung" und „Verständnis" war bisher nie so groß gewesen.

Die Diskussion um die Unschärferelation führte zu intensiveren Gedanken über den Messprozess. Besonders eine Überlegung schien zunächst hilfreich für ein Verständnis zu sein: Normalerweise denken wir ja nicht daran, dass die Messung einen Einfluss auf das zu Messende haben könnte. Wenn das so ist, dann ist das Experiment eben nicht geschickt genug aufgebaut. Wir stellen uns immer vor, dass wir das zu Messende so sehen, wie es „wirklich" ist, so, wie es eben auch ist, wenn wir es gerade nicht vermessen oder beobachten. Die Wellen, die ich an einem Strand beobachte, würden sich genau so brechen, wenn ich nicht da wäre. Wenn nun aber das „Werkzeug", mit dem wir überhaupt etwas wahrnehmen oder messen können, z. B. Licht oder besser gesagt ein Lichtteilchen, von der gleichen Größenordnung ist wie das zu Vermessende, wie z. B. ein Elektron, und wenn Beobachtung oder Messung immer Interaktion dieser beiden – Messwerkzeug und zu Messendes – bedeutet, dann ist klar, dass wir nie das zu Messende so beobachten können, wie es „an sich" existiert, stets wird es durch den Messprozess beeinflusst. „Das Ganze ist nur für einen Gott gemacht", möchte man mit Mephisto aus dem *Faust* sagen, wir nehmen die Welt immer nur so wahr, wie wir sie anschauen, d. h. die Art unserer Anschauung bestimmt unsere Wahrnehmung.

Dennoch könnten wir sagen: Wir kennen doch den Zustand des Elektrons, wir können ihn ja beschreiben durch die Wellenfunktion, die Wahrscheinlichkeitsamplitude, somit könnten wir berechnen, wie das zu Messende vor der Interaktion ausgesehen hat. Ja, aber die Theorie sagt uns nur etwas über die möglichen Werte, die sich bei einer Messung ergeben können und nichts darüber, warum bei der Messung eben ein ganz bestimmter der möglichen Messwerte realisiert wird.

Aber dennoch, so denken wir zunächst, muss es ja wohl den Zustand „an sich" geben, den „wirklichen" Zustand. Wenn die Quantenmechanik diesen nicht berechnen kann, so ist sie eben eine unvollständige Theorie, die noch ergänzt werden muss. Dieser Ausspruch von Mephisto „Das Ganze ist nur für einen Gott gemacht", ist ja nur ein nettes Bild, keine überprüfbare Aussage.

Die Quelle allen Ärgernisses war die Tatsache, dass sich aus der Grundgröße der Theorie, der Wellenfunktion, nur Wahrscheinlichkeiten für Messergebnisse ableiten ließen, diese aber nicht als Eigenschaften des zu Vermessenden angesehen werden können. Irgendetwas schien zu fehlen, es musste noch etwas „dahinter" stecken. In diese Richtung gingen alle Überlegungen, mit der man eine Unvollkommenheit, eine Unvollständigkeit im Konzept der Quantenmechanik aufdecken wollte.

Auf der berühmt gewordenen Solvay-Konferenz 1927, auf der Bohr, Heisenberg, Pauli, Dirac, aber auch Einstein anwesend waren, gab es heftigste Diskussionen, insbesondere zwischen Bohr und Einstein. Fast jeden Morgen wartete Einstein mit einem neuen Gedankenexperiment auf, mit dem er die Unzulänglichkeit der Quantenmechanik aufzuzeigen schien. Immer wieder gelang es Bohr, wenn auch manchmal erst nach einer „durchdachten" Nacht, diese Argumente zu widerlegen. Es kam aber zu keiner Annäherung der Standpunkte, höchstens zu einer besseren Übereinstimmung zwischen Bohr, Pauli und Heisenberg. Auch in den folgenden Jahren konnte Einstein sich nie mit der Sicht auf die Quantenmechanik, die Bohr, Heisenberg und Pauli entwickelt hatten und die später als Kopenhagener Deutung bezeichnet wurde, abfinden. Seine Gegenargumente waren aber nicht rein verbaler, sondern, wie es für einen Physiker solchen Schlages natürlich ist, physikalischer Art. Er versuchte einen Widerspruch zwischen Folgerungen aus der Quantenmechanik und gesicherten Erkenntnissen zu finden. Die Gedankenexperimente, die er dabei weiterhin entwickelte und die später sogar reale Experimente wurden, erfüllten aber auf die Dauer den gegenteiligen Zweck. Sie entlarvten die Quantenmechanik nicht als eine vorläufige, unvollständige Theorie, sondern schärften nur die neuen Konzepte und Vorstellungen und zeigten immer deutlicher das ganze Ausmaß der Andersartigkeit der mikroskopischen Welt.

Man kann bei diesen Überlegungen, die natürlich bei Gegnern wie Befürwortern der Quantenmechanik auf große Resonanz stießen, zwei Stoßrichtungen unterscheiden. Bei einer Gruppe von Überlegungen möchte man zeigen, dass die Beschreibung durch eine Wellenfunktion, die als Wahrscheinlichkeitsamplitude interpretiert wird, zu absurden Folgerungen führt. Das soll darauf hinweisen, dass die Einführung von Wahrscheinlichkeitsgrößen in die Theorie nur ein Zwischenstadium sein kann. In der zweiten Gruppe versucht man nachzuweisen, dass die Unschärferelation bei Experimenten mit bestimmten Quantenobjekten nicht immer gelten muss. Das wäre ebenfalls ein Hinweis darauf, dass die Quantenmechanik ein zu enger Rahmen ist und eben vervollständigt werden muss.

Die erste Gruppe von Überlegungen bzw. Gedankenexperimenten ist mit dem Begriff „Schrödingers Katze" verbunden. Dieser steht für ein Gedankenexperiment, dass zuerst Einstein in einem Brief konzipiert hatte, in abgewandelter Form aber von Schrödinger 1935 in einem Übersichtsartikel wieder aufgegriffen wurde. Hier dient ein Quantenereignis dazu, ein Ereignis in der makroskopischen Welt auszulösen. Das Quantenereignis ist ein radioaktiver Zerfall, dessen Zeitpunkt unvorhersagbar ist, lediglich die Wahrscheinlichkeit für einen Zerfall in einer bestimmten Zeitspanne kann nach der Quantenmechanik vorhergesagt werden. Entsprechend ungewiss ist der Zeitpunkt des Eintretens des makroskopischen Ereignisses. Bei Einstein war dieses die Explosion einer Bombe, bei Schrödinger das Ausströmen eines Giftes in einem geschlossenen Kasten, in dem sich auch eine Katze befindet, also Explosion einer Bombe oder Tod einer Katze, hervorgerufen durch ein Quantenereignis, durch einen radioaktiven Zerfall zu einem prinzipiell unvorhersagbaren Zeitpunkt: Aufgrund unserer klassischen Erfahrung empfinden wir dabei nichts Besonderes. Aber was bedeutet das aus der Sicht der Quantenmechanik?

Der physikalische Zustand der Atomkerne der radioaktiven Substanz vor dem Zerfall wird durch eine Wellenfunktion beschrieben, und diese enthält die Information über die Wahrscheinlichkeit des Zerfalls, d. h. über das Eintreten wie das Nichteintreten des Zerfalls in der nächsten Sekunde. Wenn wir nun das System, bestehend aus radioaktiver Substanz und Katze mit der Quantenmechanik beschreiben, also eine Wellenfunktion für das gesamte System einführen würden, enthielte diese auch nur die Information über die Wahrscheinlichkeit des Zerfalls und damit nur über die Wahrscheinlichkeit von Leben und Tod der Katze. Aber ist sie nicht zu jeder Zeit „in Wirklichkeit" entweder tot oder lebendig? Etwas anderes wäre ja absurd, in unserer makroskopischen Welt gibt es doch nur eindeutige Zustände. Zeigt sich nicht gerade durch diese Verknüpfung der Schicksale von mikroskopischen und makroskopischen Objekten, durch das „Hochziehen" der Merkwürdigkeiten der Quantenmechanik auf klassische Verhältnisse, dass die Beschreibung eines mikroskopischen Objektes durch eine Wahrscheinlichkeitsamplitude nicht die volle Wahrheit sein kann? Entweder ist die Katze tot oder noch lebendig, entweder ist in der Substanz ein Atomkern schon zerfallen, oder noch nicht: Das müsste doch der physikalische Zustand beschreiben, so, wie es „wirklich", in der „Realität" ist. Muss es nicht irgendwie noch zusätzliche Variablen geben, die man bisher nicht kennt, die aber den Zustand des mikroskopischen Objektes genauer beschreiben als eine Wellenfunktion, und durch die der Zeitpunkt für einen Zerfall und für den Tod der Katze genau festgelegt wird?

Die Suche nach solchen „verborgenen" Variablen wurde zum großen Thema der Zweifler an der Quantenmechanik, und auch bei der Betrachtung der zweiten Gruppe von Gedankenexperimenten werden wir auf dieses Thema geführt. Nun wissen wir aber heute, dass die Quantenmechanik bisher alle Anfechtungen überstanden hat. Wie löst sich denn das Paradoxon der Schrödingerschen Katze? Wie kann bei einer solchen folgenreichen Kopplung der Zustand des mikroskopischen Systems durch eine Wellenfunktion beschrieben werden, das makroskopische System aber in einem klassischen Zustand sein, der stets eindeutig ist und die Katze entweder als „tot" oder als „lebendig" beschreibt?

Natürlich könnte man zunächst einfach sagen: Die Atomkerne der radioaktiven Substanz müssen als quantenmechanische Objekte beschrieben werden, die Katze aber als klassisches Objekt. Wenn zu einer zufälligen Zeit ein Atomkern zerfällt, bedeutet das für die Katze einfach, dass sie durch ein zufällig austretendes Gift getötet wird. Das sieht verblüffend einfach aus, und so wird es wohl auch letztlich herauskommen, das wird in der Tat das Paradoxon auflösen. Aber dafür hat man es dann mit einem anderen, tiefgründigen Problem zu tun: Es gibt ja nicht zweierlei Physik, die quantenmechanische für die Atomkerne, die klassische für die Katze, die eine also für ein Mikrosystem, die andere für ein Makrosystem. Wo soll denn dann die Grenzlinie verlaufen? Die Quantenmechanik muss ja wohl im Prinzip für die ganze Natur zuständig sein, und ihre merkwürdigen Aspekte wie die Beschränkung auf Wahrscheinlichkeitsaussagen oder die Unschärferelation müssen für Objekte, die immer größer werden und aus immer mehr Quantenteilen bestehen, irgendwie allmählich verschwinden, zumindest für makroskopische Objekte unseres Alltags unter jede Beobachtungsgrenze fallen. Diese Vorstellung, dass in Situationen, in denen die quantenmechanischen Aspekte vernachlässigbar sind, wieder die Gesetze der klassischen Mechanik gelten müssen, war für Bohr schon bei der Konzipierung seines Atommodells nützlich gewesen. Bald gehörte sie als „Bohrsches Korrespondenzprinzip" zu den Leitideen bei der Fortentwicklung der Quantenmechanik.

So einfach und übersichtlich die Anwendung des Korrespondenzprinzips bei der Bildung von Hypothesen für den Aufbau einzelner Atome für Bohr gewesen war, so kompliziert und schwierig stellt sich der Nachweis der Gültigkeit dieses Prinzips bei dem Übergang von der Quantenmechanik zur Klassischen Mechanik dar. Man muss ja zeigen, dass ein klassisches, makroskopisches Teilchen, als quantenmechanisches Vielteilchensystem beschrieben, den Gesetzen der klassischen Mechanik gehorchen muss, wenn die einzelnen Teilchen des gesamten Systems den Gesetzen der Quantenmechanik gehorchen. Alle Größen, die Unschärfen darstellen, müssen dabei verschwinden, der deterministische Charakter der klassischen Physik zu Tage treten.

Das ist in der Tat ein Programm, das bis heute noch nicht befriedigend gelöst ist. Dass das im Prinzip durchführbar ist, daran zweifelt kein Eingeweihter, aber die praktischen mathematischen Schwierigkeiten sind immens. Denn wenn man sich vornimmt, ein makroskopisches System als quantenmechanisches Vielteilchensystem zu beschreiben, muss man sich klar machen, wie man dieses System denn von seiner Umgebung abgrenzen und isoliert beschreiben darf. Nun, da wir beim klassischen Objekt auch die Atome und Elektronen in den Blick nehmen, dürfen wir auch die Atome und insbesondere Photonen, die aus der Umgebung ständig auf das Objekt einstrahlen, nicht mehr vernachlässigen. Die Trennung zwischen einem System und seiner Umgebung – in der klassischen Physik so einfach, dass sie kaum erwähnt wird – wird nun zum Problem. Im Prinzip müssten wir ja von der Wellenfunktion für das ganze Universum ausgehen. Wenn wir also für das klassische Objekt die Größen und Gesetze der klassischen Physik aus der quantenmechanischen Behandlung des Objektes ableiten wollen, müssen wir die Aufteilung in System und Umgebung quantenmechanisch formulieren können und den Einfluss der Umgebung auf das System in irgendeiner pauschalen Form berücksichtigen, müssen lernen, „offene" Quantensysteme zu behandeln. In der Tat hat man schon in einfachen Fällen zeigen können, dass auf diese Weise der klassische Charakter zu Tage tritt.

In diesem Zusammenhang muss auch ein anderes Problem erwähnt werden, das Einstein schon 1927 bei der Solvay-Konferenz in die Diskussion gebracht hatte. Er stellte sich ein einzelnes Elektron vor, das auf einen Schirm auftrifft. Vor dem Auftreffen wird es durch eine Wellenfunktion beschrieben; diese ist ja, mathematisch gesehen, ein Feld, d. h. sie ist eine Funktion vom Ort und gibt an jedem Ort die Wahrscheinlichkeit dafür an, dass sich das Elektron dort bei einer Messung befindet. Nach dem Aufprall auf den Schirm an einer bestimmten Stelle ist die Wahrscheinlichkeit an allen anderen Orten aber plötzlich gleich Null, auch an entferntesten Orten ändert sich die Wellenfunktion des Elektrons momentan. Das würde ja eine „spukhafte Fernwirkung", wie Einstein es nannte, bedeuten.

Solch einen Kollaps der Wellenfunktion, wie man es bald nannte, muss es auch bei einem Messprozess geben. Die Wellenfunktion beschreibt ja vor der Messung die Wahrscheinlichkeiten für die verschiedenen möglichen Messresultate. Aber danach muss sie plötzlich ganz anders aussehen, eines der möglichen Messresultate ist ja realisiert worden, der Zustand des Quantenobjektes hat sich durch die Messung verändert. Wir kennen aber nicht den Grund, warum sich nun dasjenige Messresultat, das nun gerade vorliegt, eingestellt hat und nicht ein anderes von den mehreren möglichen. Diese Information ist ja eben nicht in der Wellenfunktion, die den Zustand vor der Messung beschreibt, vorhanden. Einstein hat darin ein Indiz für die Unvollständigkeit der Quantenmechanik gesehen.

Diese Vorstellung vom Kollabieren der Wellenfunktion weist allerdings auf eine Unvollständigkeit hin, wenn auch auf eine ganz anderer Art. Ein Messprozess, wie auch der Aufprall eines Elektrons auf einen Schirm, ist ja eine Wechselwirkung mit der Umgebung, und zwar mit makroskopischen Systemen. Ob nun diese Umgebung von einem Menschen speziell für die Messung einer bestimmten Größe konstruiert worden ist, oder ob sie einfach da ist wie vielleicht ein Schirm, das sollte keine Rolle spielen. Tatsache ist, wann immer wir vom Kollabieren einer Wellenfunktion reden, tun wir dieses bei der Betrachtung einer Wechselwirkung zwischen dem Quantenobjekt und einer „nicht-quantenhaften" Umgebung. Dafür ist aber nicht die Schrödinger-Gleichung und das, was man zunächst unter Quantenmechanik versteht, zuständig, sondern wieder die so genannte „Quantenmechanik für offene Systeme", die auch zu erklären hat, warum die „unscharfen" Zustände auf makroskopischer Ebene nicht vorkommen.

Wenn man sich nicht gerade für dieses Problem interessiert, kann man es geschickt ausklammern, indem man sich einfach auf die zeitliche Entwicklung der Wellenfunktion auf die Zeiten außerhalb des Messprozesses beschränkt. Der Zustand des Quantenobjektes kann ja vor der Messung wie nach der Messung jeweils durch eine Wellenfunktion beschrieben werden, die einer Schrödinger-Gleichung gehorcht. Die Wellenfunktion nach der Messung kann nur nicht aus der Wellenfunktion vor der Messung berechnet werden; man muss sie „per Hand" so einrichten, dass sie dem real eingetretenen Messresultat Rechnung trägt.

## Das Gedankenexperiment von Einstein, Podolski und Rosen

Wie schon im letzten Abschnitt bemerkt, kann man alle Gedankenexperimente, mit denen Einstein die Unvollständigkeit der Quantenmechanik zeigen wollte, in zwei Gruppen aufteilen. In der ersten Gruppe übertrug man die Vorstellungen der Quantenmechanik auf eine Kombination von mikroskopischen und makroskopischen Systemen; und stieß dabei aber schließlich auf ein neues Problem, nämlich auf die Frage, wie sich die Quantenmechanik zur Klassischen Mechanik verhält.

In der zweiten Gruppe, der wir uns nun zuwenden wollen, wollte man die Unvollständigkeit der Quantenmechanik allein im Umgang mit bestimmten Quantenobjekten zeigen. Diese Gedankenexperimente haben sich als ebenso fruchtbar für die

Etablierung und Weiterentwicklung der Quantenmechanik erwiesen. Ihre Diskussion wird uns vertrauter mit der Quantenwelt machen, aber auch für große Verblüffung sorgen.

Das prominenteste Gedankenexperiment dieser Gruppe hat Einstein mit zwei jungen Kollegen aus Princeton, Boris Podolski und Nathan Rosen, im Jahre 1935 veröffentlicht. Im Mittelpunkt dieser Diskussion steht ein Quantenobjekt, das sich als ein Paar von einzelnen Quantenobjekten denken lässt. Bei Einstein, Podolski und Rosen war dieses speziell ein Paar von Elektronen, in späteren Diskussionen und realen Experimenten war es ein Paar von Photonen. Dieses denkt man sich an einem Ort entstanden, wonach beide Teile mit derselben Geschwindigkeit, aber in entgegengesetzte Richtung davonfliegen. Das ist in der Tat ein häufig realisiertes Szenarium. An jedem Partner können nun unabhängig voneinander, räumlich mehr oder weniger weit getrennt, bestimmte Eigenschaften gemessen werden, wobei man hierbei zunächst an Ort und Impuls dachte.

Nun ist sofort klar: Misst man an einem Elektron z. B. den Ort zu einer bestimmten Zeit, in dem man den Lichtblitz auf einem Fluoreszenzschirm registriert, so kennt man auch damit zu dieser Zeit den Ort des anderen Elektrons, das sich ja mit gleicher Geschwindigkeit in entgegengesetzte Richtung bewegt hat. Misst man die Geschwindigkeit des einen Elektrons, kennt man auch die des anderen, den sie ist ja die gleiche, nur in entgegengesetzter Richtung. Die Vorstellung, die man aus der Heisenbergschen Unschärferelation ableitete, dass nämlich eine physikalische Eigenschaft vor einer Messung noch unbestimmt sein kann und erst durch die Messung realisiert wird, könne ja, so war schließlich die Folgerung von Einstein und seinen Mitarbeitern, wohl nicht ganz richtig sein, denn wie solle denn z. B. der Ort des zweiten Teilchens plötzlich an dem Zeitpunkt real werden, an dem dieser bei dem ersten Teilchen gemessen wird. Das wäre wieder eine „spukhafte Fernwirkung", dieses Mal von Quantenobjekt zu Quantenobjekt.

Diese Arbeit sorgte sofort für größte Aufregung und löste eine Diskussion aus, an der fortan niemand mehr vorbei kommt, wer sich mit der Quantenphysik beschäftigt. Bald hatte man das Szenarium dieses Gedankenexperimentes in eine Form gebracht, in der die Folgerungen für die Interpretation der Heisenbergschen Unschärferelation noch transparenter erscheinen und in der man später aus dem Gedankenexperiment auch ein reales Experiment machen konnte. Statt an Ort oder Impuls mit ihrem jeweils kontinuierlichen Spektrum von möglichen Messwerten, dachte man lieber an Messgrößen, die nur zwei mögliche Messergebnisse zulassen. Die Polarisation eines Photons ist z. B. eine solche Messgröße.

In der Geschichte der Physik hatte man die Polarisation zunächst beim Licht, dann allgemein bei elektromagnetischen Wellen kennen gelernt. Sie beschreibt, wie u. a. der Vektor des elektrischen Feldes in Bezug zur Ausbreitungsrichtung der Welle schwingt. Nach den Maxwell-Gleichungen kann der elektrische Feldvektor stets nur in eine Richtung senkrecht zur Ausbreitungsrichtung zeigen, er kann also auch nur in einer Ebene senkrecht dazu um die Nulllinie schwingen. Dabei gibt es verschiedene Schwingungsformen, eine jede kann man aber als Summe von zwei so genannten Basisschwingungen darstellen. Ein besonders natürliches Paar von Basisschwingungen bilden z. B. die Schwingungen des elektrischen Feldvektors in Richtungen, die zusammen mit der Ausbreitungsrichtung ein dreidimensionales rechtwinkliges Achsenkreuz darstellen. Die Wahl der Basisschwingungen steht einem natürlich frei.

Auch für Photonen kann man die Eigenschaft „Polarisation" definieren, und so, wie man zwei Basisschwingungen für

Wellen kennt, gibt es zwei Basiszustände für Photonen, die man üblicherweise mit Symbolen wie $|+1>$ bzw. $|-1>$ bezeichnet, wobei die Zahlen $+1$ und $-1$ nur andeuten sollen, dass es zwei verschiedene Quantenzustände sind, die sich in ihrer Polarisation, jeweils $+1$ bzw. $-1$ genannt, unterscheiden. Hinter diesen Symbolen stehen natürlich mathematische Ausdrücke, aber man kann die mathematischen Berechnungen für unsere Überlegungen auch auf der Ebene der Symbole vollziehen, wenn man die Regeln, die sich für die Symbole aus dem mathematischen Unterbau ergeben, akzeptiert.

Ehe man sich das Szenarium des Gedanken-Experimentes von Einstein und seinen Mitarbeitern noch einmal mit dieser Messgröße „Polarisation" vor Augen führt, sollte man es wagen, sich noch ein wenig weiter damit vertraut zu machen, wie die Physiker in dieser Art von Kurznotation Quantenzustände durch bestimmte Symbole beschreiben und mit ihnen rechnen. Denn dadurch wird das Argumentieren übersichtlicher und man benötigt dabei nicht allzu viele Worte.

Zunächst: So, wie man jede Schwingungsform einer elektromagnetischen Welle als Überlagerung von zwei Basisschwingungen darstellen kann, kann man auch jede Polarisation eines Photons durch eine Überlagerung der Basiszustände schreiben, also als $|q> = a |+1> + b |-1>$, wobei über die Zahlen $a$ und $b$ noch etwas zu sagen wäre, was wir aber hier noch nicht tun wollen, weil es für die folgenden Überlegungen nicht relevant wird.

Solch eine Überlagerung von Zuständen zeigt schon genau die Merkwürdigkeiten der Quantenmechanik. Man kann nachrechnen, dass sich bei einer Messung mit einer bestimmten Wahrscheinlichkeit die Polarisation $+1$ und mit der entsprechend komplementären Wahrscheinlichkeit die Polarisation $-1$ ergeben muss, wobei sich die Wahrscheinlichkeiten aus den

Zahlen $a$ bzw. $b$ berechnen lassen. Und das stellt man auch experimentell fest. Es gibt aber in der Quantenmechanik keine noch so verborgene Variable, die das Messresultat vorher bestimmt. Wenn man etwas als Zufall in der Natur bezeichnen will, dann den Ausgang solcher Messungen.

Nun haben wir es aber in unserem Gedankenexperiment mit einem Zwei-Photonensystem zu tun. Will man ein solches beschreiben, so zeigt sich eine zweite Eigenart der mathematischen Struktur der Quantenmechanik. Hat man z. B. die Polarisation des ersten Photons zu +1, die des zweiten zu −1 gemessen, so wird der Zustand des Photonenpaares durch ein Produkt der Ausdrücke für das erste bzw. zweite Photon beschrieben, somit durch das Symbol $|+1> |−1>$. Der Ausdruck für ein Photonenpaar, das man bei unserem Gedankenexperiment betrachtet, lautet dann $|D> = \sqrt{½} (|+1> |−1> − |−1> |+1>)$.

Dieser Zustand $|D>$ für ein Paar von Photonen ist ein typischer Vertreter von solchen Zuständen für zwei und auch für mehr Quantenobjekten, die Schrödinger „verschränkt" genannt hat, weil, wie sich zeigt, die Eigenschaften der beiden Quantenobjekte hier auf merkwürdige Weise korreliert sind. Wir wollen das nun anhand dieses Ausdrucks für den Zustand $|D>$ diskutieren.

Zunächst ist dieses ein überlagerter Zustand, man wird so bei einer Messung mit einer bestimmten Wahrscheinlichkeit, nämlich 50%, den Zustand $|+1> |−1>$ messen und damit beim ersten Photon die Polarisation +1, beim zweiten −1 finden. Entsprechend wird mit 50% Wahrscheinlichkeit die Polarisation −1 für das erste, +1 für das zweite Photon messen, also den Zustand $|−1> |+1>$ finden. Welche dieser beiden Kombinationen auftritt, ist völlig ungewiss und vorher unbestimmbar.

Hat man also bei einem Photon die Polarisation gemessen, ist sofort die Polarisation des anderen Photons bestimmt. Für jemanden, der die Heisenbergsche Unschärferelation nicht kennt und auch nicht die Diskussion um ihre Interpretation, ist das überhaupt nicht verwunderlich. Man nehme eine Menge Handschuhe, packe die jeweils rechten Handschuhe in einen Koffer, die jeweils linken in einen anderen Koffer und schicke diese an zwei verschiedene, weit entfernte Orte der Welt. Wenn der Adressat des einen Koffers in diesem nur linke Handschuhe findet, weiß er sofort, dass in dem anderen Koffer rechte Handschuhe sein müssen. Aber er weiß auch, dass diese dort nicht nur „sein müssen", sondern auch „wirklich" sind.

Klar, da hat eben jemand die Handschuhe getrennt und jeweils einen Koffer mit nur rechten bzw. linken Handschuhen bestückt. Die Handschuhe in jedem Koffer hatten dann stets die feste Eigenschaft, linker oder rechter Handschuh zu sein, unabhängig davon, ob man diese Eigenschaft durch Öffnen des Koffers „misst" oder nicht.

Die Quantenmechanik sieht ein Photonenpaar ganz anders. Würde sie auch klassische Objekte richtig beschreiben, würden wir zwar auch nur linke oder rechte Handschuhe sehen, wenn wir die Koffer öffnen, aber vorher könnten wir nichts Definitives über die Handschuhe in den Koffern sagen. Erst wenn wir einen Koffer öffnen und entdecken, dass er z.B. linke Handschuhe enthält, wissen wir, dass in dem anderen Koffer nur rechte Handschuhe stecken. Und wenn wir unter völlig gleichen Bedingungen viele solcher Koffer angeliefert bekämen, entdeckten wir in 50 % der Fälle linke, und in 50 % der Fälle rechte Handschuhe.

Genau an einer solchen Vorstellung, wenn sie auch nur für Quantenobjekte gültig sein soll, stießen sich die Gegner der

Quantenmechanik, allen voran Einstein. So, wie ein Handschuh die Eigenschaft, ein linker oder ein rechter zu sein, schon vor dem Öffnen eines Koffers, d.h. einer Messung, hat, müsse doch wohl ein Photon, das bei einer Messung sich als +1 Photon erweist, eine Eigenschaft besitzen, die genau zu diesem Messergebnis führt. Wie sollte denn, wenn diese Eigenschaft erst bei der Messung real wird, das andere Photon „davon erfahren" und sich dann sofort als −1 Photon darstellen? Das wäre wieder eine „spukhafte Fernwirkung". Ohne weiteres wären experimentelle Umstände denkbar, bei denen dann solch eine Wirkung mit Überlichtgeschwindigkeit übertragen werden müsste. Zeigt dieses Gedankenexperiment nicht besonders deutlich, dass die Quantenmechanik „nicht die ganze Wahrheit" ist, dass sie irgendwie erweitert werden muss, so dass diese „spukhafte Fernwirkung" nicht mehr auftreten muss?

Einstein und seine Kollegen hielten also auch in einer Quantentheorie die Vorstellung für unverzichtbar, dass die Messergebnisse auch bei Quantenobjekten durch Eigenschaften bestimmt werden, die sie unabhängig von der Messung besitzen, insbesondere auch schon vor der Messung. Insbesondere, wenn man ein Messergebnis sicher vorhersagen kann wie bei der indirekten Messung, bei der man das Objekt ja gar nicht beeinflusst, müsse das Objekt solche Eigenschaften besitzen. Es müsse immer ein „Element der physikalischen Realität" geben, das das Messergebnis bestimmt. Für uns mit unseren Erfahrungen aus der makroskopischen Welt sind das Selbstverständlichkeiten: Die Handschuhe in einem Koffer sind eben immer linke oder rechte Handschuhe, ob man nun hineinschaut oder nicht, d.h. die Eigenschaft, linker oder rechter Handschuh zu sein, ist in der Realität vorhanden.

# Die Bellschen Ungleichungen

Die Diskussion um das Gedankenexperiment war heftig und leidenschaftlich. Wie selbstverständlich war die Existenz von Elementen der Realität? Die Skeptiker mit Einstein und auch Schrödinger auf der einen Seite, die Verfechter mit Bohr und Heisenberg auf der anderen Seite: Man redete aneinander vorbei. Das Gedankenexperiment geisterte, benannt nach den Anfangsbuchstaben der Autoren Einstein, Podolski und Rosen, als EPR-Paradoxon durch die Literatur.

Die „praktische" Quantenmechanik wurde andererseits immer erfolgreicher, sie „funktionierte" bald auch für größere Atome, Moleküle und Festkörper und die Fragen nach der Interpretation erschienen den meisten Physikern immer unfruchtbarer.

Die Diskussion um das EPR-Paradoxon erhielt neuen Auftrieb, als im Jahre 1964 John Bell nach einer sehr genauen Analyse des Gedankenexperimentes unter der Voraussetzung, dass immer ein „Element der Realität" für ein Messergebnis verantwortlich sein muss, eine mathematische Formel ableitete. Er führte ganz allgemein Wahrscheinlichkeiten für die Korrelation von Messungen an verschiedenen Orten ein, und berücksichtigte dabei, dass die Ergebnisse der Messungen jeweils durch ein „Element der Realität" bedingt sind. Dann betrachtete er Wahrscheinlichkeiten für verschiedene Messungen, insbesondere solche, bei denen die Messgrößen quantenmechanisch als komplementär gelten würden, und zeigte für eine bestimmte Summe solcher Wahrscheinlichkeiten, dass sie aufgrund einer einfachen logischen Überlegung kleiner als 2 sein muss. Diese Ungleichung muss somit für alle Messungen gelten, wenn die Messergebnisse schon vor der Messung durch reale Eigenschaften bestimmt sind. Wenn man allerdings mit der Quantenmechanik diese Summe von Wahrscheinlichkeiten für Messungen im Rahmen eines EPR-Experimentes ausrechnet, erhält man ein Ergebnis deutlich größer als 2, nämlich 2 $\sqrt{2}$. Darin zeigt sich eben, dass die Quantenmechanik diese Voraussetzung nicht erfüllt.

Damit hatte Bell den Unterschied zwischen unserer „natürlichen" Vorstellung und der merkwürdigen, all unseren anschaulichen Vorstellungen widerstrebenden Vorstellung der Quantenmechanik in eine quantitative Form gegossen. Und der Clou dabei war, dass man jetzt den Streit experimentell entscheiden könnte, wenn man das Gedankenexperiment wirklich durchführen könnte. Man müsste doch nur diese Zahl messen. Erhält man eine, die größer als 2 ist, so ist die Annahme, dass solche „Elemente der Realität" existieren müssen, falsch. Kommt sogar 2 $\sqrt{2}$ heraus, wäre das ein großer Triumph für die Quantenmechanik.

Etwa 20 Jahre dauerte es, bis man sich an das technisch schwierige Unterfangen heranwagte, und in den danach folgenden 30 Jahren sind solche Experimente immer weiter verbessert worden. Während bei den ersten Experimenten noch nicht alle Umstände des Gedankenexperimentes in idealer Weise realisiert waren, so dass es immer noch Ansatzpunkte für Gegenargumente gab, konnten bei den folgenden Experimenten die Unzulänglichkeiten wie z. B. Ineffizienzen bei den Detektoren immer mehr reduziert werden und somit das reale Experiment immer näher an das ideale Gedankenexperiment heran geführt werden.

Das Ergebnis war stets das, was die Quantenmechanik vorhersagte. Wir kommen nicht umhin: Unsere so selbstverständlich erscheinende Vorstellung, dass das Photon eine reale Eigenschaft besitzen muss, die das Ergebnis bei der Messung der Polarisation bestimmt, ist falsch. Das Ergebnis muss also wohl erst bei der Messung produziert werden. Das ist etwas, was wir von makroskopischen Objekten nicht kennen. Das, was wir dort messen, wird auch stets als Eigenschaft des Objektes gesehen, unabhängig, ob wir es nun gerade messen oder nicht. Wir messen dabei eben ein „Stück Realität", d. h. etwas, was unabhängig von uns und unserer Messung existiert. Bei Quantenobjekten ist das offensichtlich anders, die Messung präpariert das Objekt und wir sehen nur das Ergebnis dieser Präparation.

Die „spukhafte Fernwirkung" weist wohl darauf hin, dass das Photonenpaar in diesen Experimenten als ein einziges, sich weit ausdehnendes Quantenobjekt angesehen werden muss. Die einzelnen Photonen können nicht als separable Quantenobjekte angesehen werden, auch wenn sie bei der Messung schon weit entfernt sind. Dieses Photonenpaar, auch manchmal Diphoton genannt, zeigt also, dass ein Quantenobjekt nicht auf einen sehr kleinen Raum lokalisiert sein muss, also mikroskopisch klein sein muss. Heute lernt man immer besser, auch andere Formen von größeren Quantenobjekten zu erzeugen.

## Quanteninformatik

So fremd uns solche Vorstellung von überlagerten und verschränkten Zuständen auch ist, sie hat die Physiker nicht davon abgehalten, diese Zustände ernst zu nehmen und zu untersuchen, was man mit solchen Zuständen anfangen kann, wie man sie gezielt erzeugen und halten kann. Insbesondere in der Übermittlung und Verarbeitung von Information eröffnen die Eigenarten der Quantenzustände ungeahnte Möglichkeiten. Ganz neue Arbeitsgebiete entstehen wie die

Quanteninformatik, in der man untersucht, welche Perspektiven sich ergeben, wenn man für die Aufgaben der Informationsverarbeitung quantenmechanische Prozesse und Phänomene ausnutzt.

Es gibt viele Ideen, die Eigenart von Quantenzuständen für technische Zwecke auszunutzen. Die größte Motivation besteht für viele Quantenphysiker in der Hoffnung, dass man eines Tages einen Quantencomputer bauen kann, einen Rechner also, dessen Rechenoperationen auf der Manipulation von Quantenobjekten beruhen. Dieser würde um Größenordnungen leistungsfähiger sein als jeder noch so starke herkömmliche Rechner. Und das liegt wieder an den Möglichkeiten, Quantenzustände zu überlagern und zu verschränken.

Um das einzusehen, muss man sich die Darstellung von Information in einem Rechner vor Augen führen. Jeder Text kann durch Zahlen codiert werden, jede mathematische oder logische Operation auch durch Zahlen realisiert werden: Zahlen können wiederum durch eine Folge von „0" und „1" dargestellt werden, durch so genannte Binärzahlen. Die Grundeinheit der Information ist somit das „Bit". Ein Objekt, bei dem man zwei Zustände unterscheidet, die man mit „0" bzw. „1" identifiziert, enthält also genau ein Bit an Information. Solche Objekte können auf verschiedenste Weise physikalisch realisiert werden kann, z. B. durch einen Leiter mit einem Spannungspegel von z. B. 0 bzw. 5 Volt, durch einen Schaltkreis mit den Zuständen „Strom an" bzw. „Strom aus". In einem Speichermedium wird die Information häufig durch die Richtung der Magnetisierung winziger Bereiche einer Scheibenoberfläche, bei CDs oder DVDs durch das Brennen von kleinsten Gruben für z. B. eine „1" entlang einer Spiralspur auf einer Polycarbonat-Scheibe. Ein Speichermedium muss also viele physikalische Subsysteme, z. B. Plätze auf einer Scheibe oder CD, besitzen, die je nach der Information „0" oder „1" in den einen oder den anderen Zustand gebracht und gehalten werden können.

Information wird also in codierter Form in Materie eingeprägt. Das Prinzip ist das gleiche wie bei der Keilschrift. Nur hat man inzwischen gelernt, diese verdinglichte Information nicht nur zu speichern und zu lesen, sondern sie auch zu manipulieren und zu verarbeiten, indem man auf die physikalischen Objekte, die die Information repräsentieren, bestimmte physikalische Prozesse anwendet und diese so gestaltet, dass ihre Ergebnisse mit denen bestimmter gedanklicher Operationen übereinstimmen. Denkvorgänge werden so automatisiert. Natürlich lag es so nahe, zunächst logische Operationen und Rechenoperationen auf diese Weise in eine Maschine auszulagern. Wir nennen unsere Information verarbeitenden Maschinen deshalb auch Rechner oder Computer. Aber inzwischen können unsere Rechner auch viel höhere Gedankengänge simulieren wie Sortieren, Suchen, Komponieren nach festen Regeln usw. Ein ganzer Wissenschaftszweig, die Informatik, beschäftigt sich mit der Umsetzung von Gedankengängen in physikalische Prozesse und deren Realisierung in Maschinen.

Bei allen physikalischen Prozessen, die man für das Speichern, Auslesen und Verarbeiten von Information entwickelt hat, nutzt man bisher im Wesentlichen die Gesetze der klassischen Physik.

Die Idee, für diese Aufgaben Quantenobjekte und Quantenprozesse einzuspannen, ist allein schon faszinierend genug: Welche Rolle, spielen dann die lang diskutierten „merkwürdigen" Eigenschaften der Quantenobjekte, wie kann man „schreiben" und „lesen", wie müsste man grundlegende logische Operationen realisieren?

Die Möglichkeit der Überlagerung und Verschränkung von quantenmechanischen Zuständen könnte zumindest in zweierlei Hinsicht besondere Vorteile bringen.

Zum einem: In einem Quantenzustand könnte man viel mehr Information speichern. Es gibt ja nun nicht nur mehr zwei Möglichkeiten, nämlich „Strom an" oder „Strom aus" bzw. „0" oder „1" als elementare Information. Ein Quantenobjekt kann ja nicht nur im Zustand $|+1>$ oder $|-1>$ sondern auch in einem Zustand sein, der sich durch die Überlagerung $a \, |+1> + \, b \, |-1>$ darstellen lässt. Dabei können $a$ und $b$ zwei beliebige Zahlen sein, und zwar nicht nur reelle Zahlen, mit denen jeder in der Schule zu rechnen gelernt hat, sondern so genannte komplexe Zahlen. Es würde uns jetzt zu sehr vom Thema ablenken, wollte man jetzt einen Exkurs über komplexe Zahlen einflechten, es genügt, wenn man weiß, dass eine komplexe Zahl durch genau ein Paar von reellen Zahlen bestimmt ist. Damit hätte man vier reelle Zahlen – nämlich zwei für $a$ und zwei für $b$ – zur Verfügung, um einen überlagerten Zustand zu bestimmen. Da es nun aber noch in den Regeln der Quantenmechanik eine Bedingung für die vier Zahlen gibt, sind es also letztlich drei reelle Zahlen, die man in einem gewissen Rahmen beliebig wählen kann und zu jeder solcher Kombination gibt es einen bestimmten Zustand. Somit gibt es also ein dreidimensionales Kontinuum von solchen Zuständen. Physikalisch realisieren kann man sicherlich nur eine diskrete Anzahl aus diesen. Aber allein, wenn man für jede der drei Zahlen nur zwei mögliche Werte akzeptierte, erhielte man $2 \times 2 \times 2 = 8$ mögliche Zustände, eine Vervierfachung gegenüber einem Bit mit zwei möglichen Werten. Mit einem System von nur zehn Quantenobjekten könnte man so Information von $8^{10} = 1\,073\,741\,824$ Bit speichern, das ist gegenüber den $2^{10} = 1\,024$ Bit bei klassischen Speichermedien eine Vergrößerung um den Faktor $4^{10} = 1\,048\,576$. Da man ein Objekt, das die Information ein Bit trägt, auch selbst als Bit bezeichnet, nennt man ein Quantenobjekt im Zustand $a$ $|.+1 > + b |-1 >$ auch ein Qbit. Allein als Speichermedium, so könnte man denken, wäre also ein System von Qbits überwältigend viel effizienter.

Aber es gibt hier einen Haken. Irgendwann will man ja das Ergebnis auslesen. Dazu muss man also eine Messung des entstandenen Zustandes am Quantenobjekt vornehmen. Und wie immer dieser Zustand auch aussieht, bei der Messung wird er kollabieren und nur mit bestimmten Wahrscheinlichkeiten bestimmte Messwerte liefern. Es scheint also nichts gewonnen, die Information über den Zustand liegt ja nicht direkt in den Messwerten selbst, sondern in der Wahrscheinlichkeit ihres Auftretens bei einer Messung. Bei einer einzigen Messung kann man diese natürlich nicht entdecken. Man müsste an vielen gleichen Exemplaren eine Messung vornehmen und aus der Statistik der Messergebnisse das Ergebnis auslesen. Das könnte den Vorteil der höheren Speicherkapazität wieder kompensieren, wenn man nicht durch eine geeignete Präparation des Eingangszustandes und bei dem Rechenvorgang dafür sorgt, dass diese Resultate gleichzeitig, also parallel berechnet werden und man so aus einer Menge von Resultaten die statistischen Schlüsse ziehen kann. Diese müssen dann aber so sein, dass die Unsicherheiten, die ja prinzipiell bei jedem statistischen Schluss auftreten, unter jede Schranke fallen.

Hier kommt aber der zweite Vorteil der Quantenmechanik zum Zuge, die Tatsache, dass in ihr alle Prozesse durch Operationen auf Zuständen beschrieben werden können. Wir haben ja solche Operatoren ab S. 322 diskutiert. In einer Überlagerung von Zuständen, z. B. in $|q > = a |+1 > |-1 >$ $+ b |-1 > |+1 >$ werden so die Zustände $|+1 > |-1 >$ und $|-1 > |+1 >$ gleichzeitig durch eine physikalische Operation verändert. Die Kunst besteht somit darin, Überlagerungen aus solchen Zuständen zu finden, deren gleichzeitige Prozessierung für den gewünschten Rechenvorgang relevant ist.

Wie konstruiert man denn nun die Operationen? Jede noch so komplizierte Rechnung kann man aus wenigen elementaren logischen Operationen zusammensetzen. Man muss also zunächst so genannte Gatter definieren, die genau diese elementaren Operationen durchführen, dann herausfinden, wie man mit diesen ein Netzwerk aufzubauen hat, um eine gewünschte Rechnung durchzuführen. Die Gatter eines klassischen Rechners sind sehr übersichtlich: Ein „NON"-Gatter z. B. macht aus einer „0" eine „1" und aus einer „1" eine „0". Ein „AND"-Gatter braucht zwei Eingangsbits, und macht aus einem Paar („1", „1") eine „1", aus den drei anderen Kombinationen („1", „0"), („0", „1") und („0", „0") jeweils eine „0". Entsprechend einfach sind die Wirkungen des „OR" und „XOR"-Gatters zu beschreiben. Quantengatter repräsentieren entsprechend elementare Prozesse auf Qbits. Eines von diesen, das Hadamard-Gatter z. B., wandelt den Zustand $|0>$ eines Qbits um in $(|0> + |1>)$ und den Zustand $|1>$ in $(|0> - |1>)$. Es gibt noch ein Phasengatter und ein „CNOT"-Gatter, das auf zwei Qbits wirkt. Um ein bestimmtes mathematisches Problem mit einem Netzwerk von Quantengattern lösen zu können, muss man erst einen entsprechenden Quantenalgorithmus finden, d. h. eine Folge von Rechenschritten konstruieren, die Änderungen von Quantenzuständen entsprechen und somit durch Quantengatter ausgeführt werden können. Mit solchen Fragen, und damit, wie dann die zugehörigen Quantennetzwerke auszusehen haben, beschäftigt sich die theoretische Quanteninformatik.

Quantennetzwerke, die einfache Aufgaben wie die Addition zweier Zahlen ausführen, waren leicht zu finden. Man hat aber auch schon Algorithmen entwerfen können, die deutlich machen, dass man mit dem Quantenrechner wegen der Möglichkeit der Überlagerung und Verschränkung der Zustände manche Aufgaben viel schneller lösen könnte als mit den herkömmlichen klassischen Rechnern.

Eine besonders prominente Aufgabe ist die, eine große Zahl in ihre Primzahlfaktoren zu zerlegen. Die Frage, wie schnell man diese Aufgabe erledigen kann, und wie schnell das prinzipiell gehen kann, ist nicht nur vom mathematischen Reiz, sondern spielt auch eine große Rolle in dem heute gängigen RSA-Verschlüsselungsverfahren, benannt nach den Mathematikern Rivest, Shamir und Adleman: Wollen zwei Personen eine geheim zu haltende Botschaft austauschen, so braucht der zukünftige Empfänger nur zwei sehr große Primzahlen auszuwählen, diese miteinander multiplizieren, und das Ergebnis dem Sender mitzuteilen, damit dieser seine Botschaft damit verschlüsselt. Die Verschlüsselung sei so konstruiert, dass man die Entschlüsselung nur mit den Primzahlfaktoren zu Wege bringt. Diese kennt aber nur der Empfänger, er hat diese ja ausgewählt und geheim gehalten. Außenstehende kämen also noch nicht an die Botschaft heran, wenn sie sich Information nur über den Schlüssel, z. B. bei dessen Übermittlung, besorgt hätten; sie müssten diesen noch in seine Primzahlfaktoren zerlegen. Heutige Rechner benötigen aber für die Zerlegung einer Zahl mit 130 Stellen noch etwa 40 Tage, für die einer Zahl mit 260 Zeichen schon etwa eine Million Jahre; man kann zeigen, dass die Zeit für die Zerlegung exponentiell mit der Anzahl der Ziffern der Zahl anwächst. Eine Zerlegung in Primzahlfaktoren ist also praktisch unmöglich, wenn die Zahl, die der Schlüssel darstellt, nur genügend groß ist. Damit wäre das Verschlüsselungsverfahren als sicher einzustufen; der Schlüssel könnte sogar in einer Zeitung veröffentlicht werden.

Nun hat man aber inzwischen einen Quantenalgorithmus für diese Aufgabe „Zerlegung in Primzahlen" gefunden, und bei diesem wächst die Zeit, die man braucht, um zu einer Lösung zu gelangen, nur mit der dritten Potenz der Anzahl der Ziffern der zu zerlegenden Zahl. Da man also mit einem Quantencomputer eine solche Zerlegung in Primzahlen viel schneller erreichen könnte, könnten bald Zweifel an der Brauchbarkeit dieser Verschlüsselungsmethode aufkommen.

Andererseits kann man mithilfe der Quantenmechanik ganz andere Methoden für die Verschlüsselung von Nachrichten entwickeln. Wenn man nämlich einen geheimen Schlüssel in Form eines speziellen Zustandes eines Quantenobjektes realisiert, führt jede Wechselwirkung mit dem Quantenobjekt zu einer Störung. Ein Spion würde als sofort entdeckt. Die Geheimhaltung ist also hier durch ein physikalisches Gesetz, also grundsätzlich, gesichert, nicht wie beim RSA-Verfahren nur dadurch, dass ein mathematisches Problem zur Zeit praktisch nicht lösbar ist.

Man nennt das Gebiet, in dem man konkrete Konzepte für die Übertragung von Schlüsseln mithilfe von Quantenobjekten entwickelt und diese experimentell zu realisieren versucht, Quantenkryptografie. Dieses Gebiet ist schon sehr weit gediehen. Man hat schon einen Quantenschlüssel über eine 67 km lange Glasfaser und über eine Strecke von 24 km durch die freie Luft austauschen können. Kommerzielle Produkte scheinen nicht mehr in ferner Zukunft zu liegen.

Ein weiterer Effekt, den man mit Quantenobjekten, aber nicht mit klassischen Objekten realisieren kann, sollte noch erwähnt werden: die Teleportation eines Quantenzustandes. Aus Science-Fiktion Filmen kennt man die Vorstellung vom „Beamen" einer Person: Sie verschwindet an einem Ort und taucht sofort an einem weit entfernten Ort wieder auf. Die

Quantenteleportation wird oft mit dem Beamen verglichen, das ist aber irreführend, auch auf der Quantenebene sind solche spontanen Ortswechsel von Materie ohne Zwischenstationen nicht denkbar. Bei der Quantenteleportation wird vielmehr ein Quantenobjekt an einem Ort B in den genau gleichen Zustand versetzt, den vorher ein anderes Quantenobjekt an einem entfernten Ort A hatte. Es ist also die Information über einen Quantenzustand, die über große Strecken übertragen werden kann. Dabei kann aber der Zustand des Quantenobjektes in A nicht einfach wie bei einem klassischen Objekt vermessen werden, um mit dieser Information in B ein Objekt in den gleichen Zustand zu bringen. Eine Messung von z. B. $|q> = a |+1> + b |-1>$ in A würde ja nur das Ergebnis +1 oder −1 ergeben, weder Information über $a$ noch über $b$. Es gilt also, „ohne direktes Ansehen" über Information $|q>$ zu erhalten. Das kann dadurch geschehen, dass man ein verschränktes Paar von Qbits zu Hilfe nimmt.

Wenn man dafür sorgt, dass das eine Photon dieses verschränkten Paares in A und das andere gleichzeitig in B vorhanden ist, kann man die starke Korrelation dieser Photonen bei einer Messung zur Übertragung der Information ausnutzen.

Führt man nämlich am Orte A in bestimmter Weise eine gleichzeitige Messung am Quantenobjekt in dem Zustand $|q>$ und an dem einem Photon des verschränkten Photonenpaares aus, so kann man beim Messprozess auch eine Verschränkung des Zustandes $|q>$ mit dem Zustand des Photons in A erzeugen. Durch die so entstehende Kette von Verschränkungen des Zustandes $|q>$ mit dem Zustand des Photons in B hängt dieser nach der Messung vom Zustand $|q>$ ab.

Eine kleine Rechnung (siehe z. B. Nielsen, Chuang 2000) zeigt, wie der Zustand des Photons in B je nach dem Ergebnis der Messung in A genau aussehen muss. Damit ist dann klar, wie man das Photon in B in bestimmter Weise zu manipulieren hat, um es genau in den Zustand $|q>$ zu bringen. Die Übertragung des Ergebnisses der Messung von A nach B kann übrigens in klassischer Weise, z. B. durch ein Telefongespräch, geschehen.

Experimentell konnte diese Idee schon realisiert werden, den Quantenzustand eines Photons hat man schon über 600 m, den eines Atoms immerhin schon über einem Meter auf diese Weise übertragen können. Interessant könnte eine solche Technologie auch für die Konstruktion eines Quantencomputers werden.

Dort steht man allerdings noch vor sehr großen Problemen. Man benötigt ja für die Quantenalgorithmen verschränkte Zustände nicht nur zweier, sondern vieler Qbits, und die Erzeugung solcher ist besonders schwierig, insbesondere aber die Kontrolle darüber, denn der Quantenprozess soll sich ja genau entsprechend der vorgeschriebenen Quantengatter entwickeln. In jedem Prozess können durch unkontrollierbare Einflüsse von außen Fehler entstehen, diese müssen entdeckt und korrigiert werden.

Aber solche Herausforderungen sind ja schon immer der Nährboden für eine besonders aktive Forschung gewesen. Man versucht, auf verschiedenste Weise Quantengatter zu realisieren. Eine Gruppe von Forschern versucht, die Qbits durch einzelne Ionen mit zwei prominenten Energiezuständen zu repräsentieren, andere Forscher als Atomkerne in einem Molekül und wieder andere als Elektronen mit jeweils zwei Spineinstellungen. Ein Quantengatter, das einen Rechenprozess auf zwei Qbits darstellt, muss dabei jeweils durch eine sehr genau gesteuerte Wechselwirkung zwischen zweien dieser Quantenobjekte erreicht werden. Das bedeutet, dass man lernen muss, einzelne Quantenobjekte und ihre Wechselwirkung mit der Umgebung sehr präzise zu manipulieren. In der Tat, wir erleben heutzutage den Übergang von einer Quantenphysik in eine Quantentechnologie.

Wie auch immer die Forschung auf diesem Gebiet weiter geht, die Vision eines Quantencomputers treibt die Physiker zu immer raffinierteren Experimenten mit Quantenobjekten, die Quantenmechanik wird dadurch immer besser getestet, und wir werden sie immer besser verstehen lernen. Und wenn man sich die Geschichte der Physik der vergangenen Jahrhunderte vor Augen führt, und dabei sieht, mit welcher Konsequenz letztlich alle physikalischen Erkenntnisse auch zu technischen Innovationen geführt haben, dann ist man optimistisch, dass die Menschen eines fernen Tages auch einen Quantencomputer auf ihrem Schreibtisch stehen haben.

# 7

# Epilog

Liebe Caroline,

am Anfang dieses Buches habe ich von dem „geistigen Band"
gesprochen, das mit den physikalischen Theorien geflochten
worden ist, um die Phänomene und Prozesse in der Welt zu
verstehen und miteinander in Beziehung setzen zu können.
Die Entstehung dieses geistigen Bandes habe ich Dir nun bis
in die ersten Jahrzehnte des letzten Jahrhunderts in groben
Zügen nachgezeichnet. Auch habe ich Dir zum Schluss kurz
über die Anfänge einer Quanteninformatik berichtet, aber viel
wäre noch darüber zu sagen, wie die Geschichte nach der Entwicklung der Quantenmechanik weiter gegangen ist, darüber,
wie man den Aufbau auch des Atomkerns verstanden hat,
wie man eine Quantenelektrodynamik und eine Theorie für
die „schwache" und „starke" Wechselwirkung entwickelt hat,
und insbesondere über die Anstrengungen, eine einheitliche
„Theorie für Alles" zu finden, für eine Theorie, die nur noch
eine fundamentale Wechselwirkung kennt, aus der aber alle anderen Theorien, wie z. B. die Quantenelektrodynamik oder die
Gravitation als Spezialfall, ableitbar sind. Darüber auch noch
in dieser Art zu berichten, wäre eine ganz neue Geschichte.
Diese ist zwar höchst bedeutsam für unser heutiges aktuelles
Weltbild, aber die Einsicht, wie wir Menschen unser Wissen

über diese Welt erwerben und was uns dabei widerfahren kann, können wir schon bekommen, wenn man die Entwicklung der Physik so weit verfolgt, wie wir es getan haben.

Wenn man sich die Entstehung unseres Wissens während dieser Jahrhunderte noch einmal vor Augen führt, fallen zwei Dinge besonders auf: Ein Wandel auf der Ebene der Begriffe und deren Bedeutung sowie eine Konstanz in der Gültigkeit und Nützlichkeit der mathematischen Grundgleichungen.

Es liegt somit nahe, an einer Theorie zwei Ebenen zu unterscheiden, die formal mathematische einerseits und die begriffliche andererseits, die Basis und den Überbau. Und mit einer jeden neuen Theorie stellt sich auch immer gleich eine wichtige Frage ein, nämlich die, wie ihr Verhältnis zu den bisherigen Theorien ist, in welcher Form sie sich in das geistige Band der bisher gültigen Theorien einfügt.

Die Basis, die erste Ebene, wird durch die Grundgleichungen gebildet wie z. B. durch die Gleichungen für die Bewegung materieller Körper nach dem Newtonschen Prinzip, die Maxwell-Gleichungen oder die Schrödinger-Gleichung. Diese Gleichungen sind über all die Jahre gültig geblieben, und sie werden auch weiterhin gültig bleiben. Man hat allerdings im Laufe der Zeit die Grenzen ihres Gültigkeitsbereiches kennengelernt. Dieser Bereich ist jeweils sehr groß, aber endlich. In diesem sind die Gleichungen und ihre Abkömmlinge auch heute noch Grundlage aller Berechnungen, Voraussagen und Erklärungen in Wissenschaft und Technik. Das ist Grund für die Rede vom verlässlichen Wissen und ist Voraussetzung dafür, dass man überhaupt von einem Fortschritt redet, der sich eben darin zeigt, dass der Bereich der Natur, für den man solche verlässlichen Berechnungen und Voraussagen machen kann, ständig größer wird. Wenn es um die Erkenntnis dieser Welt geht, dann ist diese wissenschaftliche Methode, etwas über sie zu lernen, die bisher einzig sinnvolle und erfolgreiche. In den Jahrhunderten seit Galilei und Newton hat man so immer mehr über die

Welt erfahren, und immer so verlässlich, dass sich die Menschen dieses Wissen zu technischen Zwecken nutzbar machen konnten. Wenn es zu Unfällen beim Gebrauch technischer Hilfsmittel kommt, dann haben nicht etwa Gesetze der Natur versagt. Wenn Gesetze der Natur einmal erkannt worden sind, sind sie für immer gültig, wandeln kann sich höchstens ihre Rolle im geistigen Band. Damit kommen wir zur Betrachtung der zweiten Ebene, in der es um Begriffe und deren Bedeutung geht.

Wie man in der Geschichte der Physik gesehen hat, drängen sich bei jeder Aufstellung einer neuen Theorie auch neue Begriffe auf. Die prominentesten Beispiele sind die Gravitationskraft bei Newton, das elektromagnetische Feld bei Maxwell und die Wahrscheinlichkeitsamplitude in der Quantenmechanik. Die Bedeutung dieser neuen Größen, die für die neue Theorie stets konstituierend waren, war aber nie von vorne herein klar, ja sie schien sogar manchmal „widernatürlich" zu sein.

Denken wir an die Einführung der Gravitationskraft durch Newton, jener Kraft, die beschreibt, wie zwei materielle Körper sich aufgrund ihrer Masse gegenseitig anziehen. Mit dieser postulierte man eine Fernwirkung, eine Verschiebung einer Masse hätte eine sofortige Wirkung auf die zweite Masse zur Folge, so weit sie auch von der ersten Masse entfernt ist.

Ein weiterer Begriff in der Geschichte der Physik, konstituierend für eine große Theorie, war der des Feldes, insbesondere der des elektrodynamischen Feldes. Zunächst war dieses Feld als mathematische Hilfsgröße eingeführt und von vielen nur als solches gesehen worden. Man erkannte zunächst nicht, dass mit dem Feldbegriff ein ganz neues Konzept eingeführt wurde, man glaubte noch, man könnte alles auf Gesetze der Mechanik zurückführen. So hatte selbst Maxwell sich noch mechanische Modelle für die Wirkung von Ladungen und Strömungen zurechtgelegt und Lord Kelvin hatte freimütig bekannt, dass er die elektromagnetische Theorie des Lichtes nicht verstünde, weil ihm ein mechanisches Modell dazu fehle. Die

Realität des elektromagnetischen Feldes wurde erst endgültig anerkannt, nachdem Heinrich Hertz die elektromagnetischen Wellen entdeckt hatte. Heute zweifelt keiner mehr an der Existenz solcher Felder, und der Feldbegriff ist so sehr in die Begriffswelt der Menschen eingegangen, dass er sich sogar in der Esoterik großer Beliebtheit erfreut.

Das markanteste Beispiel dafür, wie sich bei dem Bemühen, einen mathematischen Rahmen für physikalische Beobachtungen zu finden, neue Größen aufdrängen, deren Bedeutung aber noch gar nicht klar ist, ist die Entdeckung der Grundgleichung der Quantenmechanik durch Schrödinger. Er wollte eine Wellengleichung formulieren, wobei ihm gar nicht klar war, was da wie eine Welle schwingen sollte. Und er hatte in der Tat auch lange falsche Vorstellungen von der Bedeutung der Funktion, die dieser Wellengleichung gehorchen sollte. Erst Born hat sie dann als Wahrscheinlichkeitsamplitude interpretiert, aber Schrödinger hat wie Einstein stets im Unfrieden mit dieser Interpretation gelebt.

Es gab also immer große Diskussionen um die Interpretation der großen Theorien, während man sich über die Gültigkeit der Gleichungen, die in diesen Theorien die Beziehungen zwischen physikalischen Größen in mathematisch exakter Form ausdrückten, gar nicht lange streiten konnte – darüber entschied das Experiment. Was aber diese physikalischen Größen wirklich genau bedeuten, in welcher Form man diese mit Begriffen aus unserer Erfahrungswelt korrelieren kann, das unterliegt mehr oder weniger einem Wandel. Licht wurde lange als eine elektromagnetische Welle gedeutet, eigentlich ist es ein Strom von Photonen, und in 100 Jahren wird man vielleicht sagen können, dass Photonen eigentlich dies oder das sind. Trotzdem hat der Begriff „Welle" für die Ausbreitung von Licht seine Berechtigung und beschreibt die „Wahrheit", wenn auch nur in einem begrenzten Gültigkeitsbereich. Man wird die Brechung von Lichtstrahlen beim Übergang in ein anderes

Medium oder die Ausbreitung von Radiowellen nicht mithilfe von Photonen beschreiben. Jeder Bereich hat zunächst eben seine eigenen Begriffe, die nützlich sind und mit denen man die Phänomene gut beschreiben kann. Und da diese Begriffe immer den mathematischen Gleichungen „aufsitzen", deren Gültigkeit ja experimentell prüfbar ist, besitzen diese Begriffe auch ein „Element der Wahrheit".

So wird auch die Quantenmechanik nicht die „ganze Wahrheit" sein. So wie die Klassische Mechanik und die Elektrodynamik in ihrem Gültigkeitsbereich die Natur sehr erfolgreich beschreiben, aber irgendwann zu neuen, übergeordneten Theorien führten, als man Fragen über diesen Gültigkeitsbereich hinaus zu stellen gelernt hatte, wird auch die Quantenmechanik höchst wahrscheinlich ihre Erweiterung erfahren, wenn auch in ganz anderer Weise als Einstein sie wünschte. Ich meine hier nicht die Erweiterungen der quantenmechanischen Konzepte auf Probleme, in denen relativistische Geschwindigkeiten und Erzeugung und Vernichtung von Teilchen eine Rolle spielen. Solche Erweiterungen wie die relativistische Quantenmechanik, die Quantenelektrodynamik und die Quantenfeldtheorien für die kurzreichweitigen Wechselwirkungen, die bis heute entstanden sind, zeigen mit ihrem Erfolg nur besonders nachdrücklich, wie erstaunlich weit die quantenmechanischen Konzepte tragen. Aber irgendwann wird man auch hier an den Rand des Gültigkeitsbereiches kommen und ein „tieferliegendes" Konzept wird entdeckt werden. Die Merkwürdigkeiten der Quantenmechanik werden vielleicht in einem neuen Licht erscheinen.

Man wird dabei nicht zu klassischen Selbstverständlichkeiten zurückkehren können sondern es wird höchst wahrscheinlich „alles noch schlimmer" werden, d. h. die Begrenztheit unserer klassischen Vorstellungswelt wird noch deutlicher zu Tage treten. Es könnte z. B. später eine Theorie geben, in denen die elementarsten Begriffe unserer Erfahrung, Raum und Zeit, nicht mehr nur eine Arena sind, in denen sich die Natur ereignet – ob nun starr vorgegeben oder abhängig von Materie und anderen Feldern wie in der Allgemeinen Relativitätstheorie. Raum und Zeit sind später vielleicht Größen, die zunächst durch ganz andere mathematische Objekte repräsentiert werden als durch Koordinaten (z. B. Bojowald 2009). Diese ergäben sich dann erst, wenn man sie zu einer Lokalisierung bräuchte. Von einer solchen Warte aus könnte die Nichtseparabilität von Quantenobjekten wie die des Diphotons folgerichtig erscheinen.

Wie Du auch in all den Kapiteln gesehen hast, ist die Entwicklung auf den beiden Ebenen, der mathematischen und der begrifflichen, ganz verschieden. Im harten Kern, auf der Ebene, auf der die Physiker und Mathematiker für ein spezielles Problem arbeiten und argumentieren, bleibt einmal Gefundenes gültig. Auf der Ebene der Bedeutung und wenn es um die Stellung der benutzten Begriffe im gesamten geistigen Band geht, kann einmal Gefundenes und Verstandenes, wenn es denn eine genügende Anzahl von Prüfungen überstanden hat, im neuen oder manchmal sogar ganz anderem Lichte erscheinen. Es gibt einen Wandel, bei dem man aber das Empfinden hat, dass man zu einem immer tieferen Verständnis gelangt.

Jede Erweiterung des geistigen Bandes und jeder Wandel auf der begrifflichen Ebene wirft natürlich die schon angesprochene Frage auf, wie sich dadurch der Blick auf das gesamte geistige Band, das gesamte Weltbild ändert. Diese Frage stellt sich verschärft, wenn eine Theorie die andere enthalten soll, wenn also eine Theorie die gleichen Phänomene und Prozesse beschreiben soll wie die andere, nur auf grundsätzlicherer Ebene.

Die Quantenmechanik sollte für klassische Objekte in die Klassische Mechanik übergehen, sie sollte also eine Theorie sein, deren Gültigkeitsbereich den der Klassischen Mechanik umfasst, zumindest im Prinzip. Das heißt nicht, dass man nun ein Problem der klassischen Mechanik im Rahmen der Quantenmechanik lösen wird. Natürlich wird man dazu weiterhin die der Klassischen Mechanik eigenen Begriffe und Prinzipien benutzen. Aber einmal müsste man gezeigt haben, dass die Grundgleichungen und Methoden der Klassischen Mechanik sich aus denen der Quantenmechanik ableiten lassen. Dies ist ein mathematisch sehr schwieriges Unterfangen, das bis heute noch nicht vollständig gelöst ist.

Bei einer anderen Erweiterung der Klassischen Mechanik, der so genannten Relativistischen Mechanik, ist eine entsprechende Ableitung leicht nachzuvollziehen. Bei der Relativistischen Mechanik wird der Gültigkeitsbereich nicht auf Objekte wie Atome und Elektronen erweitert sondern auf Geschwindigkeiten, die nicht mehr klein gegenüber der Lichtgeschwindigkeit sind. Die Gleichungen für die Bewegung materieller Körper müssen dann unter Berücksichtigung der Regeln der Speziellen Relativitätstheorie formuliert werden. In ihnen erkennt man leicht die Newtonschen Gleichungen wieder, wenn die in Rede stehenden Geschwindigkeiten klein gegenüber der Lichtgeschwindigkeit sind.

Aber nicht nur auf der mathematisch formalen Ebene, auch auf der begrifflichen Ebene muss man das Verhältnis der Theorien zueinander verstehen können. Bei einer Erweiterung einer Theorie auf einen größeren Gültigkeitsbereich können neue Eigenschaften zu Tage treten. So erkennt man in der Relativitätstheorie, dass die Masse eines Körpers eine bestimmte Form von Energie ist, die in eine andere Form, z. B. Strahlung umgewandelt werden kann. In der Klassischen Mechanik kann dieser Aspekt der Masse noch gar nicht sichtbar werden, die Masse eines Körpers hat dort stets einen festen Wert.

Gewohnte Begriffe können aber in einer erweiterten Theorie in ihrer Nützlichkeit auch stark eingeschränkt werden und durch einen übergeordneten ganz neuen Begriff ersetzt werden müssen. Das zeigt sich in besonderer Schärfe in der Quantenmechanik. Hier hat man den neuen Begriff „Quant" geprägt.

Ein „Quantenobjekt" ist ein Objekt „sui generis", also eigener Art, ein Objekt, für das uns eine Vorstellung fehlt, weil wir es mit nichts, was wir bisher kennen gelernt haben, vergleichen können. In manchen Experimenten ist für solch ein Objekt das Bild eines Teilchens hilfreich, in anderen eher der Begriff einer Welle. Je nach Phänomenbereich kann man also auf bekannte Begriffe zurückgreifen, aber es gibt natürlich auch Fälle, wo weder das eine noch das andere Bild für ein Verständnis taugt.

Die Entwicklung unseres Wissens von der Natur spielt sich also auf verschiedenen Ebenen ab. Und dies geschieht mit jeweils verschiedener Geschwindigkeit. Die Formulierung einer neuen Theorie in Form mathematischer Gesetzmäßigkeiten und deren experimentelle Überprüfung bilden immer die Front einer neuen Entwicklung, Interpretation der neuen Begriffe und Verknüpfung mit schon bestehenden Vorstellungen und Theorien kommen nach und brauchen sehr viel mehr Zeit.

Dabei genießt die Entwicklung auf der ersten Ebene, die Etablierung eines Satzes von mathematischen Gesetzmäßigkeiten die absolute Führungsrolle. Wenn sich diese im Experiment oder bei quantitativ messbaren Beobachtungen bewähren und der Gültigkeitsbereich genügend groß ist, nimmt man lieber die größten begrifflichen Ungereimtheiten oder Merkwürdigkeiten in Kauf, als dass man die Theorie aufgibt. Man hat dabei das starke Gefühl, dass sich diese Ungereimtheiten irgendwann einmal auflösen oder in einem ganz anderen Licht erscheinen. Das kann Jahrhunderte dauern, man denke nur daran, dass Newton für seine Gravitationstheorie eine Fernwirkung einführen musste, wohl wissend, dass dies eigentlich ein Unding ist. Da ja der Erfolg einer Theorie dadurch bestimmt ist, wie die Folgerungen aus den Grundgleichungen für messbare Größen mit experimentellen Ergebnissen übereinstimmen, kann eben eine Theorie auch bei weiteren Anwendungen Erfolg haben trotz ungelöster begrifflicher Probleme.

So ist es in der Entwicklung eigentlich aller physikalischen Theorien geschehen. Es genügte stets, die Bedeutung der in den Gleichungen vorkommenden Größen so weit zu präzisieren, wie es für die Berechnungen und den Vergleich mit einem experimentellen Ergebnis notwendig war, also um zu entscheiden, ob diese Gleichungen Phänomene in der Natur richtig beschreiben und vorhersagen können. So wurde auch die Quantenphysik immer erfolgreicher, obwohl viele mit ihren Konzepten lange haderten.

Viele können aber mit solchen Ungereimtheiten ganz gut leben und diesen scheint eine intensive Diskussion über begriffliche Probleme immer zu früh zu sein. Es mag zwar angenehm und erbauend sein, über Bedeutungen zu spekulieren, aber das kann sowieso immer nur vorläufig sein. Was „eigentlich" dahinter steckt, was die „Welt im Innersten" wirklich zusammen hält, das wird man wohl nie erfahren. Es wäre auch zu komisch, wenn ein Geschöpf, das durch die Evolution entstanden und geprägt ist, sich über dieses „Ganze" erheben könnte und es „ganz verstehen" könnte. Diese Meinung ist weit verbreitet, viele Physiker gehen in diesem Sinne pragmatisch ihrer Arbeit nach; das schließt nicht aus, dass sie stets von neuem von den großartigen Strukturen der Natur fasziniert sind.

Wenn man sich auf die Ebene der Auseinandersetzung mit den Begriffen begibt, muss man sich wohl streng an die Vorgabe der ersten Ebene halten und die mathematisch formulierten Gesetzmäßigkeiten und die daraus resultierenden Eigenarten als Leitlinie nutzen. Wir haben das bei der Diskussion der Überlagerung von Quantenzuständen gesehen. Diese Möglichkeit der Überlagerung von Zuständen war durch die mathematische Struktur der Quantenmechanik begründet. Da die Quantenphysik zu erfolgreich ist, als dass man an diesem Konzepten zweifeln sollte, muss man wohl anerkennen, dass z. B. das, was wir Realität nennen, auch nur als ein Phänomen der makroskopischen Welt angesehen werden muss.

Dass die Merkwürdigkeiten der Quantenwelt allen Vorbildern aus der Erfahrungswelt widersprechen, das kann heute kein Argument mehr gegen die in diesem Buch vorgestellte und auch heute noch dominierende Interpretation der Quantenmechanik sein. Zwar dachten so die Kritiker der Quantenmechanik zu Zeiten Heisenbergs, allen voran Albert Einstein. Man war damals eben noch sehr unbefangen in der Ansicht über die Erkenntnisfähigkeit des Menschen.

In meinem Brief zur Relativitätstheorie hatte ich davon gesprochen, dass man sich die Welt aller Dinge eingeteilt denken kann in eine Welt der größten Dimensionen, der kleinsten Dimensionen und in eine der mittleren Dimensionen, in der wir Menschen leben und agieren. Ich hatte auch schon öfter betont, dass alle unsere Bilder und Vorstellungen aus der Welt der mittleren Dimension stammen, denn unser Denkorgan, unser Gehirn, hat sich ja über Jahrmillionen in der Auseinandersetzung mit dieser Welt entwickelt und zwar so, dass z. B. zukünftige Entwicklungen genügend gut antizipiert werden können.

Schon Ernst Mach hat darauf hingewiesen. Für ihn war einleuchtend, dass „die Gedanken, insbesondere die naturwissenschaftlichen, in ähnlicher Weise der Umbildung und Anpassung unterliegen, wie dies Darwin für die Organismen annimmt". (Mach 1893) und Ludwig Boltzmann hatten das menschliche Gehirn als „Organ zur Herstellung der Weltbilder, welches sich wegen der großen Nützlichkeit dieser Weltbilder für die Erhaltung der Art entsprechend der Darwinschen Theorie beim Menschen gerade so zur Vollkommenheit herausbildete, wie bei der Giraffe der Hals, beim Storch der Schnabel zu ungewöhnlicher Länge" (Boltzmann 1897). Im Rahmen der evolutionären Erkenntnistheorien von Konrad Lorenz und Gerhard Vollmer ist diese Idee weiter ausgeführt worden (Vollmer 1975, 1983, 1985) und bald wurde diese Ideen von Mach und Boltzmann auch in der Form der evolutionären Erkenntnistheorie von anderen Naturwissenschaftlern aufgegriffen (Mohr 1981, 2008).

Beim Eintreten in die Welt der kleinsten Dimensionen mussten die Physiker aber mühsam lernen, dass ihre Vorstellungen und Bilder der mittleren Dimensionen, zwar geschärft durch die klassische Physik und präzisiert durch die mathematische Sprache, nicht mehr unbedingt taugen. Verständnis, so weit es die Anknüpfung an bekannte Dinge bedeutet, konnte nicht mehr gewonnen werden. Aber: Die Führung durch die Mathematik funktionierte weiter. Abstrakte mathematische Objekte reichen eben weiter als alltägliche Vorstellungen.

Dass das Denkorgan der Menschen bei der Konfrontation mit den Strukturen der Welt überhaupt mathematische Kategorien entwickelte, empfinde ich als sehr plausibel. Zu offensichtlich sind die Vorteile einer quantitativen Methode z. B. bei der Planung von Handlungen und Sicherung von Nahrung. Nun hätte es aber für die Evolution des Menschen gereicht, wenn die Strukturen der Mathematik nur auf die Welt der mittleren Dimension gepasst hätten. Dass diese aber nun viel weiter reichen, dass sie uns auch, so weit wir sehen können, die Welt der kleinsten und der größten Dimensionen erschließen können, ist vielleicht zunächst überraschend. Aber offensichtlich macht die Welt in ihren Strukturen keinen Unterschied zwischen den verschiedenen Dimensionen, und die Menschen erarbeiten sich, indem sie zunächst die Welt ihrer Dimension mithilfe der Mathematik verstehen lernen, einen Schlüssel, der ihnen auch die anderen Welten aufschließt. Dass es einen Schlüssel geben könnte, der für die Welt der mittleren menschlichen Dimension ebenso erfolgreich wäre, sonst aber nicht taugte, kann ich mir kaum vorstellen. Wie sollte denn die menschliche Dimension auf dieser Ebene einen Maßstab darstellen?

Wenn wir also nun in die Welt der kleinsten und größten Dimensionen eindringen können, und zwar mithilfe einer mathematischen Theorie, können wir uns bei der Erweiterung unserer Vorstellungen und Bilder eigentlich nur von der Theorie, geprüft durch das Experiment und formuliert in der mathematischen Sprache, leiten lassen, und wir müssen damit rechnen, dass wir „Unvorstellbares" vorfinden.

Wenn man aber diese Leitlinien nicht kennt, nie erfahren hat, wie sicher einen die Mathematik führt bei der Berechnung der Folgerungen aus den Grundannahmen und wie streng das Experiment als Richter sein kann, wenn man also die ständige Erweiterung unseres Weltbildes nur aus den Diskussionen über die Interpretation der Begriffe kennt, dabei nur mit Worten zu argumentieren gelernt hat und nicht mit mathematischen Ableitungen, dann ist man bei der Diskussion von Folgerungen aus den Theorien der Mehrdeutigkeit von Worten und seinem eigenem Gefühl ausgeliefert. Je nach Temperament und Vorverständnis schwört man auf das eine oder andere. Reines Spekulieren überschätzt maßlos die Fähigkeiten und die Fantasie des Menschen. Erst die mathematische Beschreibung, die Argumentation auf dieser Ebene und die Prüfung durch das Experiment führen uns zu verlässlichem Wissen über die Natur.

Dass solche Leitlinien notwendig sind, hat ja auch die Geschichte gezeigt: Wäre man aus „freien Stücken" auf die Eigenarten der Quantenmechanik gekommen? Hätten wir auch sonst eingesehen, dass es eine Anmaßung ist, zu glauben, die Vorstellungen und Bilder unserer menschlichen Welt mittlerer Dimensionen reichten aus, um sich ein Bild von der Welt zu machen?

Wie wird es weiter gehen? Das ist eine spannende Frage. Wirst Du es noch erleben, dass man eine Quantengravitationstheorie kennt, die auch durch bestimmte Beobachtungen gestützt wird? Wirst Du einmal davon lesen, dass man nun glaubt zu wissen, was es mit der heute so heiß diskutierten „dunklen Materie" und der „dunklen Energie" auf sich hat? Oder wird es bald so sein, dass alle Experimente und Beobachtungen, die zu einer Prüfung von neuen Theorien beitragen könnten, zu aufwendig und zu teuer werden, so dass man in diesen fundamentalen Fragen nicht weiter kommt?

Wie auch immer. Wir leben auf jeden Fall in einer höchst interessanten Epoche mit einer noch interessanteren Zukunft. Unser Blick auf die Welt wird immer weiter reichen und unser Verständnis wird immer tiefer werden. Aber nicht nur die Welt der kleinsten und der größten Dimensionen werden wir immer besser kennen lernen, auch bei der Erforschung der Welt der komplexen Systeme und damit beim Blick auf uns selbst werden wir neue Erkenntnisse gewinnen. Von den menschlichen Dingen habe ich ja in meinen Briefen und Kapiteln gar nicht geredet, nur von den physikalischen Dingen, den Dingen unserer Außenwelt. Unser Selbstverständnis wird sich dramatisch ändern, wenn wir auch immer besser verstehen, wie unsere Innenwelt zu Stande kommt (Metzinger 2009). Ich sehe das nicht als Bedrohung sondern als Bereicherung an.

Mir fällt da eine Geschichte ein, die Werner Heisenberg erzählt hat. Als er als 23-jähriger Privatdozent der Universität Göttingen während seiner Arbeit an der Quantenmechanik auf die Insel Helgoland geflohen war, um Linderung für seinen Heuschnupfen zu erhalten, hatte er eines Nachts eine Idee, die ihn entscheidend bei seinen Überlegungen weiterbringen sollte. Er setzte sich sofort hin und rechnete aus, was aus dieser Idee folgen würde – und, wie er später Carl Friedrich von Weizsäcker berichtete: „ ....es stimmte. Da bin ich auf den Felsen gestiegen und habe den Sonnenaufgang gesehen und war glücklich". Nun ist es nur wenigen Menschen vergönnt, so wesentlich an großen Erkenntnissen mitwirken zu können. Aber empfindet man nicht auch Glück, wenn man daran ein wenig teilhaben kann, und ist es nicht überhaupt ein Glück, wenn man erkennen kann, dass man ein Teil einer solchen großartigen Welt ist? ...

# Literatur

Audretsch, J. *Verschränkte Welt – Faszination der Quanten*, Wiley-VCH 2002

Benz, U. *Arnold Sommerfeld*, Wissenschaftliche Verlagsgesellschaft, Stuttgart, 1975

Bodani, D. *Das Universum des Lichtes, Von Edisons Traum bis zur Quantenstrahlung*, rowohlt 2005

Bojowald, M. *Zurück vor den Urknall – Die ganze Geschichte des Universums*, S. Fischer, 2009

Boltzmann, L. *Aus den Sitzungsberichten der kaiserl. Akademie der Wissenschaften in Wien*. Mathem.-naturw. Klasse; Bd. CVI, Abt. II S. 83, Januar 1897, zitiert nach Boltzmann, L. *Entropie und Wahrscheinlichkeit*, Ostwald Klassiker der Exakten Wissenschaften, Verlag H. Deutsch, Bd. 286, S. 264

Born, M. *The statistical interpretation of quantum mechanics*, Nobel Lecture, December 11, 1954

Bruß, D. *Quanteninformation*, Fischer kompakt, 2003

Bunge, M. und Mahner, M. *Die Natur der Dinge*, Hirzel, 2004

Bürke, T. *Albert Einstein*, dtv portrait, 2004

Dijksterhuis, E.K. *Die Mechanisierung des Weltbildes*, Springer-Verlag 1956

Einstein, A. *Über einen die Erzeugung und Verwandlung des Lichtes betreffenden heuristischen Gesichtspunkt*. In: *Annalen der Physik* 17/1905, S. 132–148

Fellmann, E. A. *Leonhard Euler*, Birkhäuser, 2007

Flamm, D. *Evolutionäre Konzepte bei Boltzmann und Mach*, In: Riedl, R. und Bonet, E. N. (Hrsg.) *Entwicklung der Evolutionären Erkenntnistheorie*, Wien, 1987

Fölsing, A. *Albert Einstein*, Suhrkamp-Verlag, 1993

Fölsing, A. *Galileo Galilei – Prozess ohne Ende*, Serie Piper, 1989

Fölsing, A. *Heinrich Hertz*, Hoffmann und Campe, 1997

Hankel, W. G. (Hrsg.) *Franz Arago's sämmtliche Werke*, Leipzig, 1854 S. 174

Heisenberg, W. *Der Teil und das Ganze, Gespräche im Umkreis der Atomphysik*, Piper-Verlag, 1969

Heisenberg, W. *Über quantentheoretische Umdeutung kinematischer und mechanischer Beziehungen.* In: *Zeitschrift für Physik*, Bd. 33, 1925, S. 879ff

Helmholtz, H. *Erinnerungen, Vorträge und Reden, Band I*, 1884

Hermann, A. *Frühgeschichte der Quantentheorie (1899-1913)*, Physik-Verlag, Mosbach, 1969

Hund, F. *Geschichte der physikalischen Begriffe*, BI Hochschultaschenbücher, Bd. 543, 1972

Jammer, M. *The conceptual development of quantum mechanics*, Mac Graw-Hill Book Company, 1966

Johnson, S. *Emergence*, The Penguin Press, 2001

Kiefer, C. *Quantum gravity.* Oxford University Press, Oxford 2007

Königsberger, L. *Hermann Helmholtz*, Braunschweig, 1911

Kuhn, T. *Die Struktur wissenschaftlicher Revolutionen*, Suhrkamp taschenbuch 1973

Lemmerich, J. *Michael Faraday 1771-1867 – Erforscher der Elektrizität*, Verlag C. H. Beck, 1991

Lindley, D. *Where does the weirdness go?* Basic Books 1996

Lindley, D. *Die Unbestimmtheit der Welt, Heisenberg und der Kampf um die Seele der Physik*, DVA, 2008

Mach, E. *Über Umbildung und Anpassung im naturwissenschaftlichen Denken*, Rektoratsrede, Wien 1893, zitiert nach E. Mach, *Principien der Wärmelehre*, Leipzig, 1900, S. 380

Metzinger, T. *Der Ego-Tunnel, Eine neue Philosophie des Selbst: Von der Hirnforschung zur Bewusstseinsethik*, Berlin Verlag, 2009

von Meyenn, K. (Hrsg.) *Lust an der Erkenntnis, Triumph und Krise der Mechanik*, Ein Lesebuch zur Geschichte der Physik, Serie Piper, 1990

Mohr, H. *Biologische Erkenntnis*, Teubner Studienbücher, Biologie 1981

Mohr, H. *Einführung in (natur-)wissenschaftliches Denken*, Schriften der Mathematisch-naturwissenschaftlichen Klasse der Heidelberger Akademie der Wissenschaften Nr. 19, Springer-Verlag, 2008

Nielsen, M. A. und Chuang, I. L. *Quantum Computation and Quantum Information*, Cambridge University Press, 2000

Newton, I. *Opticks*, 1804, Übers. und hrsg. von W. Abendroth, Nachdruck in Edition Vieweg Bd. 1, Vieweg, 1983

Pais, A. *Raffiniert ist der Herrgott...*, Spektrum Akademischer Verlag, 2000

Planck, M. *Physikalische Abhandlungen und Vorträge Bd. 1*, Braunschweig 1958

Planck, M. Wahlvorschlag zur Aufnahme von A. Einstein in die Kgl. Preußische Akademie der Wissenschaften zu Berlin, Berlin 12.Juni 1913, unterzeichnet von Planck, Nernst, Rubens und Warburg, in der Handschrift Plancks

Priestley, J. *Geschichte und gegenwärtiger Zustand der Elektrizität*, Reprint nach den Originalen aus dem Jahr 1772 aus den Beständen der Universitätsbibliothek Hannover, 1983

Pupin, M. *Reminiscences of Hermann von Helmholtz*. In: *Journal of Optical Society of America* 6, 336–342, 1922

Queisser, H. *Kristallene Krisen*, Serie Piper, 1987

Rechenberg, H. *Hermann von Helmholtz, Bilder seines Lebens und Wirkens*, VCH Weinheim, 1994

Sambursky, S. *Der Weg der Physik*. Texte von Anaximander bis Pauli, Artemis, 1975

Scheibe, E. *Die Philosophie der Physiker*, beck'sche reihe, 2007

Segrè, E. *Die großen Physiker und ihre Entdeckungen, 1. Von den fallenden Körpern zu den elektromagnetischen Wellen*, Serie Piper, 1990

Segrè, E. *Die großen Physiker und ihre Entdeckungen, Von Röntgen bis Weinberg*, Serie Piper, 1990, 2004

Simony, K. *Kulturgeschichte der Physik*, Verlag Harri Deutsch, Thun, Frankfurt am Main, 1990

Stuckeley, W. *Memoirs of Sir Issac Newton's life*, 1752 (zitiert nach Simony, S. 257)

Vollmer, G. *Evolutionäre Erkenntnistheorie*, S. Hirzel Verlag Stuttgart, 1975, 1983

Vollmer, G. *Was können wir wissen? Bd. 1: Die Natur der Erkenntnis, Bd. 2: Die Erkenntnis der Natur*, S. Hirzel Verlag, 1985

Westfall, R. *Isaac Newton*, Spektrum Akademischer Verlag, 1996

Wickert, J. *Isaac Newton, Ansichten eines universalen Geistes*, Serie Piper, 1983

# Index

Printed in the United States
By Bookmasters